Ripley's Believe It or Not!®

Vicepresidente de Licencias y Publicaciones Amanda Joiner
Gerente de Contenido Creativo Sabrina Sieck

Directora Editorial Carrie Bolin
Editores Jessica Firpi, Jordie R. Orlando
Editor Junior Briana Posner
Texto Geoff Tibballs
Colaboradores principales Engrid Barnett, Jessica Firpi, Jordie R. Orlando, Briana Posner
Verificadora de hechos y creadora de índices Yvette Chin
Correctora Rachel Paul
Archivista Robert Goforth
Agradecimiento especial al equipo de video de Ripley Steve Campbell, Steph Distasio, Colton Kruse y Matt Mamula

Diseñadores Rose Audette, Luis Fuentes, Chris Conway
Reprografía Bob Prohaska
Arte portada Luis Fuentes

ISBN 978-1-60991-502-5

Para obtener más información con respecto al permiso, comuníquese con:
Vicepresidente de Licencias y Publicaciones
Ripley Entertainment Inc.
7576 Kingspointe Parkway, Suite 188
Orlando, Florida 32819
publishing@ripleys.com
www.ripleys.com/books

Impreso en China en mayo de 2020 por Leo Paper
Primera impresión

Número de control de la Biblioteca del Congreso:
2020934647

NOTA DEL EDITOR
Aunque se ha hecho todo lo posible para verificar la exactitud de los artículos en este libro, el editor no se hace responsable de los errores contenidos en el mismo. Cualquier comentario de los lectores es bienvenido.

ADVERTENCIA
Algunas de las hazañas y proezas son realizadas por expertos, y no se deben intentar sin el entrenamiento y supervisión adecuados.

Ripley's Believe It or Not!®

¡PARA QUEDAR ATÓNITO!

TODO REAL & NUEVO

a Jim Pattison Company

CONTENIDO

EXCLUSIVO DE RIPLEY

¡Entrevistas y fotos exclusivas que solo encontrarás en este libro!

Dentro de La Bóveda

Ripley ¡Aunque Ud. No Lo Crea! Exhibiciones desde el fondo de las bóvedas de nuestra colección reconocida mundialmente.

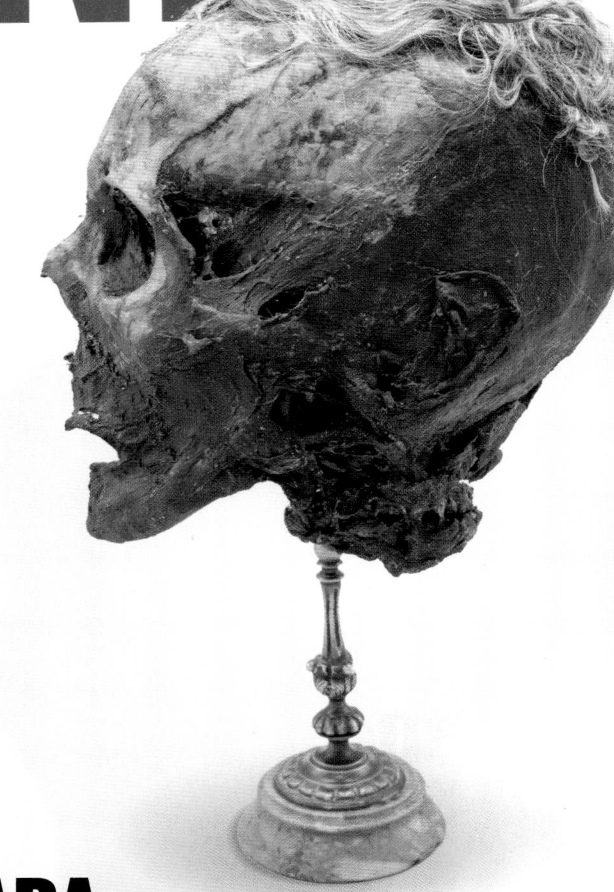

SUS CARGAS

Relatos increíbles de los aficionados de Ripley de todo el mundo.

YES
NO
OUIJA ZILLA
ABCDEFGHIJKL
NOPQRSTUVWXYZ
OUIJAZILLA.COM
1234567890
GOOD BYE
SALEM NIGHT TOUR
MIPARACON
MATTERS

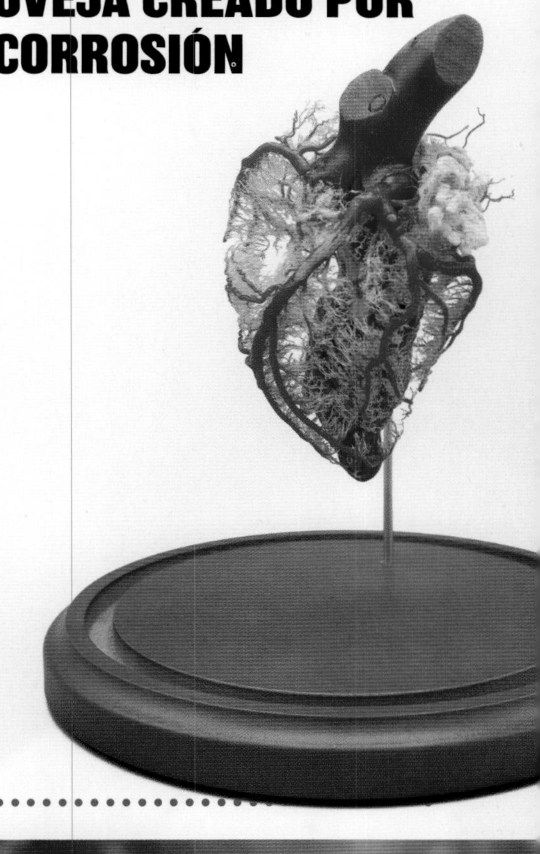

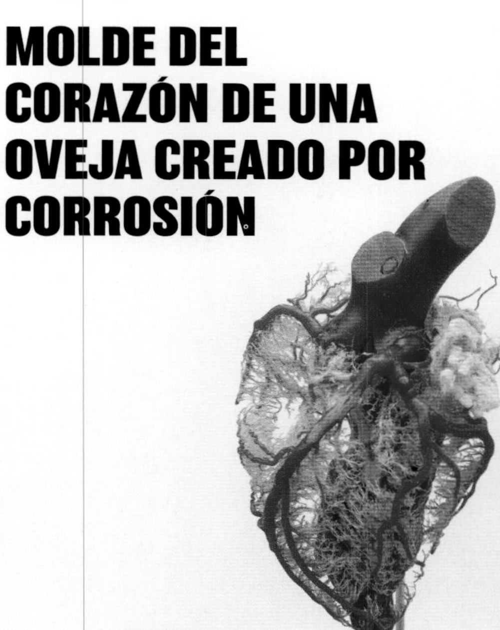

EL HOMBRE, EL MITO, LA LEYENDA

Robert Ripley nació en febrero de 1890 —un mundo en el que no existían los clips para el papel, ni el básquetbol, la compañía Coca-Cola tampoco;y Vincent Van Gogh aún vivía. Así que cuando su empleo de caricaturista para un periódico lo llevó a recorrer el mundo y a conocer celebridades, ya era de por sí increíble.

Su icónica caricatura de "Aunque usted no Lo crea" lo llevó a viajar a 201 países —vaya que si viajó— y a reportar sobre los fenómenos raros que encontraba. En vez de traer recuerdos como playeras de color neón con el nombre de la ciudad, Ripley traía cabezas encogidas, máscaras tribales, arpones balleneros de los esquimales, colmillos de mamut y gongs de latón de los templos del era Ming.

En una era sin redes sociales, la gente compró más de 2 millones de copias del primer libro de Ripley, y en 1933, más de 2 millones de personas visitaron el primer Museo de lo Extraño ¡Aunque usted no lo crea! de Ripley en la Feria Mundial de Chicago. Como la gente quería más de sus anormalidades, sus programas de radio fueron un éxito rotundo, y cuando la televisión recién empezaba, Ripley también tenía un programa de televisión.

Esta es nuestra historia. Este es el cimiento de ¡Aunque usted no lo crea! de Ripley.

ATRACCIÓN DE DUBÁI

A finales de 2019, el nuevo Museo de lo Extraño ¡Aunque usted no lo crea! de Ripley engalanó al mundo desde Global Village en Dubái, EAU.

La instalación número 31 de Ripley, y la primera en el Medio Oriente, cuenta con seis galerías, continuando así la tradición de traerte la colección de rarezas más destacable del mundo en un solo lugar.

Lo raro no se detiene

En esta edición de *¡Aunque usted no lo crea! de Ripley. ¡Desencadene lo Extraño!* por tener el vlog diario consecutivo más largo y publicarlo en YouTube durante 10 años; desde entonces, Charles Trippy se casó y tuvo su primer hijo. Si bien dejó de filmar diario para pasar más tiempo con su familia, Charles sigue compartiendo su amor por Ripley con su nuevo bebé.

COOL STUFF STRANGE THINGS

La serie de YouTube *Cool Stuff Strange Things (Cosas interesantes y extrañas)* de Ripley ya se encuentra en su quinta temporada. Para traerte los relatos más raros y extraños (siempre con un tono humorístico) no tenemos a uno, ni a dos, si no a cuatro presentadores: Sabrina, Adam, Steph y Colton.

Juntos, el equipo aborda todos los temas, desde los antiguos remedios para blanquear los dientes y el terror de los Cabbage Patch Kids, hasta la historia de los animales hechos con globos y la inspiración de la vida real para crear los personajes de Pokemón. ¡Te presentamos al equipo de CSST!

Sabrina

Tu presentadora original de *Cool Stuff Strange Things* (Cosas interesantes y extrañas). Le gusta comerse la utilería, desde chuletas de cerdo y queso en hebras y hasta grillos, pero prefiere no tocar los chiles habaneros. No le gustan los sombreros, aunque el director, editor y mago del programa siempre insisten.

Colton

No solo es el rostro de *Cool Stuff Strange Things* (Cosas interesantes y extrañas), sino también el hombre tras bambalinas que produce una gran cantidad de contenido digital de Ripley, desde los artículos de Ripleys.com hasta el Notcast. Inmune a la congelación cerebral y posiblemente nuestro experto en naturaleza, Colton es un Aunque usted no lo crea en sí mismo. Su hecho favorito: Algunas polillas pueden interferir la ecoubicación de los murciélagos para que no se las coman. Mmm.

Steph

La disidente de la cultura pop de Ripley te trae lo extraño de los Cabbage Patch Kids caníbales y juguetes horripilantes como la ouija. Si encuentra algo sobre los Jonas Brothers digno de Aunque usted no lo crea, ¡seguro lo publicará! Pero, ¿cuál es la parte más rara de su rutina de gurú de las redes sociales de Ripley? Recibir las manos que nos mandan por internet —bueno, fotos de manos— tocando nuestras legendarias estatuas de la fertilidad.

Adam

Hombre del Renacimiento con muchas habilidades, como desarrollo de páginas web y comentarios sobre videojuegos. Nota el acento: es tu corresponsal de *Cool Stuff Strange Things* (Cosas interesantes y extrañas), en Reino Unido. Pero no te sorprendas si se sale del tema en los episodios para hablar de su pasión por las frituras de pollo y el pop punk.

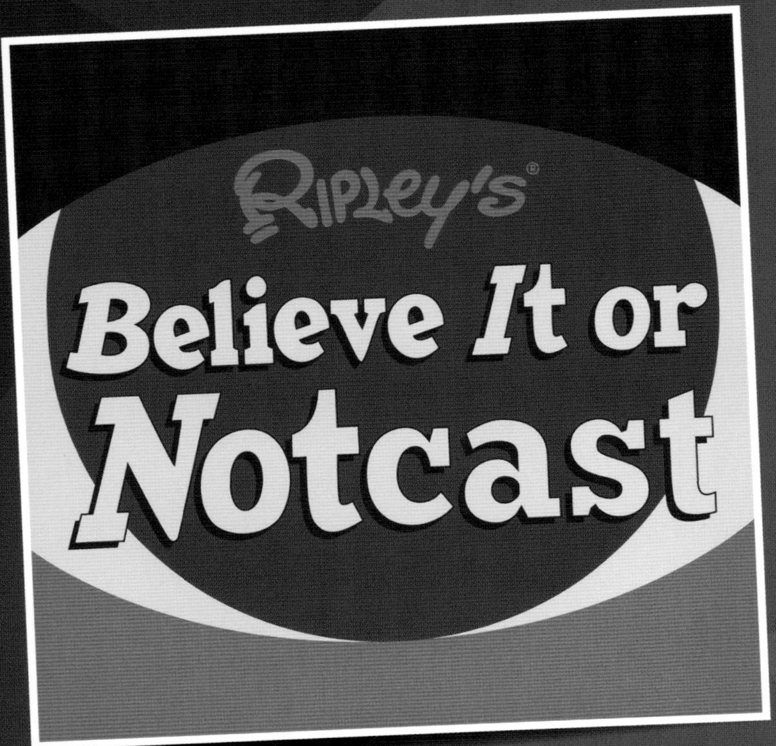

ESCUCHA LO EXTRAÑO

El podcast de ¡Aunque usted no lo crea! de Ripley se lanzó en 2019 para sumergirte en lo raro, lo extraño y lo inusual.

En los episodios semanales, tus presentadores Ryan Clark y Brent Donaldson te llevan en un viaje a los lugares más recónditos del mundo para hablar con las brujas modernas de Salem e incluso entrevistan a la leyenda del terror, Bruce Campbell (también presentador de ¡Aunque usted no lo crea! de Ripley en el Travel Channel), ¡y mucho más!

Lo puedes escuchar en iTunes, Spotify o donde quiera que escuches tus podcasts.

"Tanto Brent como yo somos amantes de Ripley desde que éramos niños, de modo que tenemos mucho respeto por la marca y la forma en que contamos los relatos. Tratamos de presentar ese respeto y hacerle homenaje al pasado en cada episodio".

— Ryan Clark

SECCIÓN DIGITAL

Rarezas de Ripley

¿Quieres ver aún más de "La bóveda"? Las Rarezas de Ripley te llevan a algunas de las exhibiciones más interesantes de la colección de ¡Aunque usted no lo crea! de Ripley.

TUS PRESENTADORES

Brent

Brent Donaldson es periodista de revistas que ha cubierto crímenes, lucha en jaula, arte, política, educación superior y la industria tecnológica. Brent vive con su esposa y dos hijos en Cincinnati, Ohio, a quienes atosiga diariamente con historias de Ripleys.com. Aunque usted no lo crea, ¡Brent fue el último periodista en entrevistar a Evel Knievel!

Ryan

Ryan Clark es periodista de profesión y ha publicado libros y artículos en una variedad de temas, y actualmente es profesor universitario. Aunque usted no lo crea, Ryan ha cazado fantasmas en las mansiones de la Guerra Civil estadounidense, ha apostado en el Derby de Kentucky con Gilbert Gottfried, ha perseguido huracanes en Mississippi y ha conducido buena parte de la Ruta 66 para asistir al Festival Internacional de Ovnis de Roswell, Nuevo México.

Hechos verdaderos y extraños

Asegúrate de leer la sección Hechos extraños. Esta videoserie semanal aborda noticias raras, animales increíbles, naturaleza extrema, biología extraña, rarezas clásicas e históricas y todo lo demás.

Or Not! (¡O No!)

Todas las semanas te traemos un tema para Or Not! (¡O No!). La serie ya a desacreditado más de 130 ideas equivocadas, mitos y "hechos" modernos desde que empezó, y continúa moviéndote el tapete, ¡aunque usted se la crea!

PERROS DE PELOS

Anaïs Hayden de Atlanta, Georgia, lleva el bañado y peinado de perros a un totalmente nuevo —y colorido— nivel.

Con cepillo en mano y tijeras de estilista en la otra, Anaïs puede transformar a tu perro en una obra de rte de color o hasta en otro animal! Algunas de us impresionantes transformaciones tardan de tres a seis horas, e incluyen corte y tinte de pelo para que tu perro parezca cebra, irafa, tigre, oso panda o hasta pez.

Anaïs se inclinó por la belleza canina creativa porque quería combinar el arte y el trabajo con los animales. Se asegura de que los productos que use sean seguros, no tóxicos y hechos de vegetales, además de que están aprobados por la Asociación Nacional de Belleza Canina. Incluso, Anaïs se asoció con la sociedad protectora de animales de su localidad para embellecer a lgunos de los perros y facilitar su dopción. Para ver sus creaciones más recientes, ve a su Instagram: @anais_hayden

Alex Schulze entrenó a sus dos labradores para que pescaran langostas.

En 2018, un cachorro braco de Weimar llamado Riley inspeccionó los artefactos y objetos invaluables del Museo de Bellas Artes de Boston, Massachusetts, para detectar plagas, como escarabajos y polilla.

En la década de 1880, el recaudador de impuestos Karl Friedrich Louis Dobermann de Apolda, Alemania, desarrollo una raza canina para que le ayudara en su trabajo.

La Universidad de Washington usa a los Caninos para la Conservación para que olfateen el excremento de las ballenas en el mar.

Los beagles Candie y Chipper, que forman parte de la Brigada de Beagles de Aduanas y Protección de Fronteras de EE. UU., olfatearon a dos caracoles africanos gigantes en el equipaje de uno de los pasajeros en Atlanta, Georgia.

El perro que interpretó a Toto en *El Mago de Oz* recibió $125 a la semana, que fue más de lo que recibieron algunos de los actores de esa película.

GLORIETA GIGANTE
Existe una glorieta en Putrajaya, Malasia, de 2.2 millas (3.5 km) de diámetro que abarca un área en la que fácilmente caben 100 campos de fútbol.

CENA DE $58,000 USD
Un turista de Dubái y siete amigos pagaron una cuenta de $58,000 USD por una cena de 20 platos en el restaurante Maggie's de Shanghái, China. El propietario y chef, Sun Zhaoguo, supervisó los ingredientes y preparó los platillos, que incluyeron sopa de cola de cocodrilo ($2,449) y abulón con gelatina de sake ($1,886). El cargo de servicio fue de $5,542.

DOS LIBERTADES
Cada año, Panamá celebra dos días de la independencia: el primero el 3 de noviembre, para marcar su independencia de Colombia en 1903; y el segundo el 28 de noviembre, para conmemorar su separación de España en 1821.

NEBLINA AZUL
Las Montañas Azules de Nueva Gales del Sur, Australia, derivan su nombre del color de la delgada neblina que las viste. Esta neblina está formada por aceite que emiten en grandes cantidades los abundantes árboles de eucalipto que crecen ahí.

154 QUESOS
Johnny Di Francesco, chef del restaurante 400 Gradi de Melbourne, Australia, creó una pizza con 154 variedades de queso.

ÁRBOL METÁLICO
La especie Pycnandra acuminata, un raro árbol nativo de los bosques del archipiélago del Pacífico sur de Nueva Caledonia, puede almacenar grandes cantidades de níquel del suelo. El árbol evolucionó para extraer los metales pesados del suelo y almacenarlos en el tallo y las hojas, de modo que su savia azul verdosa contiene hasta un 25% de níquel.

La erupción del Monte Kilauea de Hawái en 2018 derramó tanta lava derretida en el Green Lake, el lago de agua dulce más grande de la Isla Grande, que toda el agua hirvió y se evaporó.

Un chapuzón en el desierto
El Lago Karum se puede ver por un agujero en la salina de la Depresión Danakil de Etiopía, en donde puedes caminar en el agua... bueno, al menos en la gruesa capa de sal que cubre el agua. Karum es uno de dos lagos de sal cristalinos del extremo norte de la Depresión Danakil, vasta salina que mide 155 millas (250 km) de largo y hasta 44 millas (70 km) de ancho. Es un testamento de otra era en el que el área estaba completamente sumergida en agua salada. La sal tiene cientos de metros de profundidad en algunos lugares, pero existe un agujero en la corteza que permite a los turistas zambullirse en el agua salada.

CASCADA URBANA

Este asombroso rascacielos chino cuenta con una cascada impresionante de 354 pies (108 m) de altura en la fachada.

El Edificio Internacional Liebian de Guiyang, en el suroeste de China, mide casi 121 m de alto. Es una altura modesta en comparación con otros rascacielos, como el Empire State Building, que mide 1,454 pies (443 m) de alto, pero este rascacielos es reconocido por un diseño completamente diferente, ya que cuenta con la cascada artificial más grande del mundo. Gracias a sus cuatro tanques subterráneos llenos de agua de lluvia, su equipo arquitectónico logró transportar un poco de la naturaleza al corazón del paisaje urbano.

EXCLUSIVO DE RIPLEY

SUBIDÓN DE ADRENALINA

…hristopher Horsley, de Lancashire, Inglaterra, bajó en rapel a tres …olcanes activos de las islas del Pacífico de Vanuatu llenos de lava …errretida a 1,292 °F (700 °C) y, al regresar a la superficie, se paró …e manos en el borde de uno de los volcanes.

…l propósito de este viaje de campamento al lago de lava activa de Marum era llegar al suelo …el cráter para capturar fotografías con drones. Horsley y su equipo fueron los primeros en …l mundo en pasar la noche en el fondo de la cuenca. Descender al cráter le tomó a Horsley …ás de dos horas, y otras dos para regresar. Ya ha hecho un total de 14 descensos a Marum.

¡QUÉ CALOR!
¡VOLCANES ACTIVOS DE CERCA!

P: ¿CÓMO DESCRIBIRÍAS LO QUE HACES?

R: Soy extremófilo y activista. Soy especialista en acceso a volcanes y fotógrafo de aventura.

P: ¿CÓMO TE VOLVISTE FOTÓGRAFO DE AVENTURA?

R: Debido a mi pasión por la cultura remota y tribal, las lentes me parecieron el medio ideal para documentar dichas culturas y observar las similitudes entre nuestros mundos. Mi viaje a la fotografía me ha enseñado humildad; fue un camino y no una decisión.

P: TU ENFOQUE PRINCIPAL SON LAS EXPEDICIONES. ¿SIEMPRE TE ATRAJO LA NATURALEZA?

R: Me atraen los extremos de este planeta —los volcanes— y la gente que los rodea. Creo que mi atracción por los volcanes se debe a su capacidad de destrucción brutal, pero también de crear una gran parte del planeta y de alimentar una gran cantidad de vida con sus riquezas.

P: ¿CUÁL ES LA VISTA MÁS FASCINANTE QUE HAS VIVIDO EN EL MUNDO?

R: Observar las profundidades de un lago de lava mientras la roca fundida explota y sube a la superficie de la Tierra a pocos metros por debajo de tus pies; ¡eso sí que es increíble!

P: ¿CÓMO TE PREPARAS PARA LAS EXPEDICIONES?

R: Me informo bien de los lugares, las condiciones climáticas, las culturas y los temas de interés del área. Sin embargo, principalmente me preparo comiendo tan saludable y fresco como sea posible, ya que, por lo general, en las expediciones largas no hay productos frescos.

¡LAVA AL ROJO VIVO!

1,292°F (700°C)

P: ¿CÓMO TE SIENTES AL PARARTE AL LADO DE UN LAGO DE LAVA?

R: Cuando estás en el suelo del cráter, el sonido del lago de lava se proyecta en las paredes del cráter y se produce un tipo de infrasonido que resuena en todo el cuerpo cuando el magma sube a la superficie. Es una sensación que te hace ver lo pequeño que eres en comparación con esta masa de energía.

¿TIENES PLANES DE EXPEDICIONES PARA EL FUTURO?

R: Tribus, volcanes, clima extremo; digamos que cualquier cosa que me pueda matar.

Exhibición de Ripley
Cat. No. 166280

Los zapatos asesinos

Se cree que los chamanes aborígenes de Australia usaban estos zapatos (hechos de pluma de emú y cabello humano, enmarañado con sangre humana) cuando ejecutaban a los culpables de asesinato. Se creía que estos zapatos no dejaban huellas, con lo que se garantizaba que pudieran escapar. También se llamaban zapatos *kurdaitcha*.

Exhibición de Ripley
Cat. No. 20128

Ladrillo de la masacre de San Valentín

Ladrillo del muro de ejecución de la Masacre del Día de San Valentín (14 de febrero de 1929), durante la guerra entre pandillas de Chicago.

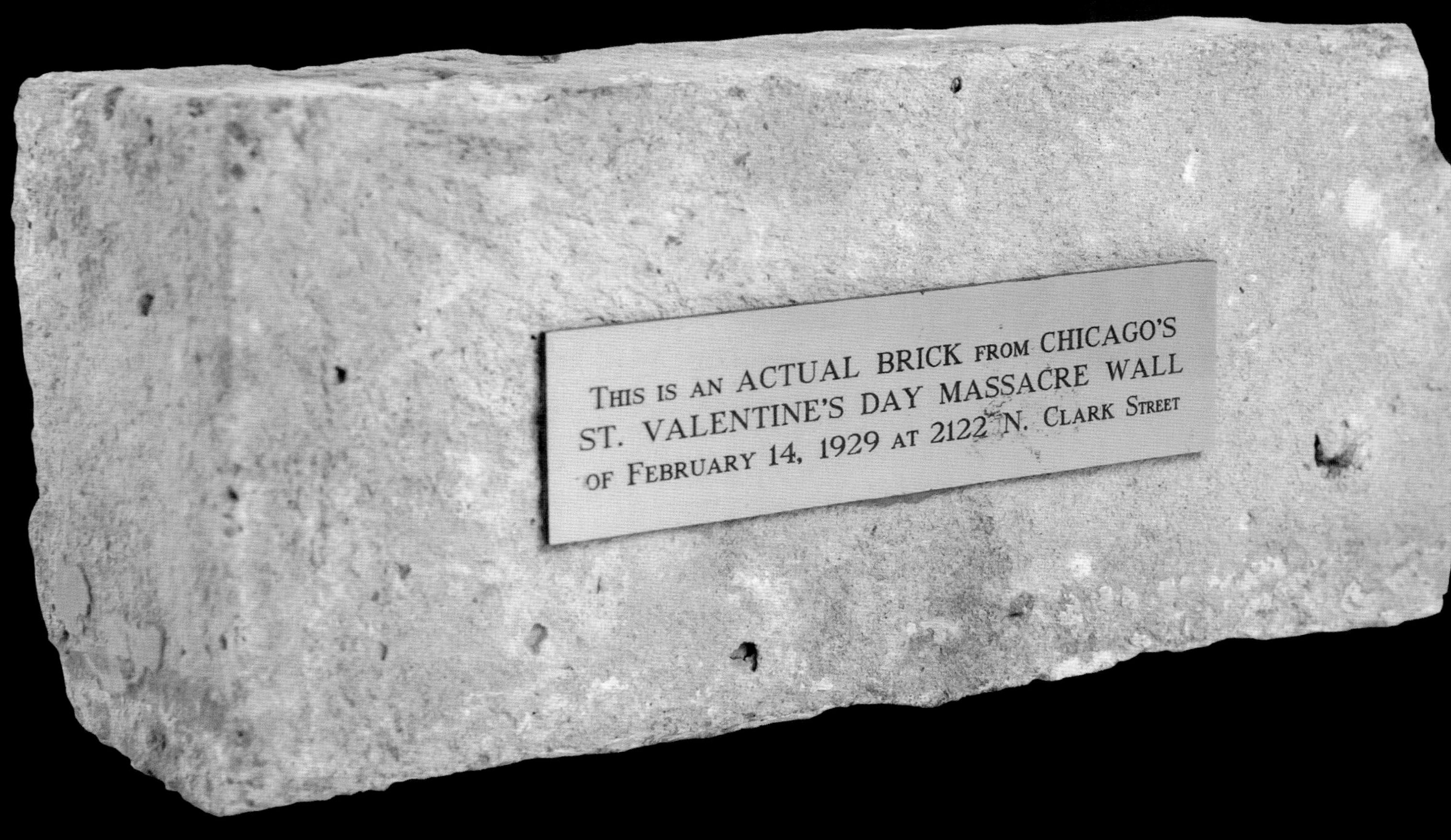

Dentro de la Bóveda

Exhibición de Ripley

Cat. No. 15365

La cuerda del escape

Un prisionero escondió esta cuerda en una botella y la enterró en el piso de tierra de una celda de la Prisión Estatal de Washington para usarla durante su intento de escape.

El androidomo

La franquicia de la Guerra de las Galaxias ha inspirado muchas locuras de afición excesiva, pero ninguna puede compararse con un observatorio de Alemania pintado para que parezca R2-D2. El profesor Hubert Zitt, de la universidad alemana Hochschule Kaiserslautern, decidió pintar la estructura como RD-D2 después de notar que la forma del observatorio es idéntica a la del travieso robot. No se sabe cuándo va a venir C-3PO a visitarlo.

El lienzo cuántico

Desde *La noche estrellada* de Van Gogh hasta la *Mona Lisa* de da Vinci, estas microcopias de obras de arte famosas no miden más que la anchura de un cabello humano. Los científicos de la Universidad de Queensland se toparon con el método de creación de imágenes mientras investigaban el mundo cuántico microscópico. Con rayo láser crean un "sello de luz" con el que forjan estas imágenes en manchas cuánticas de materia conocidas también como condensados de Bose-Einstein. ¡Esto está de pelos!

TAN PEQUEÑO COMO UN CABELLO HUMANO

LA ÚLTIMA ESTATUA

La última estatua de Leonardo da Vinci —una escultura de un caballo de bronce de 24 pies (7.6 m) de alto— se terminó después de más de 500 años. Empezó a trabajar en ella en 1482, pero la guerra con Francia implicó que el bronce se tenía que usar para construir cañones, y luego, en 1519, da Vinci falleció. En 1994, el escultor italiano Nina Akamu le dio nueva vida a los planos y dibujos de da Vinci, y cinco años más tarde se develó la escultura de 15 toneladas en Milán.

COMIDA ENLATADA

La compañía de entregas DoorDash usó 6,853 latas de comida para crear una imagen con mosaicos gigantes de un elefante africano en el embarcadero de Santa Mónica, California.

DISFRACES INGENIOSOS

El artista alemán del siglo XX, George Grosz, era un maestro del disfraz a quien le gustaba disfrazarse de vaquero, de empresario y hasta de su propio mayordomo.

TODO TOTO

Max Siedentopf, artista alemán namibio, construyó una instalación sonora que usa energía solar para tocar "África" del grupo Toto una y otra vez en el desierto de Namibia.

EL SANTA DE ARENA

El artista de arena, Sudarsan Pattnaik, pasó dos días creando una escultura de Santa Claus de 30 pies (9 m) de alto con 10,000 botellas de plástico en Odisha, India.

ESCULTURAS CULINARIAS

El artista Serghei Pakhomoff nunca entendió cuando era niño que no debía jugar con la comida, ya que sus intrincadas obras de arte están hechas exclusivamente de pasta.

Las obras maestras de Pakhomoff incluyen modelos en miniatura de barcos, aviones, autos e incluso ciudades. Las ensambla minuciosamente usando distintos tipos de pasta como spaghetti, penne, linguini y lasagna. Cada una de las creaciones, como los camiones de linguini o las motocicletas de macarrones, le toma a Pakhomoff entre 20 y 30 horas. ¿Cuál es su modelo más desafiante hasta la fecha? ¡Un auto con todo y asientos reclinables, espejos y hasta puertas que abren!

PERSECUCIÓN EN AUTO

La Intercepción era un programa de concursos muy popular en Rusia en los 90 en el que, a fin de ganar un auto, el concursante tenía que "robárselo" y evitar durante 35 minutos que la policía lo capturara. La persecución tenía lugar en las calles de Moscú, y las leyes de tránsito debían respetarse. El objetivo del programa, que atraía a millones de televidentes por episodio, era desalentar a los ladrones de autos ya que, por lo general, atrapaban al concursante.

JUEZ Y ESCRITOR

Arthur Conan Doyle, creador de Sherlock Holmes, fue juez en una de las primeras competencias de fisicoculturismo del mundo, la cual se llevó a cabo el 14 de septiembre de 1901, en Londres, Inglaterra.

IMITANDO AL GATO

Una vez, cuando estaba aburrido durante un ensayo, Wolfgang Amadeus Mozart empezó a imitar a un gato saltando en las mesas y las sillas, maullando y haciendo piruetas.

VAYA CAMBIO DE PROFESIÓN

Antes de codiseñar la muñeca Barbie, Jack Ryan era ingeniero en sistemas de misiles guiados.

LA CONEXIÓN BEATLES

La actriz Jane Asher fue novia de Paul McCartney entre 1963 y 1968, y 20 años antes su madre, Margaret, le dio clases de oboe a George Martin, quien sería productor de los Beatles.

¡EMBARCACIONES PATINANDO EN EL LAGO CONGELADO!

PATINES METÁLICOS

NAVEGACIÓN EN HIELO

La navegación en hielo implica deslizarse sobre lagos congelados a más de 40 mph (64 km/h) en un bote de 12 pies (3.7 m) equipado con patines metálicos y una gran vela.

Esta práctica implica tener nervios de acero; sin embargo, continúa llevando a los devotos a lugares como el Lago Champlain, el 13° lago más grande de Estados Unidos. Ya que se ubica en la frontera del estado de Nueva York y Vermont, y a solo 12 millas (19 km) de la frontera canadiense, Champlain se congela la mayor parte del invierno. Esto atrae a los adictos a la adrenalina de todo el país que quieren volar por la superficie del lago a velocidades inimaginables.

La navegación en hielo ha sido una modalidad de transporte y fuente de diversión invernal durante cientos de años.

SUS CARGAS

Mensaje imprevisto

El Departamento de Bomberos de Start, Luisiana, tiene un nombre peculiar, ya que en inglés se traduce como "Departamento de Inicio de Incendios"; ¡esto sin mencionar que su emblema es una bola de algodón en llamas! El oriundo del estado, Richard Gibson, le contó a Ripley que este bien llamado departamento se formó en 1987. Se conmemoró su XXV aniversario en 2012, a pesar de que su nombre deja a casi todos respirando hondo.

NOMBRES DE BEBÉS

Beau Jessup, adolescente de Gloucestershire, Inglaterra, se pagó la universidad al idear un servicio en línea que le ayuda a los padres chinos a elegir el nombre ideal en inglés para sus bebés. En tres años y medio, ayudó a nombrar a 677,900 bebés chinos.

LIBROS DE CUENTO

Vera Walker, de Orlando, Florida, pidió una serie de los libros de Dr. Seuss para su nieta de cuatro años en 1998, pero cuando el correo al fin se los entregó en 2018, la nieta ya era adulta y tenía un hijo de cinco años. El correo dijo que el paquete había quedado atrapado en un buzón antiguo durante 20 años.

¿QUÉ QUIERES PARA BEBER?

Brooke Phillips sobrevivió seis días en el descampado australiano 1,700 millas (2,700 km) al este de Perth, en temperaturas de 95 °F (35 °C), bebiendo el líquido limpiaparabrisas de su auto y también su orina.

SIN DEDOS

A Andrew Shilliday, gaitero profesional de Dungannon, Irlanda del Norte, le amputaron todos los dedos después de que por una aterrorizante enfermedad autoinmune se le gangrenaron; de modo que le hicieron una gaita especial para tocar sin dedos.

CÁPSULA DEL TIEMPO

El equipo de construcción que estaba demoliendo la Secundaria Swampscott en Massachusetts durante el 2018 encontró una "cápsula de tiempo" de 124 años que había sido enterrada debajo del edificio. Con fecha del 28 de abril de 1894, contenía dos periódicos de esa época, restos de uniformes militares de la Guerra Civil, una medalla de guerra y el nombre de algunos lugareños que pelearon en la guerra.

¡AHÍ VIENE EL COCO...DRILO!

Shantelle Johnson y Colen Nulgit quedaron atrapados en su auto en un pantano infestado de cocodrilos en el Parque Nacional de Keep River de Australia, y fueron rescatados después de escribir AYUDA en letras gigantes en el lodo. Aterrorizados por estos enormes reptiles, se quedaron en el auto toda la noche, pero cuando la marea subió, tuvieron que abandonar el vehículo. Por suerte, los rescatistas que volaban por la zona vieron la señal improvisada y los trasladaron a un lugar seguro después de su experiencia que duró 24 horas.

TE AMO IGUAL QUE SIEMPRE

Ken Myers, de Leeds, Inglaterra, le ha enviado a su esposa Valerie la misma tarjeta del Día de San Valentín durante más de 40 años, pero con un mensaje codificado diferente cada año.

ANIMALES CANÍBALES

Aunque algunos insectos y arácnidos desarrollan un gusto letal por sus parejas, ¡resulta que las tijerillas bebé suelen comerse a sus hermanos!

Cuando las serpientes se enojan por hambre, cualquier cosa puede pasar; no solo se comen a otras serpientes, sino que a veces hasta se empiezan a comer su propia cola, accidentalmente comiéndose a sí mismas, como en el antiguo símbolo de los *uróboros*.

Las salamandras tigre no solo se comen entre sí gustosamente, si no que algunas hasta se transforman durante su etapa larval, desarrollando una cabeza más ancha y dientes más prominentes para poderse comer a su propia especie.

En julio de 2019, surgió un terrorífico video de un tiburón blanco mordiendo a otro de casi 12 pies (3.7 m) de largo partiéndolo en dos; y los hallazgos recientes de fósiles confirman que los tiburones se han estado comiendo entre sí durante al menos 300 millones de años.

Los científicos del oeste de Polonia hicieron un descubrimiento espeluznante en julio de 2013 al inspeccionar un bunker contra ataques nucleares abandonado: casi un millón de hormigas de la madera atrapadas dentro sobreviviendo comiéndose a los cadáveres que se encontraban también dentro.

En las circunstancias correctas, los pollos llevan la autoridad jerárquica a otro nivel y llegan a instancias de canibalismo, que si no se controla, puede propagarse a toda la parvada.

Sapo delicioso

La artista culinaria, Sarah Hardy, crea criaturas de chocolate que son tan realistas que parece que pudieran correr, volar o, en el caso de este sapo, irse saltando. La madre de dos hijos vive en el Reino Unido, y también disfruta hacer esculturas de chocolate en forma de peces, invertebrados y órganos humanos anatómicamente correctos. Si bien sus dulces delicias no se ven muy apetitosas, ¡creo que Willy Wonka las aprobaría!

¡CUIDADO CON LA VÍBORA!

Todd, un golden retriever de seis meses de edad, saltó valientemente en frente de su dueña, Paula Godwin, para salvarla de que la mordiera una víbora de cascabel cuando andaba de caminata cerca de su casa en Anthem, Arizona. La víbora mordió a Todd en la cara, pero le administraron suero antiveneno en un hospital veterinario y se recuperó.

LA PRIMERA AVENTURA

La primera vez que Lily (una gatita de 18 meses propiedad de Ruca Abbott de Steveston, Columbia Británica, Canadá), salió al exterior, se metió en la fascia del carro de un vecino que se la llevó de paseo 54 millas (86 km), y terminó solo cuando el conductor vio la cola del gato que sobresalía de debajo del auto.

RESCATE CANINO

Larry Moore fue salvado cuando su casa se estaba quemando en Hutchinson, Kansas, gracias a su perro atento, Lucifer. Moore estaba dormido en una silla de su sala cuando Lucifer saltó en su regazo y lo despertó. Fue solo entonces que se dio cuenta de que la casa se estaba incendiando.

¡BUENOS DÍAS!

Un hombre estaba dormido en su apartamento de Pulaski, Nueva York, cuando le cayó encima una boa constrictora de cola roja de 6 pies (1.8 m) desde el techo de su recámara. La serpiente había escapado de su jaula en el apartamento de arriba.

PEZ INFLABLE

A fin de capturar presas más grandes de lo que puede comer en general con sus dientecillos, el pez pelícano (*Eurypharynx pelecanoides*) infla la boca varias veces su tamaño normal para que parezca un globo negro. Después de alimentarse, se desinfla y se va.

SE PICA SOLO

Una vez al mes durante más de 10 años, Pepe Casanas, granjero cubano de 78 años, ha cazado el escorpión azul para que lo pique, ya que cree que su veneno alivia su dolor reumático. Se pone el escorpión en la parte de su cuerpo en donde le duele más y aprieta al insecto hasta que lo pica. Dice que el dolor desaparece después de la primera picadura.

BICHOS BURBUJA

El fotógrafo Carrot Lim Choo How ha capturado increíbles acercamientos de avispas haciendo burbujas, y no creerás lo que verás.

How capturó las imágenes mientras fotografiaba un nido de avispas en un complejo industrial de Kedah, Malasia. Las fotos muestran que las avispas traen gotitas de agua perfectamente esféricas colgando en la boca como si estuvieran haciendo bombas de chicle. Para esto hay una explicación científica sorprendente. A fin de limpiar el exceso de humedad del nido, las avispas lo aspiran y luego lo expulsan en forma de gotas de agua.

SPINNERS MOTORIZADOS

Hacer círculos con los autos surgió del bajo mundo criminal de Sudáfrica en años recientes para volverse un deporte legítimo en el que hombres y mujeres se disputan el honor y revientan llantas.

Bienvenido al mundo de spinners de Sudáfrica. Los competidores hacen series de tres minutos de giros cerrados, arriesgadas acrobacias (dentro y fuera del auto) y explosiones de llantas. Los trucos, como los deslizamientos suicidas y las vueltas increíbles, parecen desafiar a la muerte y a la física. Dado que el origen del deporte es ilícito, casi no hay reglas, tan solo tener valor, audacia y bravata.

PALACIO PERSONAL

El empresario Do Van Thien construyó un vasto palacio estilo europeo en la región rural de Gia Vien en Vietnam. El Palacio de Thanh Thang, que recibe su nombre por sus dos hijos, le costó $17 USD millones, con 1,000 toneladas de hierro, 5,000 toneladas de cemento y decenas de miles de ladrillos. El edificio de seis pisos cubre un área de 18,298 pies^2 (1,700 m^2) y cuenta con cocheras subterráneas con capacidad de 50 autos.

¡AY, CACHETÓN!

Como parte de la Feria de Poder Siberiano de 2019, la ciudad rusa de Krasnoyarsk celebró un campeonato de cachetadas, en el que los contrincantes se turnaban para darse cachetadas con la palma de la mano hasta noquearse. En caso de que ambos quedaran de pie después de tres cachetadas cada uno, los jueces decidían al ganador según el poder y la técnica. El campeón, Vasiliy Kamotskiy, recibió un premio de casi $470 USD.

UN LUJO DE AUTO

Un auto deportivo Bugatti único (*La Voiture Noire* ["El Auto Negro"]) se vendió por $18.9 USD millones en Ginebra, Suiza, en 2019.

1,000

La cantidad de luminarias que iluminan un tramo de 1.8 millas (3 km) de camino en el pueblo chino de Taojia. Por lo general, las luminarias se colocan aproximadamente a 160 pies (50 m) de distancia, pero aquí solo tienen 10 pies (3 m) de distancia entre sí, a pesar de que transcurren horas sin que un solo carro pase por allí.

NÚMERO 11

El pueblo suizo de Solothurn tiene una fascinación con el número 11: hay 11 iglesias y capillas, 11 fuentes históricas, 11 museos, 11 torres, además de que el reloj de la plaza solamente llega hasta el 11. La Catedral de St. Ursus, que tardó 11 años en construirse, tiene 11 puertas, 11 campanas y 11 altares, sin mencionar que las escaleras externas comprenden tres series de 11 escalones. La cerveza de la localidad se llama Oufi (11 en el dialecto regional). Se dice que la obsesión con el 11 fue inspirada por una leyenda antigua y que data de al menos 1252, cuando se eligió el concejo municipal de 11 miembros.

TIENDITA DE CURIOSIDADES

Las curiosidades de 5th Corner, tienda de Henry Scragg de Essex, Inglaterra, vende cráneos antiguos de humanos y animales. Entre los cientos de artículos extraños en exhibición hay cráneos tribales, un feto humano en un frasco, una mano humana con un tumor, el brazo prostético de un niño de los años 40, pelo de animal en botellas de vidrio, los ovarios de una mujer en un frasco de formaldehido y la parte superior de un cráneo humano transformado en un tazón decorativo.

LA GOTA QUE DERRAMÓ EL MAR

A fin de crear concienciación sobre la contaminación por plástico y los peligros que enfrentan nuestros océanos, un artista creó una ola de 11 pies (3.4 m) con 168,000 popotes de plástico.

Antes de 2050, habrá más plástico que peces en el océano, y el artista Benjamin Von Wong quería llevar esta terrible realidad a la vida por medio de las artes visuales. Sin embargo, era impensable contribuir al problema comprando popotes para su bien llamada instalación *Apopotecalipsis*. En vez de esto, trabajó incesantemente con Zero Waste Saigon, Starbucks Vietnam y cientos de voluntarios en el curso de seis meses para recoger, lavar y clasificar los 168,000 popotes que requería la obra maestra del reciclaje.

El círculo iris

Los arcoíris en realidad son círculos y no arcos, lo que significa que por más que busques, no vas a encontrar oro al "final". Se componen solo de dos ingredientes: la luz del sol y las gotas de la lluvia. Sin embargo, para poder verlos, las condiciones tienen que ser casi perfectas: debes estar a un ángulo de 180° con relación al sol, y luego girar la vista desde este punto a un ángulo de 42°, lo cual te permite ver aproximadamente una cuarta parte del cielo visible y un arcoíris en forma de arco. No obstante, lo que ves está obstruido por el suelo. Visto desde la atmósfera, sin las limitaciones del horizonte, los arcoíris en realidad son círculos completos.

SE ESCAPÓ DE PURA SUERTE

Una niña de dos años de Changzhou, China, salió solo con heridas leves después de caer del piso 17 de un edificio de apartamentos. Los árboles amortiguaron su caída de 200 pies (60 m), y cuando tocó tierra, el suelo estaba suave porque había estado lloviendo.

PREMIO LITERARIO

El holandés aficionado a la ciencia ficción, Ceisjan Van Heerdan, ganó una librería en una rifa. El propietario de Bookends en Cardigan, Paul Morris, se iba a jubilar y le dio a sus clientes la oportunidad de ganarse la librería y su contenido si gastaban más de $30 USD.

FELIZ CUMPLEAÑOS

Cuando los hijos de Chris Ferry rentaron un espectacular cerca de Linwood, Nueva Jersey, le pusieron su teléfono y pidieron a la gente que la felicitara por su cumpleaños. Ferry recibió más de 15,000 llamadas y mensajes de texto de extraños de todo el mundo.

LAS NIÑAS DE TUS OJOS

Los doctores del Fooyin University Hospital en Taiwán encontraron cuatro abejas de una especie minúscula en el ojo de una mujer que se alimentaban de la sal de sus lágrimas. La mujer había estado arrancando mala yerba cuando los insectos le entraron al ojo y se le incrustaron en la cuenca.

PROPUESTA DECOROSA

Bob Lempa le propuso matrimonio a su novia, Peggy Baker, escribiendo CÁSATE CONMIGO con letras de 45 pies (14 m) de alto y 31 pies (9.5 m) de ancho en el pasto nevado de Maggie Daley Park en Chicago. Necesitaba escribir el mensaje en letras gigantes para que ella lo pudiera ver desde el piso 37 de un edificio de oficinas cercano en donde trabajaba.

SUNDANCE KID

Harry Longabaugh se convirtió en el Sundance Kid porque estuvo en la cárcel por robar un caballo de un rancho en Sundance, Wyoming, en 1887.

Alex Chu, portero de lacrosse de 19 años de Wheaton College en Massachusetts, se vio obligado a quedarse en la banca durante 2019 ya que no pudo encontrar un casco que le quedara.

PIZZA CALIENTITA

Mike Hourani, de Medford, Nueva Jersey, diseñó una sudadera con un compartimiento especial para mantener la pizza caliente. Su sudadera con "bolsa para pizza" cuenta con una bolsa con cierre que contiene a su vez una bolsa aislada suficientemente grande para guardar una rebanada de pizza.

VESTIDO DE NOVIA

Grayleigh Oppermann era dama de honor en la boda de su hermana que se celebraría en Costa Rica, pero se le olvidó empacar su vestido en Houston. En un vuelo de último minuto, Southwest Airlines le salvó el pellejo al entregar el vestido sin costo.

ANILLO DE BODAS

Paula Stanton recuperó su anillo de bodas de diamantes nueve años después de que lo descargara accidentalmente por el inodoro de su casa de Somers Point, Nueva Jersey. Encontraron el anillo en una alcantarilla cercana.

DISCUSIONES PROFESIONALES

En el mercado en línea chino Taobao, la gente puede contratar extraños para que discutan en su nombre con personas o compañías. Si quieres que llamen o manden mensajes con enojo se cobran $3, pero la tarifa de estos rijosos profesionales aumenta si la riña dura más.

BODA A LA POTTER

La boda de Allison y Steven Price se inspiró en Harry Potter: se llevó a cabo en Buckinghamshire, Inglaterra, el 31 de julio —cumpleaños tanto de Harry Potter como de la autora J. K. Rowling. Allison dijo que se enamoró de su futuro marido en parte porque se parece a Ron Weasley.

APENITAS

El 3 de abril de 2019, Joseph y Karen Moore, de St. Peters, Misuri, encontraron un boleto de la lotería con un premio de $50,000 USD en la guantera de su auto, justo un día antes de que venciera.

CARRERA DE LOS REX

El 7 de julio de 2019, los espectadores en Auburn, el hipódromo de Emerald Downs de Washington, fueron sorprendidos cuando más de 20 personas disfrazadas de *Tiranosaurio Rex* participaron en una carrera de proporciones jurásicas.

Aunque aún no se revela la identidad de los competidores, Tom Harris, el anunciador de Emerald Down, mencionó a Carrerosaurio, la Novia de Rex y el Loco Rex. Sin embargo, fue Saurio sin Plomo el que llegó primero a la meta. Los videos de la carrera se volvieron virales, y los comentaristas de internet vieron con buenos ojos el primer "Derby Jurásico".

¡EN SUS MARCAS, LISTOS, FUERA!

El cinecóptero

Después de comprar por impulso un helicóptero militar dado de baja, Maria Merry de Chippenham, Inglaterra, lo transformó en un cine casero único. Maria es tan aficionada de la aviación que hizo que le llevaran la aeronave por aire a la cochera de su casa. Y después de gastar miles de dólares en mejoras, ella y su hijo "abordan" el helicóptero cuando quieren ver una película. ¿Quién hubiera pensado que una aeronave militar podría tener tanta comodidad como efectos de sonido, dispensador de dulces, máquina de humo y un sofacama?

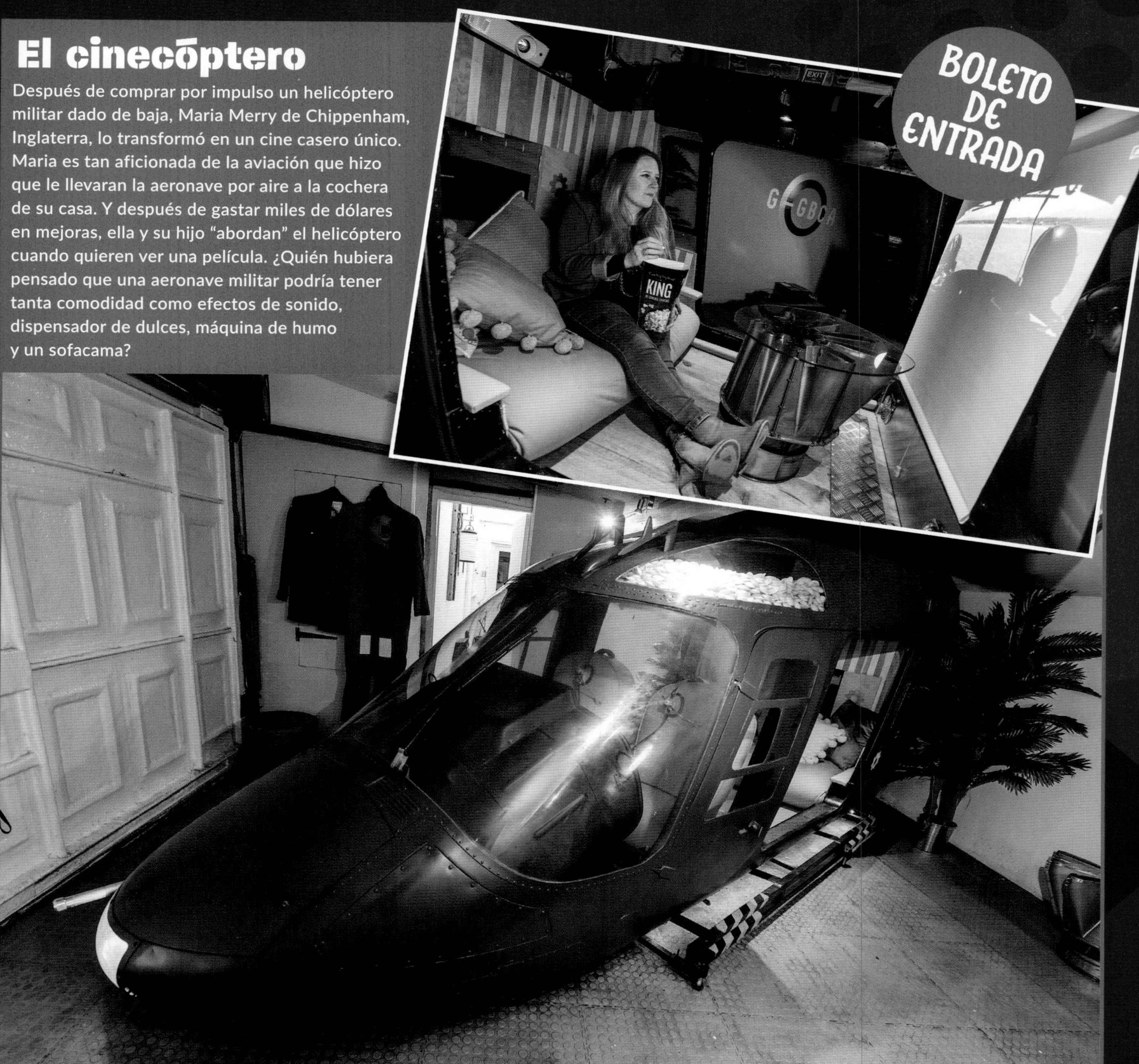

VIEJA ESCUELA

La escuela que alojó a la Preparatoria Hill Valley en la película *Volver al Futuro* fue la escuela preparatoria Whittier High, en California, a la que asistió Richard Nixon de 1928 a 1930.

TRITURARTE

El artista callejero británico, Banksy, construyó una trituradora secreta controlada por control remoto dentro del marco de su pintura *Niña con globo* para que se autodestruyera momentos después de que se vendiera en una subasta en 2018 por un monto de más de $1.3 USD millones.

Algunos padres de Estados Unidos aseguran que sus hijos están empezando a hablar con acento británico después de ver *Peppa Pig*.

CASA PARKER

La casa de la Ciudad Nueva York en la que creció Peter Parker (el Hombre Araña) se ubica en 20 Ingram Street en Forest Hills, Queens, que es una dirección real, y desde 1974 ahí vive una familia de apellido Parker. Además, el archienemigo del Hombre Araña es el Duende Verde (cuyo nombre real es Norman Osborn), y desde 1979, el vecino de Andrew y Suzanne Parker en Queens es Terri Osborne. Ambas familias vivían ahí cuando la película de *Spider-Man* se estrenó en 2002.

Papazzz fritazzz, por favor

A fin de apoyar la conservación de las abejas, McDonald's creó un restaurant para abejas en forma de colmena con servicio de entrega en el automóvil, los ya clásicos Arcos Dorados y bastantes panales. Empezaron con un restaurante en Suecia con una colmena en el techo; cuatro restaurantes no tardaron en seguir el ejemplo, e incluso otros más ya se comprometieron a modificar sus instalaciones con hábitats idóneos para las abejas. McDonald's Suecia llevó el proyecto al siguiente nivel al crear una "McColmena" totalmente funcional, que se vendió en una subasta por $10,000 y las ganancias se entregaron a la beneficencia Casa de Ronald McDonald.

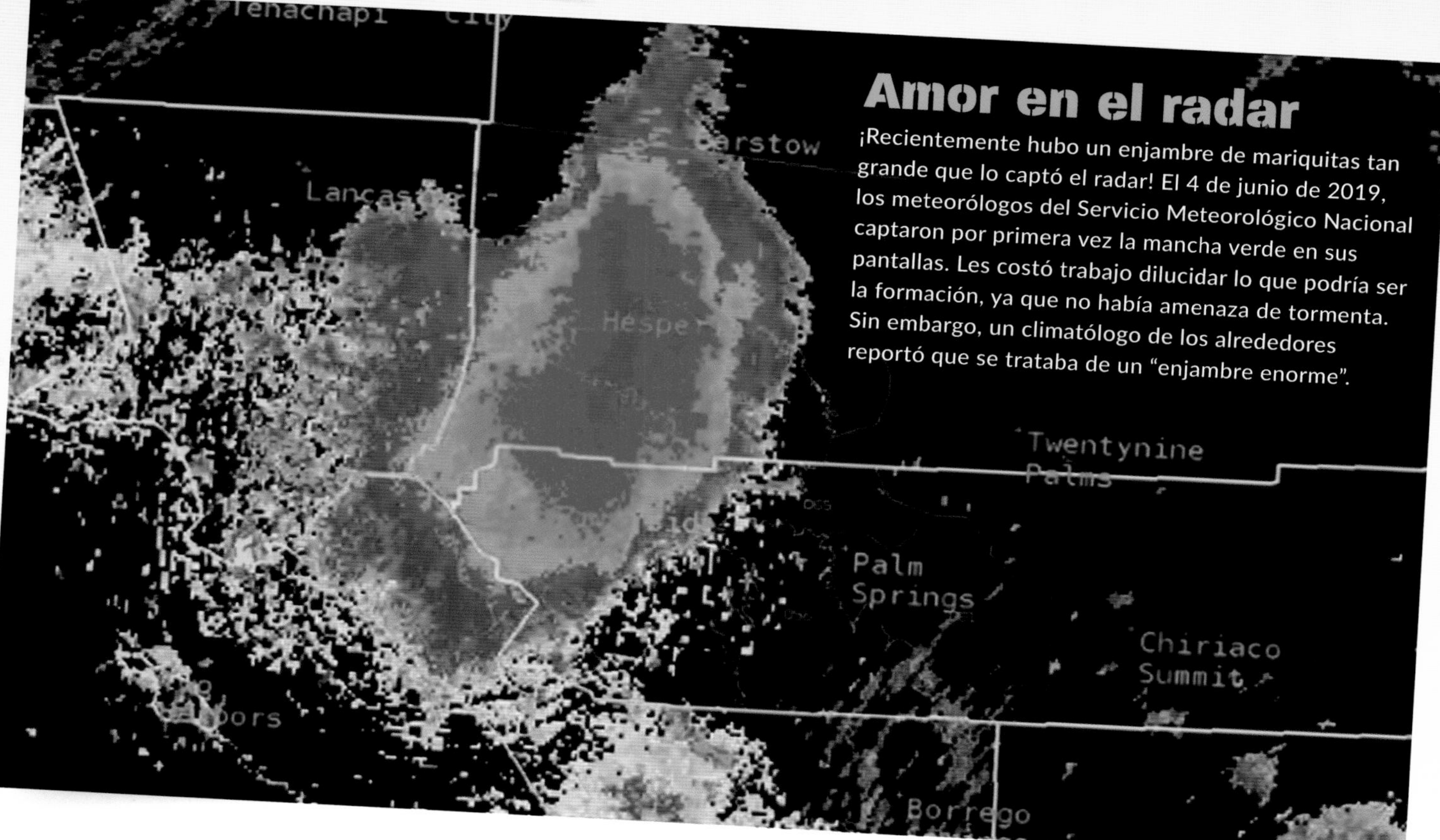

Amor en el radar

¡Recientemente hubo un enjambre de mariquitas tan grande que lo captó el radar! El 4 de junio de 2019, los meteorólogos del Servicio Meteorológico Nacional captaron por primera vez la mancha verde en sus pantallas. Les costó trabajo dilucidar lo que podría ser la formación, ya que no había amenaza de tormenta. Sin embargo, un climatólogo de los alrededores reportó que se trataba de un "enjambre enorme".

AMOR FRATERNAL

Un loro de Maximilian bebé (originario del Amazonas) llamado Sausage Rowles que escapó de su jaula fue engatusado para que bajara de un árbol en Devon, Inglaterra, con una grabación de celular de su hermano gemelo. La dueña de Sausage, Michelle Chubb, reprodujo los graznidos de Chico, de seis meses de edad, para motivar a que Sausage bajara del árbol. El nombre de Sausage proviene de la pareja de Michelle, Adam Rowles.

PRUEBAS DE ADN

PooPrints es un servicio que usa pruebas de ADN para identificar a los perros cuyos dueños no hayan retirado sus heces de los lugares públicos.

¡AY, OREJÓN!

El jerbo de orejas largas, que es un roedor nocturno de Asia que parece ratón, tiene orejas un tercio más largas que la cabeza.

LA OTRA BATICUEVA

Sugar Hall, edificio de aulas de la Universidad de Luisiana en Monroe, fue clausurado temporalmente en enero de 2019 después de que se infestó de miles de murciélagos.

MEJOR NO DONE, COMPADRE

En noviembre de 2018, se encontró una boa constrictor albina viva en un depósito de donaciones caritativas de Fort Worth, en Texas.

EL TERCER OJO

En 2019, los funcionarios de la vida silvestre del Territorio del Norte, Australia, encontraron una joven pitón de alfombra un tanto inusual con tres ojos funcionales.

La serpiente tenía un ojo en cada lado de la cabeza y un tercero en el centro del cráneo. Los guardabosques de la Comisión de Parques y Vida Silvestre del Territorio del Norte bautizaron a la serpiente de 16 pulg. (40 cm) de longitud "la arrastrada". Desafortunadamente, la deformidad le dificultaba comer, de modo que falleció aproximadamente a los cuatro meses.

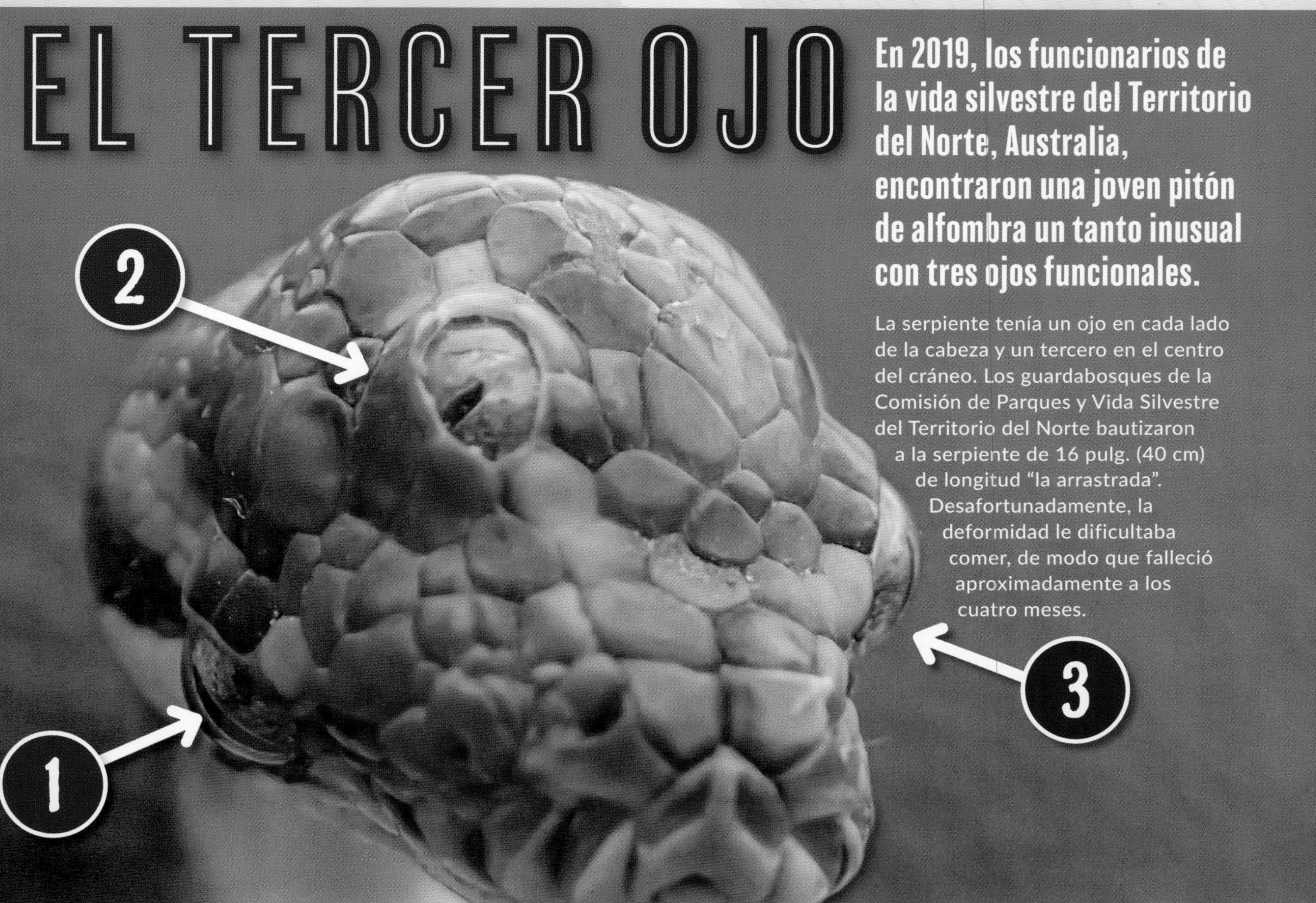

VACAS CODIFICADAS

Las vacas que vagan por las calles de Uttar Pradesh, India, cuentan con código de barras para que se les pueda rastrear y que no destruyan los cultivos ni bloqueen el tráfico.

CHORROS DE CACHORROS

Cleo, una gran danés, dio a luz a 19 cachorros en el Hospital Veterinario de Kingman, Arizona. Tuvieron que intervenir 11 miembros del personal para recibir a tantos cachorros. Por lo general, el gran danés tiene camadas de aproximadamente ocho cachorros.

EL HOTEL CAMARENA

Durante el cierre del gobierno de EE. UU. de 2019, una colonia de 100 elefantes marinos se apoderó de una playa y estacionamiento desocupados en Drakes Beach, California.

HELADO DE GATO

Wojciech Jabczynski escaló a la cima de la Montaña Rysy, en Polonia, que está a una altura de 8,200 pies (2,500 m), y al llegar arriba, encontró un gato doméstico pelirrojo congelándose.

AVENTURA EN EL DESIERTO

Gaspar, un dachshund de dos años de edad propiedad de Janis Cavieres, sobrevivió seis días en el Desierto de Atacama en Chile después de escapar de un avión. El perro había viajado en una jaula en la sección de carga, pero después del aterrizaje, la jaula cayó a la pista y se abrió con el impacto y el canino escapó al desierto de los alrededores. Cuando por fin atraparon a Gaspar, había bajado tremendamente de peso, pero no tardó en recuperarse completamente.

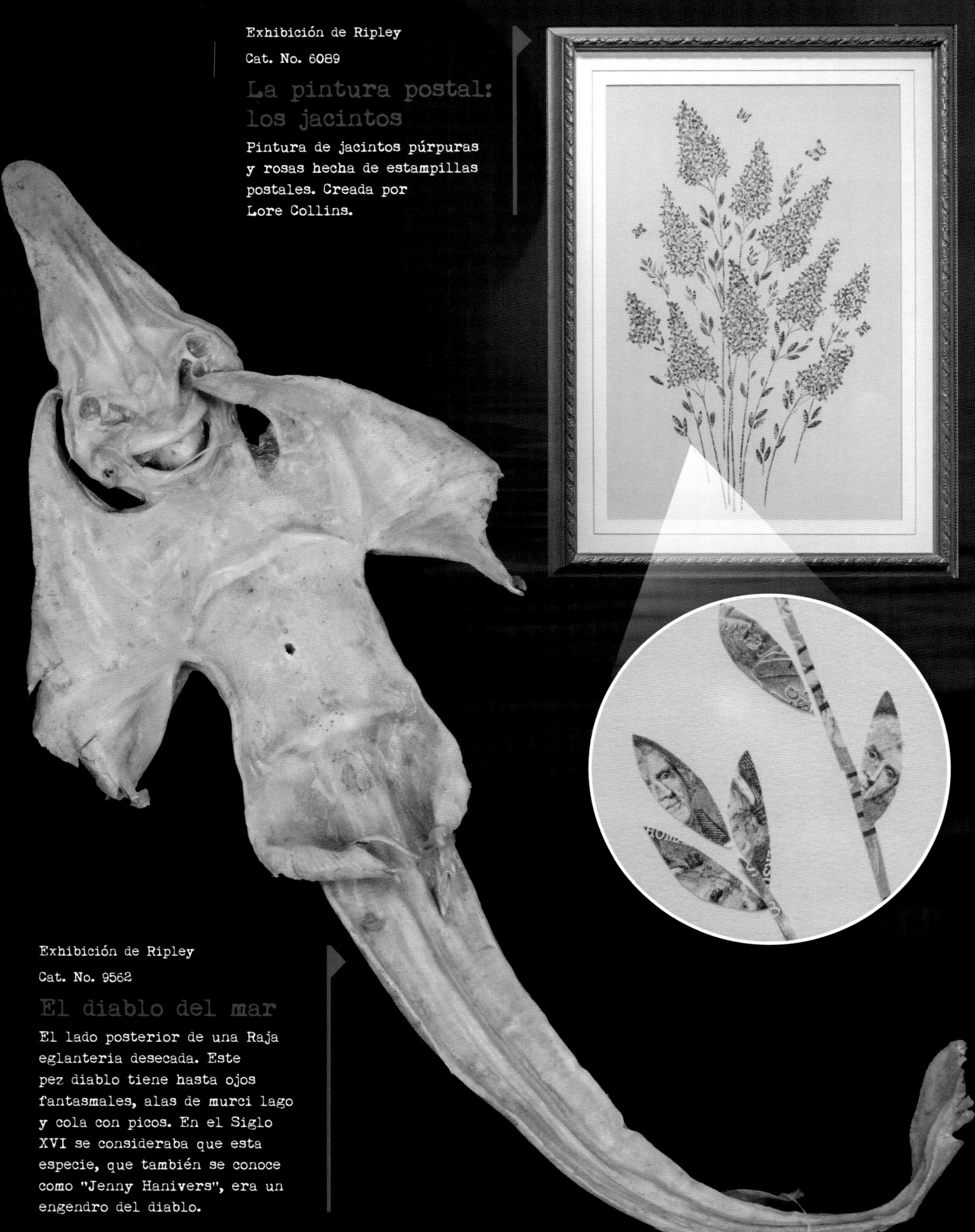

Exhibición de Ripley

Cat. No. 6089

La pintura postal: los jacintos

Pintura de jacintos púrpuras y rosas hecha de estampillas postales. Creada por Lore Collins.

Exhibición de Ripley

Cat. No. 9562

El diablo del mar

El lado posterior de una Raja eglanteria desecada. Este pez diablo tiene hasta ojos fantasmales, alas de murci lago y cola con picos. En el Siglo XVI se consideraba que esta especie, que también se conoce como "Jenny Hanivers", era un engendro del diablo.

Dentro de La Bóveda

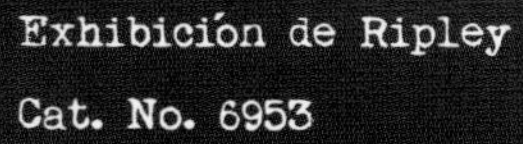

Exhibición de Ripley

Cat. No. 6953

El reloj de arena

El reloj de arena es un invento del siglo VIII. Ripley encontró esta versión cuádruple en Italia, la cual marca el cuarto de hora, la media hora, los tres cuartos de hora y la hora en punto.

Exhibición de Ripley

Cat. No. 9416

Escultura de raíces china

Escultura de raíces china de un Garuda hecha de raíces retorcidas de cerezo. Robert Ripley la adquirió durante su tercera visita al continente asiático en 1937, y la colocó en su apartamento de 10 habitaciones de la Ciudad de Nueva York que tenía decoración asiática.

PASTELES ASESINOS

La cocinera Tanya Nisa, residente de Lincoln, Inglaterra, hace pasteles mórbidos que asemejan partes del cuerpo humano.

Cuenta con creaciones como bizcochos en forma de dedos amputados y un panqué en forma de cabeza decapitada. Tanya puede tardar varias horas o días en hacer sus postres, dependiendo de lo intrincado de su diseño. Por ejemplo, para los dedos debe pintar minuciosamente con un pincel fino. Tanya se inspiró en la película *Hannibal*, y su increíble atención al detalle se puede atribuir a los siete años que pasó perfeccionando sus habilidades.

¡SANGRE FALSA!

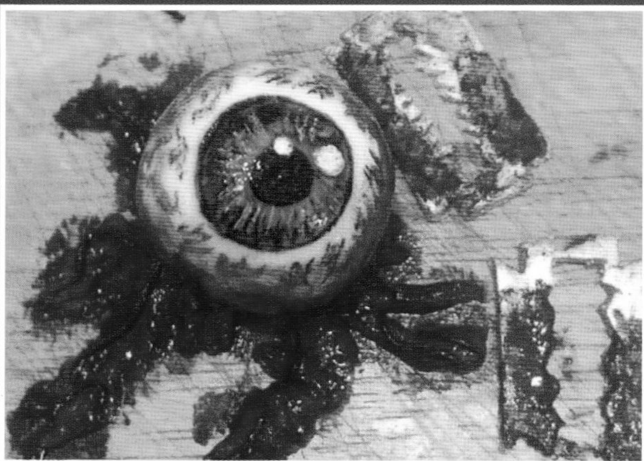

TRIBUTO CONGELADO

Los residentes de un suburbio de Montreal, Canadá, reaccionaron con asombro y admiración cuando apareció un muñeco de nieve Olaf real inspirado por la película *Frozen* de Disney de aproximadamente 20 pies (6.1 m) de alto.

Fue construido por el YouTuber Benoit Sabourin, quien invirtió más de 200 horas para terminarlo con la ayuda de una escalera imprecisa.

El 6 de septiembre de 2018, la músico británica Evelina De Lain tocó un concierto de piano a una altitud de 16,227 pies (4,946 m) en Singge La Pass, en los Himalayas, a temperaturas bajo cero.

NO NOS ALCANZÓ

La película de 1975 *Los caballeros de la mesa cuadrada y sus locos seguidores* se filmó con poco presupuesto, así que debía parar cuando el viento tiraba el castillo ya que era de triplay. El chiste de que los caballeros montan caballos invisibles y percuten mitades de coco para producir el sonido de los casos proviene del hecho que no podían costear caballos reales.

LIBROS DE ENSUEÑO

La idea para los libros de la serie *Crepúsculo* le llegó a la escritora Stephenie Meyer en un sueño vívido la noche del 2 de junio de 2003.

BARCO FANTASMA

El artista Jason Stieva, de Whitby, Ontario, Canadá, pasó 14 meses construyendo una enorme escultura de un barco pirata fantasma. *Leviatán: el arca del apocalipsis* pesa 200 libras (90 kg), mide 8 pies (2.4 m) de alto y 7.5 pies (2.3 m de largo), y contiene cientos de esculturas de esqueletos.

DIETA BLANCA

El compositor francés Erik Satie solo comió alimentos blancos, es decir, huevos, azúcar, huesos molidos, ternera, grasa animal, cocos, pollo, arroz, nabos y queso blanco. Se dice que una vez se comió 150 ostiones en una sentada.

ROPA LOCA

El vestuario de la banda sueca Abba con el que subían a los escenarios en los 70 era deliberadamente llamativo y escandaloso, ya que el costo era deducible de impuestos en Suecia si se comprobaba que no era idóneo para usarlo todos los días.

DEUDAS DE JUEGO

El escritor ruso Fyodor Dostoyevsky escribió su novela de 1866 *El Jugador* en solo 26 días para saldar sus deudas de juego y cumplir con la fecha límite del editor. Si no entregaba la novela a tiempo, el editor adquiría sin costo los derechos de todo lo que escribiese Dostoyevsky por los siguientes nueve años.

CARICATURA GIGANTE

Dean Foster, artista sudafricano que reside en Innisfail, Alberta, Canadá, usó un vehículo todo terreno y pintura en aerosol para crear una caricatura de 427 × 328 pies (130 × 100 m) de dos DJ de radio canadienses —Jesse y JD de CJAY 92— en la pastura de una granja.

NO TE ESPONJES

Bob Esponja se llamaba originalmente SpongeBoy (o Chico Esponja), pero ese nombre ya estaba registrado por una marca de trapeadores.

LA LETRA CON SANGRE ENTRA

El tatuador Monty Richthofen (también conocido como Maison Hefner) de Londres, Inglaterra, tiene un proyecto llamado “Mis palabras, tu cuerpo” en el que los clientes le permiten tatuar citas motivacionales de su elección en sus cuerpos. No tienen idea de lo que escribirá, solo eligen el lugar de su cuerpo para el tatuaje.

PORCI-MUSEO

...Stuttgart, Alemania, tiene el museo ...de puercos más grande del mundo, el ...cual exhibe más de 42,000 artefactos ...diferentes sobre puercos.

...El Museo Schweine alguna vez fue un matadero ...de puercos, pero ahora cuenta con 25 salas ...llenas de artefactos sobre los puerquitos. Con ...pirámides de puercos de peluche rosa, una sala ...de alcancías de cochinito y un gran puerco dorado ...giratorio hay cerdos para todos los gustos. Una vez ...que llega la hora de comer, los visitantes pueden ...degustar todo tipo de platillos con carne de ...puerco en el restaurant del museo.

Una papa dónde quedarte

Ya puedes alojarse en estas instalaciones de lujo que alguna vez fueron parte del circuito de excursiones de la Excursión de la Papa de Big Idaho de la Comisión de la Papa de Idaho. El Idaho Potato Hotel es una lujosa y cómoda habitación con baño justo fuera del centro de Boise, Idaho, ubicado sobre una superficie de 400 acres (160 hectáreas). Kristie Wolfe, antigua portavoz de la Excursión de la Papa de Big Idaho rediseñó las instalaciones de manera meticulosa para meter una cama queen, un minirefrigerador, una tornamesa y varias conexiones eléctricas.

CIUDAD CRÁTER

La ciudad de Middlesboro, Kentucky está construida completamente dentro de un cráter de 5.9 km de anchura creado por un meteorito.

SELLO ROMÁNTICO

Todos los Días de San Valentín se envían miles de tarjetas de todo el mundo a la oficina postal de Lover, Wiltshire, Inglaterra, para que se les ponga el sello del nombre del pueblo.

CERCA TELEVISIVA

Una casa en la isla vietnamita de Hon Thom tiene una cerca hecha completamente de televisores viejos.

SUPREMÍSIMA CANCHA

La cancha de básquetbol que se encuentra en la azotea del edificio del Supremo Tribunal de EE. UU. en Washington, D.C. es conocida como la Supremísima Cancha de la Nación.

ESTATUA COMESTIBLE

En 2018, la ciudad de Linyi, China, develó una estatua de 20 pies (6 m) de altura de un gallo cuyo cuerpo se compone de chiles rojos y verdes y las piernas de mazorcas.

DÍA DE LA LIMPIEZA

Todos los años, Rusia celebra un día especial llamado Subbotnik, en el que los residentes hacen trabajo voluntario para barrer y limpiar las calles de la ciudad.

28,000 La cantidad de licorerías en Eslovenia, lo que significa que hay una por cada 75 personas en el país.

CERVEZA AÑEJA

La Lost Rhino Brewing Company de Virginia creó la Bone Dusters Paleo Ale, una cerveza elaborada con levadura de fósiles de ballena de 35 millones de años de antigüedad.

RÍOS SECRETOS

Existen más de 20 ríos subterráneos debajo de las calles de Londres, Inglaterra.

CULTURA POPULAR

Existen más museos en Estados Unidos (más de 35,000) que sucursales de Starbucks y McDonald's combinadas.

PRIMER CRIMEN

En 2018, la isla escocesa de Gigha vivió su primer crimen en 20 años, lo que estremeció a la pequeña población de 160 personas.

ESTADO NACIÓN

Si el estado de Australia Occidental fuere un país, sería el décimo más grande del mundo. Toda Alemania cabría dentro de él.

AMBULANCIAS FALSAS

El tráfico de Moscú es tanto que los rusos con dinero a veces contratan ambulancias falsas para evitar los congestionamientos.

COSAS GRANDES PUEBLO PEQUEÑO

En la pequeña población de Casey, Illinois, sueñan en grande, ya que alberga seis enormes monumentos que ostentan el récord mundial de la cosa más grande.

Cuando algunos de los establecimientos locales de Casey empezaron a cerrar, al carpintero Jim Bolin se le rompió el corazón; así que en vez de ver morir su ciudad natal, construyó las campanillas de viento más grandes del mundo para atraer a la gente. Al construir sus "cosotas", Bolin analiza lo que podría casar bien con los establecimientos locales y lo construye—sin costo—para exhibirlo en cada lugar.

EL BUZÓN MÁS GRANDE DEL MUNDO

LA HORQUETA MÁS GRANDE DEL MUNDO

LOS ZUECOS MÁS GRANDES DEL MUNDO

Penitencia invernal

Una característica de los glaciares que se encuentran a gran altitud, son los penitentes de los Andes Secos que se elevan a 13,123 pies (4,000 m) y que pueden alcanzar hasta 16 pies (4.8 m) de alto. Charles Darwin fue quien los describió en 1839, y los científicos aún están debatiendo por qué y cómo se forman estas cuchillas de hielo, que, por lo general, se forman en grupos en las regiones montañosas entre Argentina y Chile. Miden entre 1.18 pulg. (3 cm) y 6.5 pies (2 m), aunque se han registrado formaciones de 16 pies (4.8 m) de alto.

El árbol de hielo

¡Hazte para allá, Elsa! Durante 58 años, una familia de Indianápolis, Indiana, ha creado árboles congelados de entre 35 y 75 pies (10.7 y 22.8 m) de alto con colorante para alimentos y una manguera. Desde 1961, Janet Veal y su familia ha perfeccionado el arte de crear enormes árboles congelados de varios colores. Para que queden perfectos, las temperaturas deben oscilar entre 5 y 29 °F (-15 y -2 °C). Después de construir un marco de gran tamaño de sobras de leña, lo alinean con la maleza y las ramas de los árboles. Una vez que la estructura se rocía con varias capas de agua y colorante para alimentos, cobra vida propia gracias al frío y forma un reluciente y colorido monumento a las manualidades en paisajismo invernal.

FERIA DE YETIS

Cada año, hay una estampida de yetis en Ratevo, cerca de la población de Berovo en el este de Macedonia, para librar una épica batalla contra el mal.

Al igual que en Halloween, cuando la gente se pone disfraces macabros y hace cabezas de calabaza para ahuyentar a los espíritus chocarreros en la hora de las brujas, durante la Feria de los Yetis de Macedonia se visten de monstruos para expulsar a las fuerzas invernales del mal. Las temperaturas promedio de esta región montañosa oscilan entre -4 y 22 °F (-20 y -30 °C) durante el festival de octubre, lo que implica ponerse varias capas de ropa. Para cerrar con broche de "horror", la gente se pone máscaras que los hacen parecer criaturas que no le piden nada a Pie Grande.

¡CORRE AL BAÑO!

Durante 30 años, el Campeonato Mundial de Carreras de Letrinas de Virginia City, Nevada, ha atraído competidores para romper el listón de papel de baño de la meta.

El evento comenzó en el otoño de 1990 cuando el condado de Storey prohibió las letrinas. En respuesta a esto, los residentes del pueblo casi fantasma salieron a las calles con todo y sus letrinas. Esta extraña reunión inspiró la creación de un evento de carreras de letrinas como ninguno. Los equipos de tres personas disfrazadas empujan, pedalean y arrastran sus letrinas por la C Street, creando un peculiar evento con bastante humor de baño.

Canto en el baño

El 29 de agosto de 2019, el público llegó al edificio Lucerna de Praga, República Checa, para meterse en tinas que se instalaron en el techo, en donde escucharon las arias de la ópera de Mozart *Don Giovanni* interpretadas por Adam Plachetka. Enfundados con ropa formal, desafiaron las aguas durante la actuación de media hora, vino espumoso en mano.

ROBO ROBÓTICO
Los oficiales de policía de Beaverton, Oregon, llegaron a la escena de una posible invasión a casa habitación después de que el cuidador llamó al 911 porque alguien estaba en el baño, y el culpable resultó ser algo no más peligroso que una aspiradora robótica.

TINA FATAL
Alison Gibson se quedó atrapada en la tina de su casa en Chesaning, Michigan, durante cinco días antes de que lo notará su cartero.

IRA MAL CANALIZADA
En 2018, funcionarios de Portland, Michigan, pidieron a los usuarios de Facebook que dejaran de enviar mensajes de enojo acerca de Portland, Oregon.

A fin de ganar una apuesta de $62,400 USD con su compañero de póker, Rory Young, Rich Alati pasó 20 días en aislamiento y oscuridad completos en un baño pequeño de Las Vegas, Nevada.

LECCIÓN DOLOROSA
Cuando intentaba robar gasolina al "ordeñar" una camioneta afuera de una tienda en Portland, Oregon, un ladrón se prendió fuego accidentalmente.

FOTOS DE RECUERDO
Científicos de Nueva Zelanda encontraron una memoria USB con fotos de las vacaciones de alguien dentro de un bloque congelado de popó de una foca leopardo.

RUEGOS ESCUCHADOS
Dos adolescentes, Tyler Smith y Heather Brown, rezaron por ayuda después de que quedaran varados a 3.2 km de la costa de St. Augustine, Florida, cuando las fuertes corrientes los arrastraron al mar. Al final los rescató una lancha llamada *Amén*.

MUUUCHO CALOR

Sejal Shah, de Ahmedabad, India, cubre el exterior de su Toyota Corolla con estiércol de vaca para que no se caliente con las temperaturas crepitantes. Esta práctica le proporciona el suficiente aislamiento oloroso. La idea provino de los lugareños que usan pasta de estiércol en los pisos y paredes de las casas de adobe para reducir el calor del verano, que puede llegar a más de 100 °F (38 °C).

EXTRAÑA AMISTAD

Las ranas de Sudamérica se enfrentan a incontables depredadores: arañas, serpientes y mamíferos.

Por eso resulta muy peligroso quedarse dormido, a menos que sea de las ranas que se entierran. Resulta que guardan una relación muy peculiar con las tarántulas peruanas: estas les permiten a los anfibios vivir en sus guaridas e incluso las protegen de los depredadores. Entonces, ¿qué hacen las ranas para que las traten tan bien? Pues limpian las guaridas de parásitos y hormigas que se comen los huevos de las arañas.

DESCUBRIMIENTO MORTAL

Después de que sus perros comenzaron a ladrarle a su camioneta estacionada fuera de su casa en Chonburi, Tailandia, Chutikarn Kaewthongchaijaruen descubrió una peligrosa cobra real de 16 pies (4.9 m) de largo merodeando en el motor.

PULPOS CACHETEADORES

El kayaker Kyle Mulinder estaba remando en la costa de la Isla del Sur en Nueva Zelanda cuando lo abofeteó una foca con un pulpo. Desafortunadamente, había interrumpido una pelea entre una foca macho y un pulpo.

¿DÓNDE ESTÁS QUE NO TE VEO?

Los caballitos pigmeos de Bargibant miden menos de 2.4 cm; son tan pequeños y se camuflan tan bien con el coral en el que viven, que no los descubrieron hasta 1969, cuando el científico de Nueva Caledonia, Georges Bargibant, llevó muestras de coral a su laboratorio para estudiarlo cuando notó un par de caballitos.

SE BUSCA NOVIO

Algunos granjeros de Inglaterra usan una app tipo Tinder para buscar posibles parejas para sus vacas. Esta app de citas para vacas se llama Tudder (que es una mezcla de Tinder y "udder", o ubre en inglés), y permite que los granjeros deslicen hacia la derecha los perfiles de los animales que les gustan.

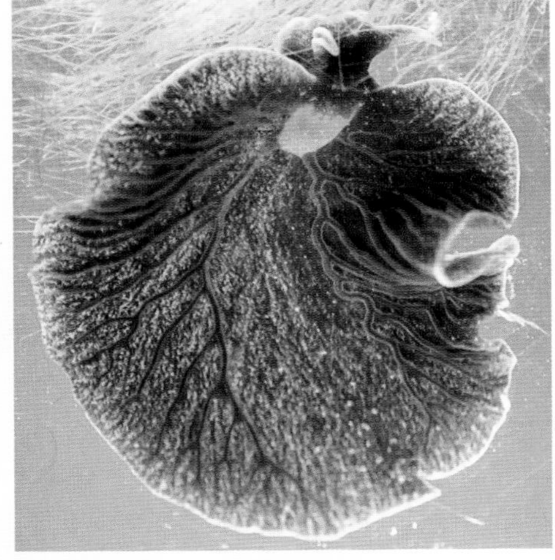

La babosa marina solar

Esta babosa marina solar deriva sus superpoderes de las algas. Según los científicos de la Universidad de Rutgers–New Brunswick, una babosa marina conocida como Elysia chlorotica se transforma en una máquina solar verde. ¿Cómo? Al succionar millones de plástidos de color jade de las algas. Estos plástidos no solo le dan a la babosa su tinte de color esmeralda, sino que también le permiten actuar como planta, recibiendo alimento directamente de los rayos del sol.

¿¡BUENO!?

Después de que la Dr. Claire Simeone, veterinaria de mamíferos marinos, recibió 10 llamadas seguidas —sin que le contestaran— de su hospital en la Isla Grande de Hawái, descubrió que el culpable fue un gecko que se había metido al laboratorio y se había encaramado en un teléfono y marcado con las patas.

DRONES PERRONES

A fin de pastorear a sus ovejas, algunos granjeros en Nueva Zelanda usan drones que ladran como perro. El dron cuenta con una función que graba sonidos y luego los reproduce en una bocina. El pastoreo normal, que toma dos horas con dos personas y dos equipos de perros, se puede hacer en solo 45 minutos con un solo dron.

LORO ALARMA

Arrestaron a un loro en el norte de Brasil después de que se descubrió que lo habían entrenado para advertirle a sus dueños criminales acerca de las redadas policiales al graznar: "¡Mamá, policía!" en portugués.

GRAN ABRAZO

Durante la temporada de apareo, los insectos palo de la India pueden permanecer abrazados por hasta 79 días. El macho usa las piernas para sostener a la hembra con firmeza en su lugar.

MUUUY BONITA

Una pareja de en Hathaway, Luisiana, salvó del matadero a un becerro de cinco patas con la enfermedad llamada polimelia, e incluso lo reunieron con su madre.

La polimelia es un raro defecto de nacimiento que afecta a menos de cuatro de cada 100,000 crías en todo el mundo. A pesar de lo raro de esta condición, Matt Alexander y su prometida, Maghin Davis, rescataron a un becerro con una quinta pata sobre la cabeza. Asimismo, pudieron comprar a su madre y reunirlos. Alexander y Davis reportan que el becerro de nombre Elsie permanece con gran salud y que no hay planes de quitarle la pata extra con cirugía.

GRAN FOSA AZUL

La gran fosa azul submarina que se encuentra frente a la costa de Belice mide 984 pies (300 m) de largo y 410 pies (125 m) de profundidad.

A una profundidad de unos 350 pies (105 m) dentro del sumidero marino, el agua no cuenta con oxígeno, lo que produce un "cementerio" de conchas creado por miles de moluscos que nadaron demasiado profundo y murieron. El agujero estuvo una vez en tierra firme pero quedó sumergido hace unos 10,000 años.

LA LAVA MÁS CALIENTE

Hay un volcán submarino en el Océano Pacífico que contiene la lava más caliente que se haya medido: 2,444°F (1,340°C).

ICEBERG COLOSAL

Hay un iceberg del tamaño del Bajo Manhattan que se desprendió del Glaciar Helheim de Groenlandia en 2018. El colosal iceberg midió 4 millas (6.4 km de anchura), 0.5 millas (0.8 km) de grosor y 10 mil millones de toneladas de peso, y tardó cerca de 30 minutos en separarse.

PIEDRA EQUILIBRISTA

Pivot Rock en Eureka Springs, Arkansas, se balancea de manera precaria sobre una base más de 10 veces más pequeña que la parte superior.

GASOLINERA DEL TERROR

La emblemática gasolinera que está al costado de la autopista 304 en Bastrop, Texas, que fue el set de la película de terror de 1974 La masacre de Texas, ahora es un restaurant con cuatro cabañas para que las personas puedan cenar y dormir ahí.

EXCAVACIÓN MINIATURA

Durante más de 14 años, Joe Murray ha estado excavando lentamente en el sótano de su casa en Shaunavon, Saskatchewan, Canadá, con una flotilla de camiones, topadoras y excavadoras miniaturas a control remoto.

DIVERSIDAD LINGÜÍSTICA

En Papúa Nueva Guinea se hablan más de 850 idiomas. Aunque el inglés es uno de los cuatro idiomas oficiales, lo habla solo el 2% de la población de este país.

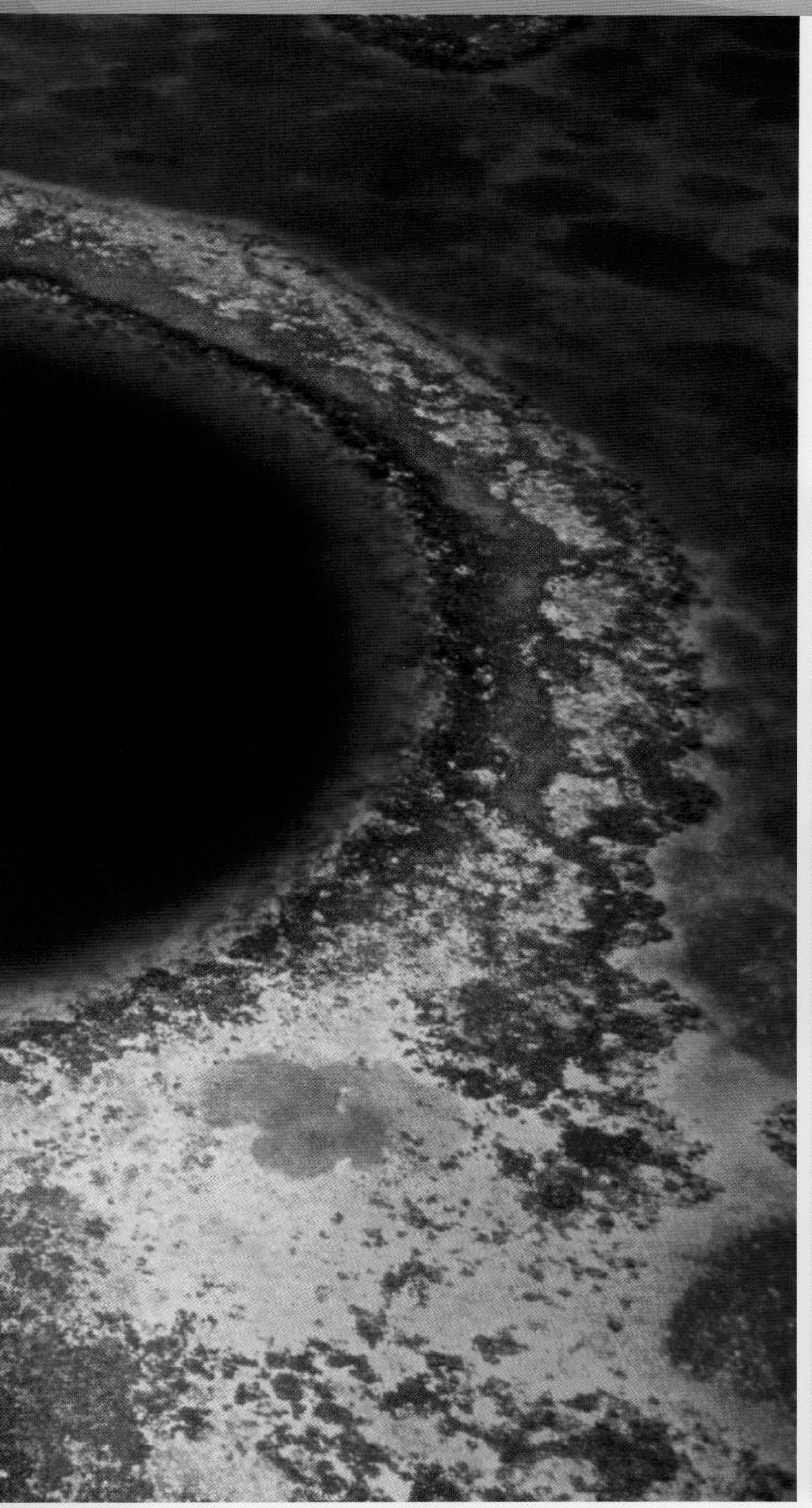

Árbol de Navidad de planta rodadora

¡Se mira pero no se toca! Ese árbol de Navidad en Chandler, Arizona, se construyó con aproximadamente 1,000 plantas rodadoras que se recolectaron en las afueras de la ciudad y que se apilaron en una estructura de alambre de 25 pies (7.6 m) de alto, se rociaron con 25 galones (95 litros) de pintura blanca, 20 galones (76 litros) de agente ignífugo y luego se espolvoreó con 65 libras (29 kg) de brillantina. Este festivo abeto está adornado por la asombrosa cantidad de 1,200 luces navideñas. Esta tradición navideña data de 1957 y hoy día atrae a cerca de 12,000 personas.

UN GESTO GENEROSO

Aunque Steve's Pizza de Battle Creek, Michigan, por lo general no hace entregas a domicilio, uno de sus gerentes, Dalton Shaffer de 18 años, preparó y entregó personalmente dos pizzas a Julie y Rich Morgan a una distancia de 362 km en Indianápolis, Indiana; un viaje redondo de siete horas. La pareja había sido fan del restaurant cuando vivían en Battle Creek, y tenían la esperanza de regresar para el cumpleaños número 56 de Julie, pero Rich estaba muy enfermo de cáncer como para viajar.

ISLA DE LAS CONCHAS

La Isla de las Conchas es una montaña artificial que se encuentra en las Islas Vírgenes Británicas que está hecha de millones de conchas que han desechado los pescadores a lo largo de cientos de años. La isla es tan grande que se puede ver en Google Earth.

FRÍO Y CALOR

Las temperaturas en la Depresión de Turpan en China pueden variar entre 118°F (48°C) en verano y -20°F (-29°C) en el invierno.

LLUVIA DE PECES

Durante una feroz tormenta en Malta el 24 de febrero de 2019 llovieron cientos de peces vivos sobre los autos y las calles. Los peces, que en su mayoría eran besugo, fueron expulsados del mar por una combinación de vendavales y aguas agitadas.

TODO UN EJÉRCITO

Entre 1985 y 2005, un juego acuático del Centro Comercial West Edmonton en Canadá tenía tantos submarinos como toda la marina canadiense.

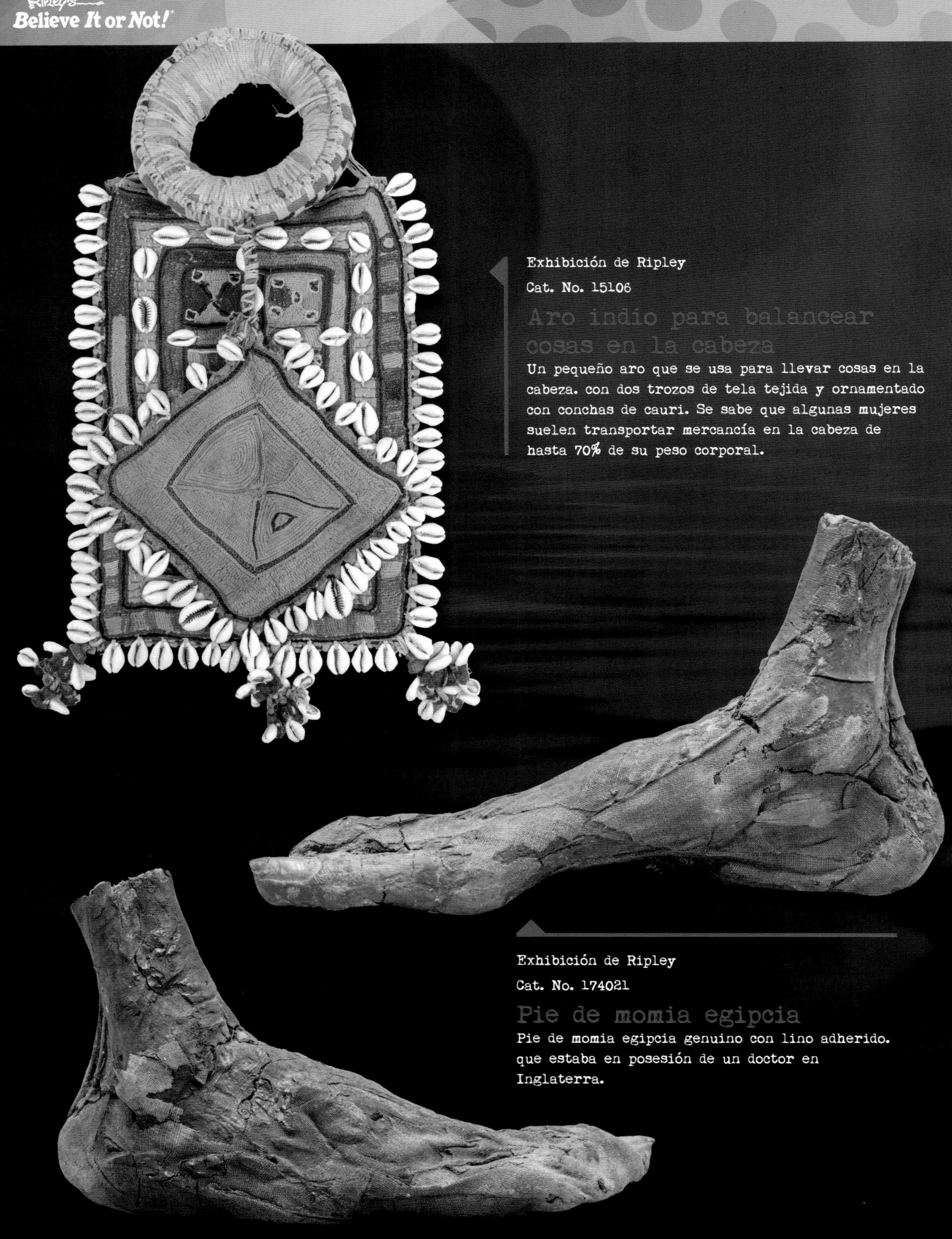

Exhibición de Ripley

Cat. No. 15106

Aro indio para balancear cosas en la cabeza

Un pequeño aro que se usa para llevar cosas en la cabeza. con dos trozos de tela tejida y ornamentado con conchas de cauri. Se sabe que algunas mujeres suelen transportar mercancía en la cabeza de hasta 70% de su peso corporal.

Exhibición de Ripley

Cat. No. 174021

Pie de momia egipcia

Pie de momia egipcia genuino con lino adherido. que estaba en posesión de un doctor en Inglaterra.

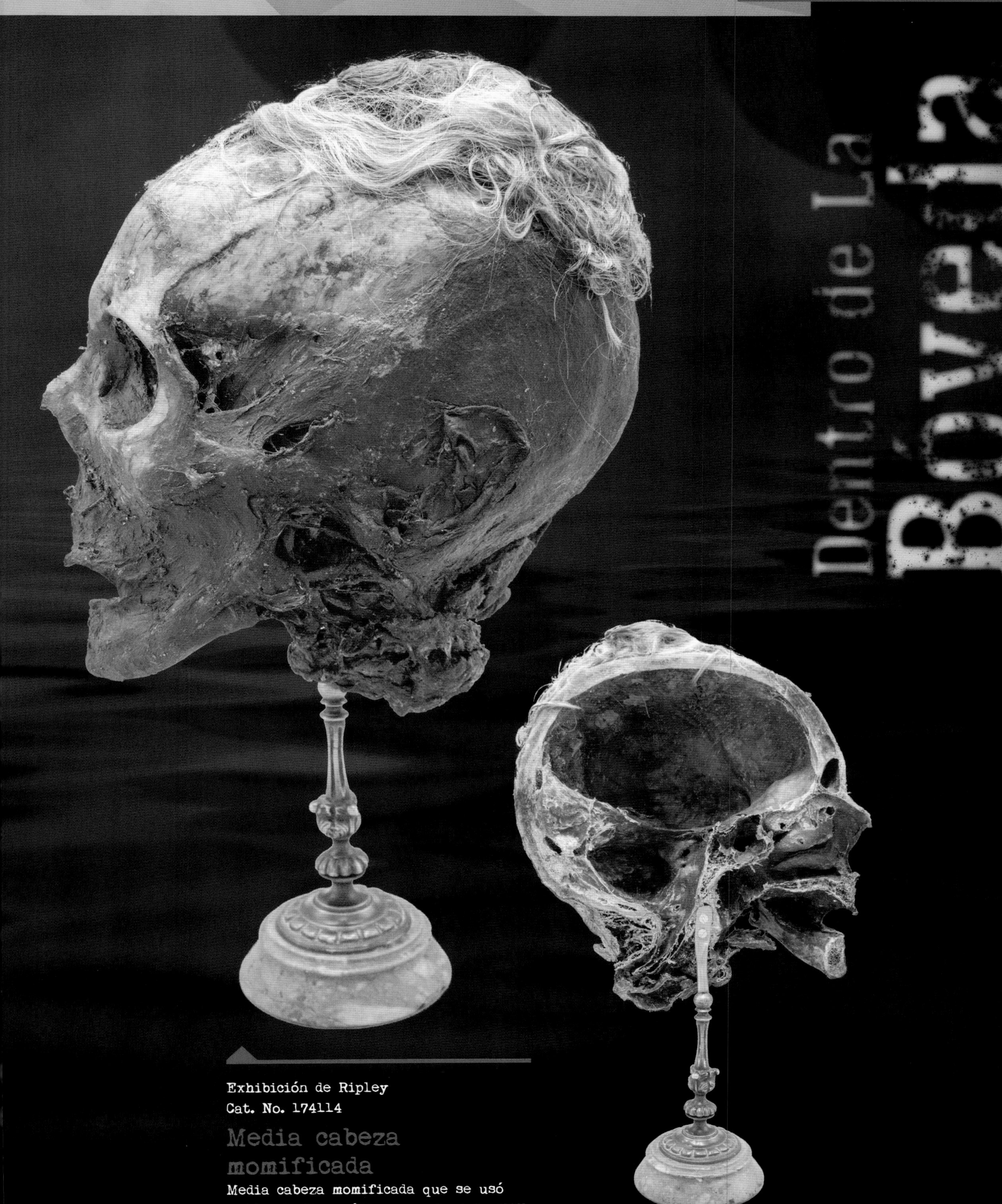

Exhibición de Ripley
Cat. No. 174114

Media cabeza momificada

Media cabeza momificada que se usó para estudios médicos en el siglo XIX.

EXCLUSIVO DE RIPLEY

FÚT ESTILO

BOL LIBRE

El fútbol estilo libre es el deporte artístico de realizar trucos increíbles con un balón de fútbol soccer.

Los "freestylers", como se les conoce, dominan el balón de manera creativa con cualquier parte del cuerpo que no sea las manos y los antebrazos, y combinan el baile, la acrobacia y la música para entretener y participar en competencias en todo el mundo.

John Farnworth

Nacido y criado en Preston, Lancashire, Inglaterra, John Farnworth de 34 años de edad es el campeón mundial de fútbol estilo libre. Su pasión por el fútbol comenzó a corta edad, aunque cambió el juego tradicional de 11 jugadores por el *futebol de salão*, que es la variante de cinco jugadores popularizada en Sudamérica. Farnworth dedicó su tiempo a aprender todos los movimientos posibles, e incluso creó los suyos propios, desarrollando habilidades únicas para aplicarlo al deporte. Le gusta desafiar las leyes de la física con solo un balón y 100% de dedicación. En 2018, Farnworth puso sus habilidades a una prueba de resistencia. Subió 19,685 pies (6,000 m) en el Monte Everest con el balón en el aire. La dominada de 10 días sirvió para recaudar dinero para la Sociedad e Alzheimer.

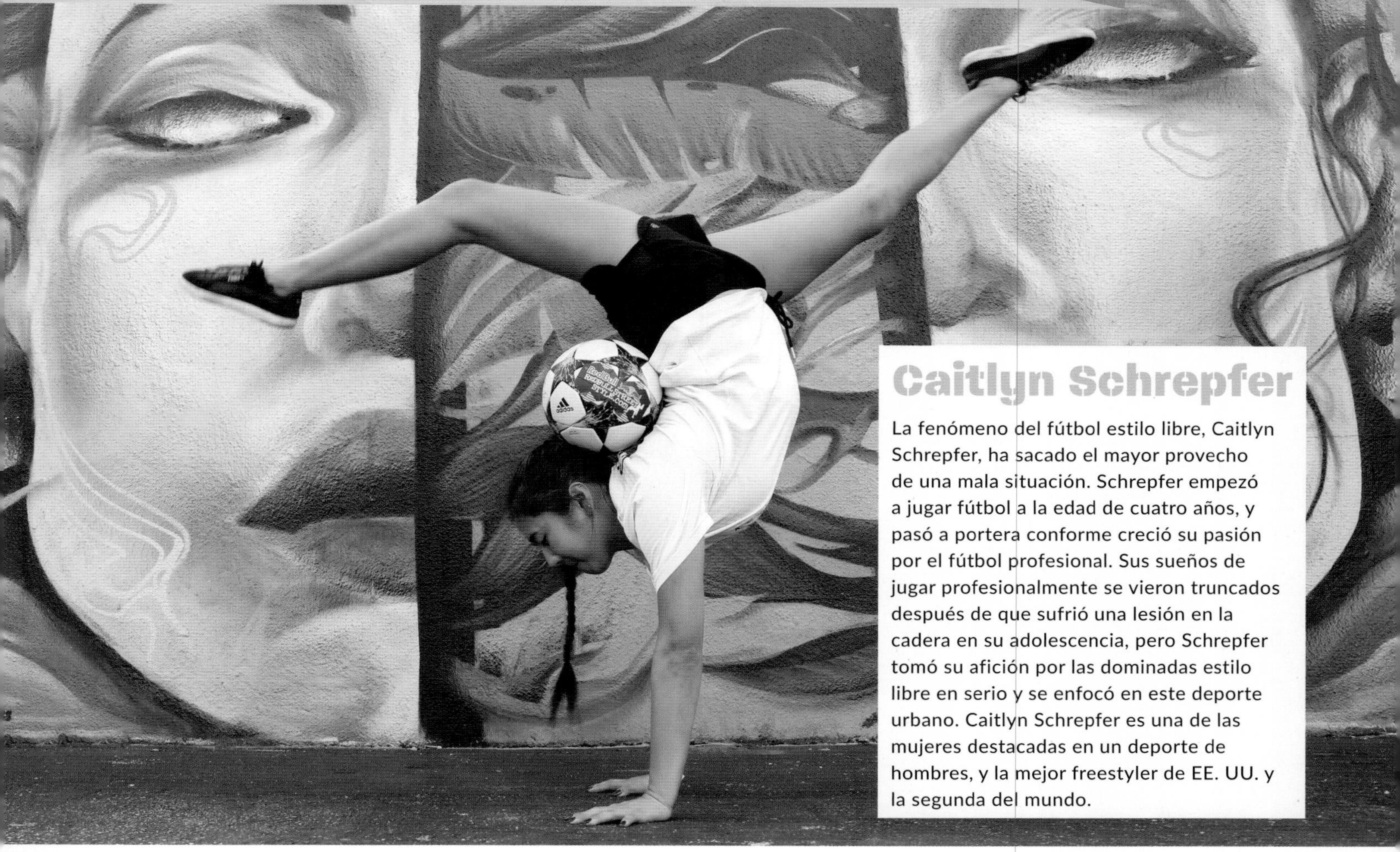

Caitlyn Schrepfer

La fenómeno del fútbol estilo libre, Caitlyn Schrepfer, ha sacado el mayor provecho de una mala situación. Schrepfer empezó a jugar fútbol a la edad de cuatro años, y pasó a portera conforme creció su pasión por el fútbol profesional. Sus sueños de jugar profesionalmente se vieron truncados después de que sufrió una lesión en la cadera en su adolescencia, pero Schrepfer tomó su afición por las dominadas estilo libre en serio y se enfocó en este deporte urbano. Caitlyn Schrepfer es una de las mujeres destacadas en un deporte de hombres, y la mejor freestyler de EE. UU. y la segunda del mundo.

Patrick Shaw

Como el competidor más joven de fútbol estilo libre, el adolescente Patrick Shaw está aprendiendo a equilibrar la escuela con la fama en el deporte. Shaw empezó a practicar este novel deporte en octavo grado, y aplica sus conocimientos de gimnasia y breakdance para su ventaja. Compitió en el Red Bull Street Style 2019 y obtuvo el segundo lugar en las finales mundiales.

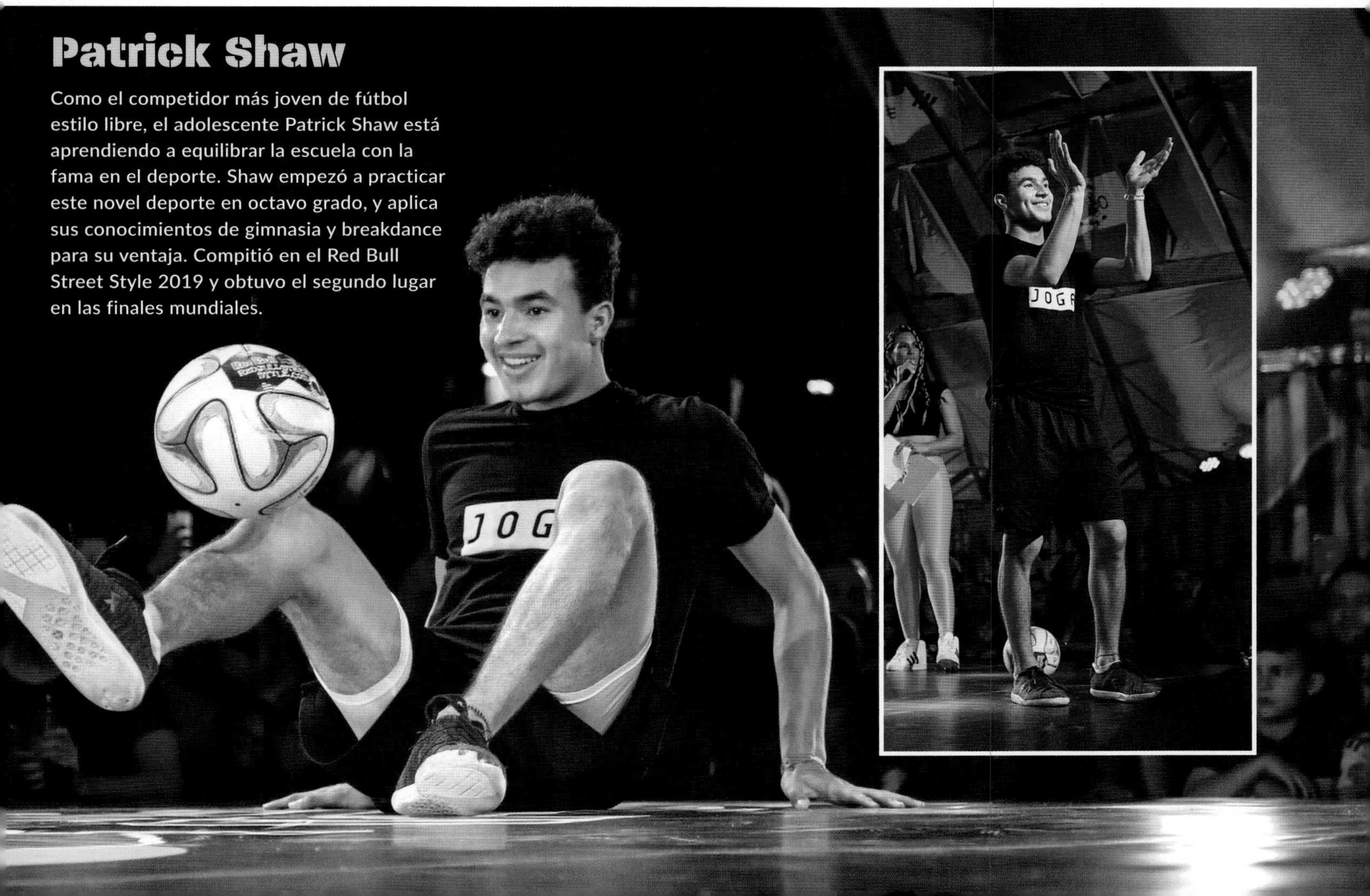

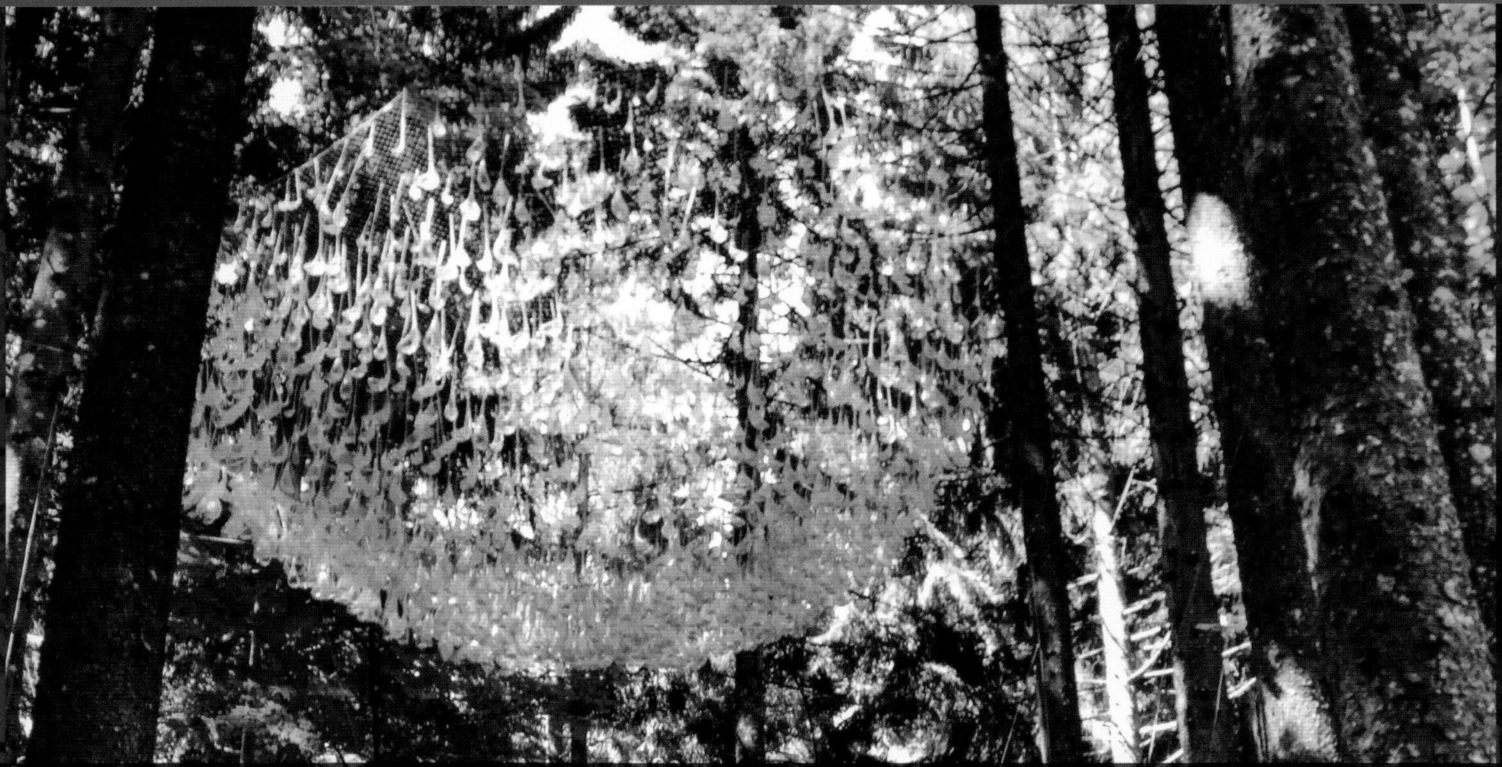

DEPÓSITO PLUVIAL

Esta escultura se compone de 5 000 gotitas de agua cristalina de lluvia que transforman su apariencia.

El Depósito es una obra de arte única de John Grade que se ubica en un claro del bosque italiano. La escultura asemeja un candelabro fino cuyas gotas cuelgan de redes suspendidas soportadas por los árboles. Conforme se acumula el agua y la nieve dentro de cada gotita, el peso de la precipitación crea un movimiento descendiente, reconfigurando así la forma de la obra. Cuando la escultura está seca no pesa más de 70 libras (32 kg), pero puede rebasar las 800 libras (363 kg) cuando contiene agua.

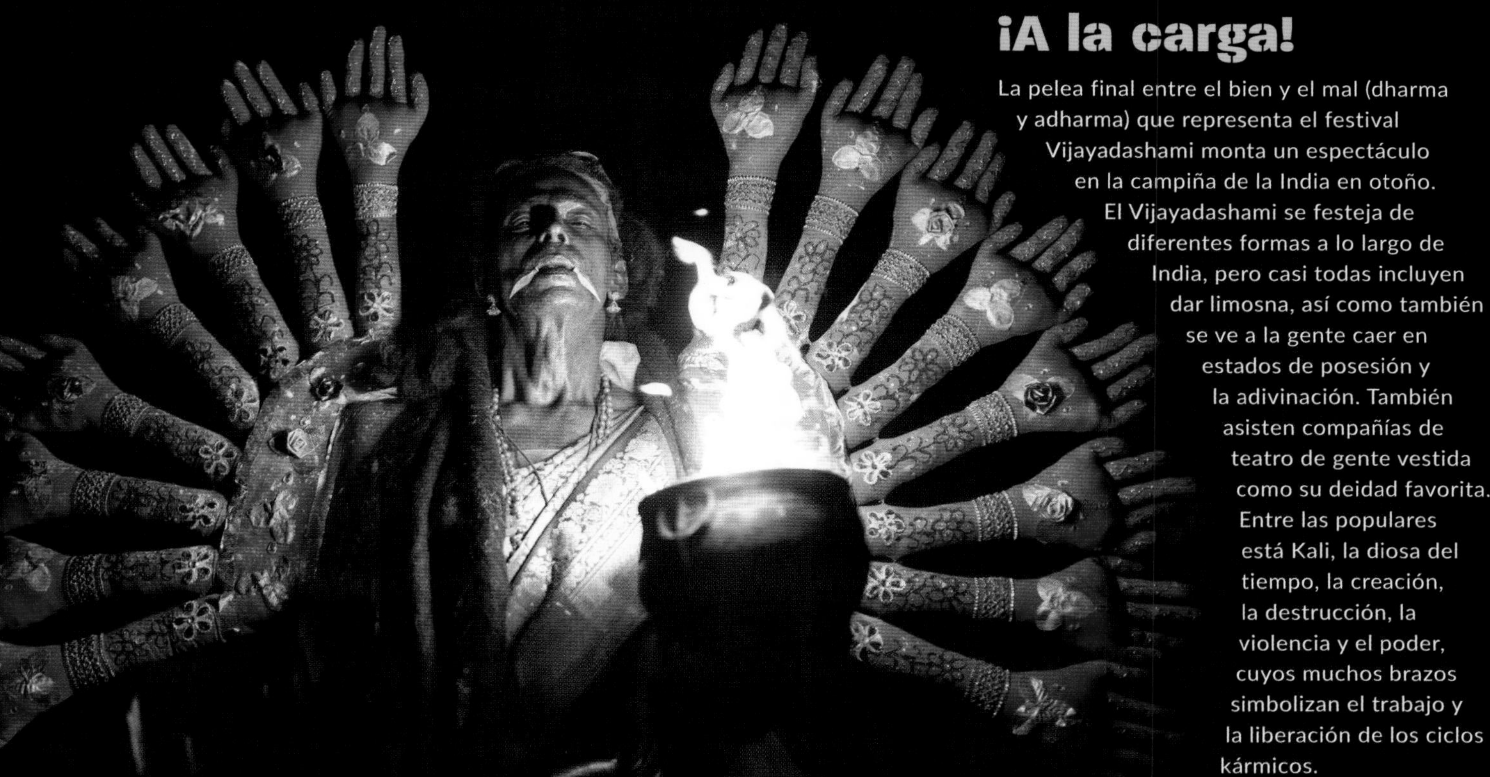

¡A la carga!

La pelea final entre el bien y el mal (dharma y adharma) que representa el festival Vijayadashami monta un espectáculo en la campiña de la India en otoño. El Vijayadashami se festeja de diferentes formas a lo largo de India, pero casi todas incluyen dar limosna, así como también se ve a la gente caer en estados de posesión y la adivinación. También asisten compañías de teatro de gente vestida como su deidad favorita. Entre las populares está Kali, la diosa del tiempo, la creación, la destrucción, la violencia y el poder, cuyos muchos brazos simbolizan el trabajo y la liberación de los ciclos kármicos.

SIN CERVEZA

En Islandia se prohibió la cerveza de 1915 hasta el 1 de marzo de 1989, lo que se ha celebrado desde entonces con el nombre del "Día de la Cerveza".

COBRA POR COMER

Cuando Helen Self comió en el Montana Club Restaurant de Missoula, Montana, en su cumpleaños 109, le terminaron *pagando* $1.25, ya que el propietario ofrece un porcentaje de descuento equivalente a la edad del celebrado.

CERVEZA REVELADORA

La cerveza SuperEIGHT, creada por Dogfish Head Craft Brewery de Delaware, se puede usar para revelar rollos de fotografía Super 8 de Kodak. Dogfish tuvo la idea después de enterarse de que los niveles altos de acidez y vitamina C de algunas cervezas sirven para procesar las películas. La cerveza contiene tuna, mango, mora, zarzamora, frambuesa, mora de Boysen, baya del saúco, kiwi, quinoa tostada y sal de mar hawaiana.

HABITACIÓN DE LA IRA

En Beijing, China, hay una «habitación de la ira» en la que los visitantes sacan su frustración con la vida pagando $23 USD para pasar 30 minutos destrozando objetos caseros viejos con bats y martillos.

AMBULANCIA DE LOS ÁRBOLES

La ciudad india de Nueva Delhi cuenta con su propia ambulancia para árboles, con cuatro expertos silvicultores que tratan a los árboles enfermos y agonizantes.

25,000 M

La cantidad de pares de waribashi (palillos chinos desechables) que se usan en Japón cada año es equivalente a la cantidad de madera que se necesita para construir 17,000 casas.

TOMATAZO

Sam Krum cultivó una planta de tomate con una altura de 22 pies (6.7 m) en el jardín de su casa en Bloomsburg, Pensilvania.

CAPITAL DE LOS RESTAURANTES

Hay más de 160,000 restaurantes en Tokio, Japón, que es cuatro veces más que en Paris y más de cinco veces que en la Ciudad de Nueva York.

CARRUSEL HISTÓRICO

Construido alrededor de 1876, el Carrusel de Caballos Voladores de Watch Hill, Rhode Island, aún cuenta con los caballos originales con sus ojos de ágata también originales, aunque las melenas y las riendas no lo son. Se declaró Sitio Histórico Nacional en 1987. Hoy día es el carrusel en operación más antiguo de Estados Unidos en el que los caballos están suspendidos de cadenas.

ENERGÍA LUNAR

En la playa del archipiélago Haida Gwaii en Columbia Británica, Canadá, hay un baño exterior que se descarga dos veces al día con "energía lunar" cuando la marea sube.

¡HÁBLELE!

En Islandia organizan los nombres del directorio telefónico alfabéticamente por nombre y no por apellido.

¡EN SUS MARCAS, LISTOS, ARE N!

Cada año, Japón alberga las carreras de caballo más lentas del mundo en las que es la fuerza bruta —más que la velocidad o la agilidad— lo que se lleva el gran premio.

La Planicie de Tokachi, en el sudeste de Hokkaidō, es un próspero centro agrícola que alberga varias granjas lecheras y campos de soya, papa y trigo. Los granjeros del área siempre han ocupado la fuerza de los Ban'ei (caballos de tiro japoneses) para arar la tierra. Estos poderosos caballos de tiro son los que inspiraron las carreras de Ban'ei en 1946. Hoy día, las carreras continúan, pero los caballos tiran de pesados trineos —en vez de correr a paso vertiginoso— por el gran premio de ¥10 millones ($92,260).

Por lo común, los jockeys de Ban'ei dejan descansar a los caballos durante la carrera, ya que todo el trineo necesita cruzar la meta, y puede pesar hasta 1 tonelada.

LANCHAS PERDIDAS
En 2018, el arqueólogo marino del gobierno de Nueva Gales del Sur, Brad Duncan, descubrió los naufragios de más de 100 lanchas que transportaban cañas de azúcar sumergidas debajo de la superficie del Río Clarence de Australia.

SONRISA DE VAMPIRO
Yaeba, o tener los dientes chuecos, se considera atractivo en Japón, así que algunas chicas van al dentista para que les modifique los caninos superiores para que parezcan colmillos de vampiro.

En caso de que no pagues la cuenta del hotel en Ontario, Canadá, la ley aún le permite al hotel vender tu caballo.

VIAJE LARGO
El único servicio de trenes de pasajero que sale de Darwin en el Territorio Norte de Australia es el Ghan, que tarda tres días en realizar el viaje de 1,851 millas (2,962 km) a Adelaida.

OPCIÓN SEGURA
La población de Chicken (pollo en inglés), Alaska, originalmente se llamaba Ptarmigan porque así se llama un ave común en el área, pero nadie sabía cómo deletrearla, así que acordaron ponerle "chicken" con el fin de evitar vergüenzas.

ROCAS MARITALES

En la costa de Futami, Japón, existe un par de "rocas casadas", o Meoto Iwa, que tienen un lugar especial en la tradición Shinto, ya que simbolizan la unión sagrada que creó los espíritus del mundo.

Además de su título, cada roca lleva un nombre ceremonial. La más grande mide casi 30 pies (9.1 m) de alto y se conoce como Izanagi, mientras que la pequeña mide cerca de 3 m y se llama Izanami. Les colocaron una cuerda de fibra de arroz alrededor con una trenza Shinto sagrada (shimenawa) a manera de lazo matrimonial. Se dice que pesa al menos una tonelada y se reemplaza de manera ceremonial tres veces al año debido al desgaste por la marea.

Robert Ripley publicó su dibujo de estas rocas en la caricatura ¡Aunque usted no lo crea! el domingo 3 de agosto de 1941.

VODKA DE TULIPÁN

El emprendedor holandés Joris Putman fabrica vodka con bulbos de tulipán y agua. Tardó dos años en perfeccionar el proceso de destilación, y usa hasta 4,800 bulbos todos los días, por lo que una botella de su vodka de tulipán más puro cuesta alrededor de $330.

COLINAS PINTADAS

En el descampado remoto se encuentran las Colinas Pintadas de Australia del Sur, a las cuales se puede acceder solo por avión, así que a lo largo de la historia, no más de unos cientos de personas las han visto. Las colinas cubren un área de 200 km², y están pintadas de color rojo, amarillo, café y blanco debido a sus depósitos de mineral.

HAMBURGUESA DORADA

Patrick Shimada, chef de la churrasquería Oak Door de Tokio, Japón, creó una hamburguesa de $900. La Hamburguesa Gigante Dorada se compone de un medallón de 2.2 libras (1 kg), carne Wagyu, foie-gras, trufa rallada, lechuga, queso, jitomate y cebolla. El bollo tiene 6 pulg. (15 cm) de anchura y está espolvoreado con oro. Toda la hamburguesa pesa 6.6 libras (3 kg).

UN VASTO LAGO

El Lago Baikal de Rusia alberga 5,670 millas³ (23,633 km³) de agua dulce, es decir, más agua que los cinco Grandes Lagos de Norteamérica combinados, y contiene alrededor del 20% del agua dulce superficial del mundo.

HOYO EN UNO EN EL HOYO

La Penitenciaría Estatal de Luisiana en Angola cuenta con su propio campo de golf de nueve hoyos. El campo, que está abierto al público, fue diseñado por el dentista de la prisión, el Dr. John Ory, y se construyó con trabajo de los presidiarios.

CEMENTERIO DE LA SUERTE

El pueblo chino-malasio a veces visita los cementerios en la noche, para llevarle regalos a sus parientes muertos para que les den el número ganador de la lotería.

EL ÚLTIMO PAÍS

Las mujeres no tenían permitido manejar en Arabia Saudita hasta 2018, cuando el reino del medio oriente se convirtió en el último país del mundo en permitirle a las mujeres ponerse al volante.

SUS CARGAS

PATO DE CAMOTE

Cuando Dawn Saavedra le pidió a su nieto que tomará unos camotes, no podía creer que la raíz tenía la forma perfecta de un pato. Según lo que Dawn le relató a Ripley, el tubérculo naranja en cuestión tiene pico, cabeza y cuello, además de un par de protuberancias a manera de alas. Incluso tiene la cola perfectamente hacia arriba como pato real. Todo lo que necesita la raíz de este vegetal es plumas y un par de patas palmeadas.

INVENCIONES

Si bien se dice que la necesidad es la madre de las invenciones, en el caso del artista Matt Benedetto de Burlington, Vermont, todo puede pasar.

Benedetto usa métodos como la impresión en 3D, la costura y el moldeo, para crear lo que llama inventos innecesarios, que son artilugios falsos que "resuelven problemas que no existen con productos que nadie pidió". Para empezar, hay una cortina para que no te vean comer con la boca abierta. ¿O qué tal el peine de dedos para que parezca que solo me pasé la mano por el cabello? Asimismo, tenemos el extensor de dedos para poder alcanzar tu teléfono o meterte el dedo a la nariz. Y no hay que olvidar la guanteleta del sabor, en la que puedes poner tus aderezos favoritos con el poder de Thanos. Finalmente, la barra de aguacate que parece desodorante pero que despacha una capa perfecta de aguacate.

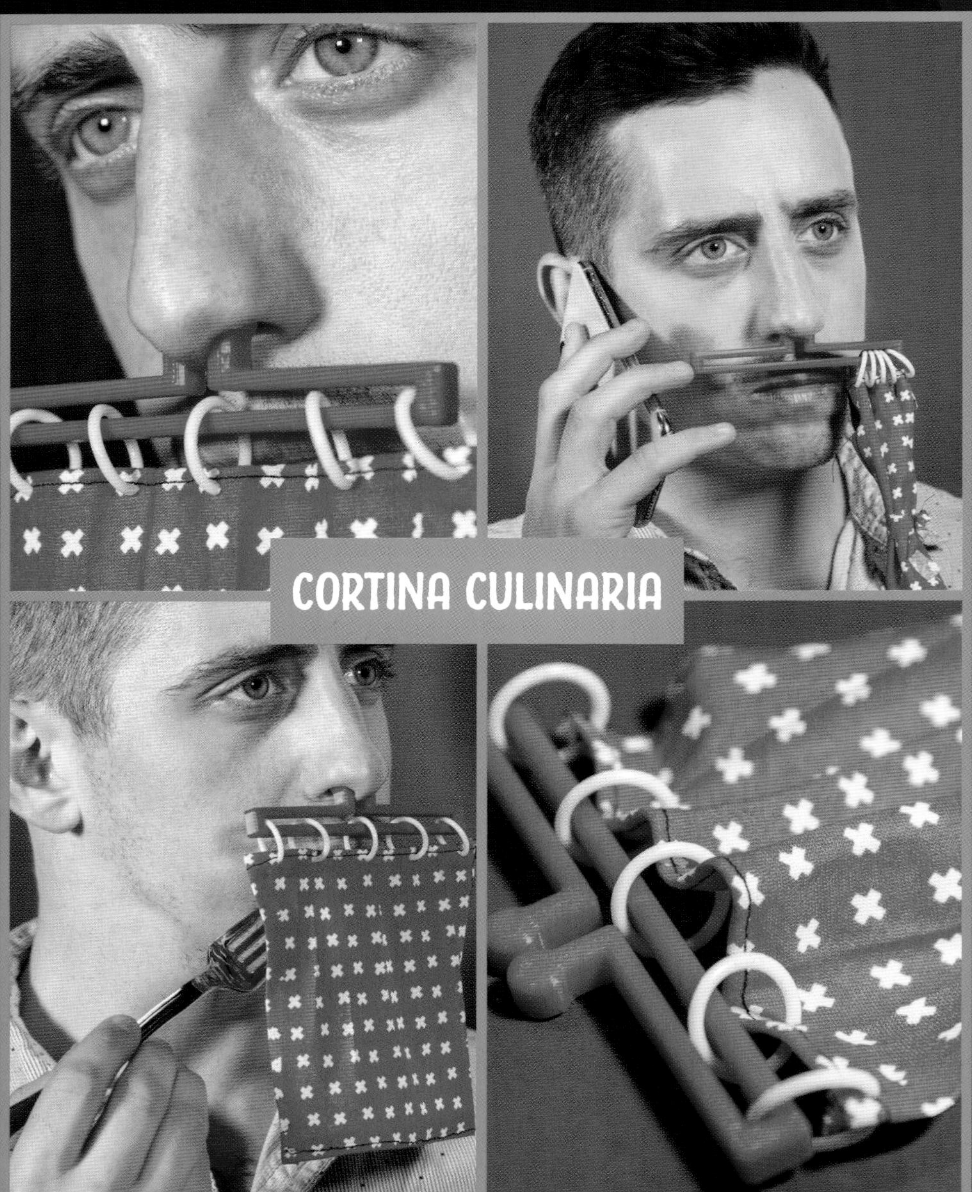

CORTINA CULINARIA

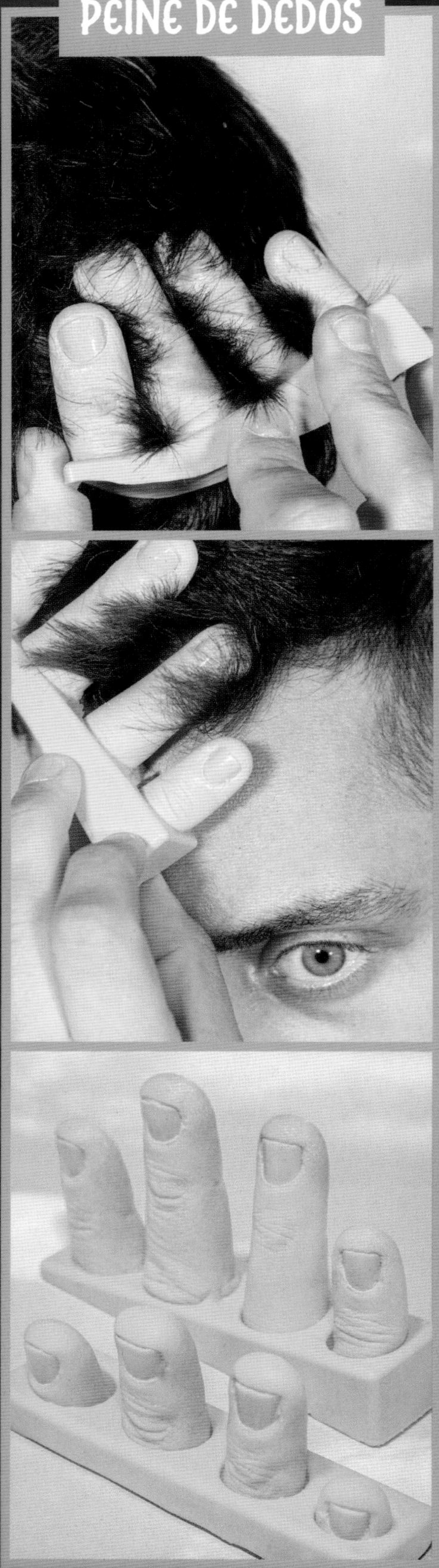

PEINE DE DEDOS

INNECESARIAS

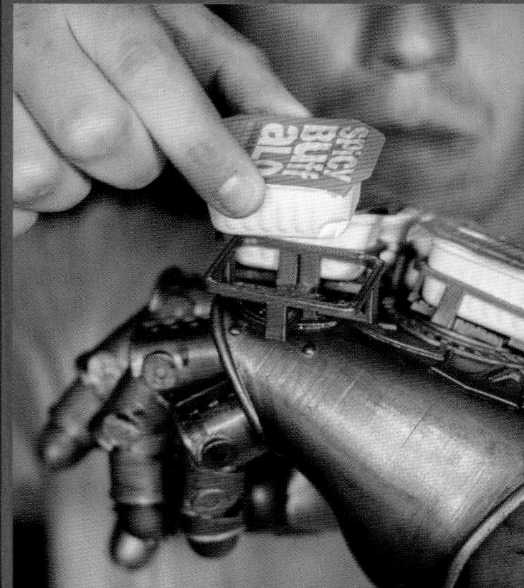

GUANTELETA DEL SABOR

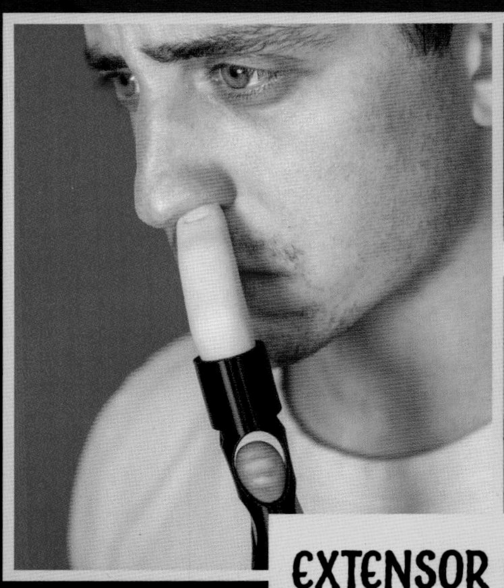

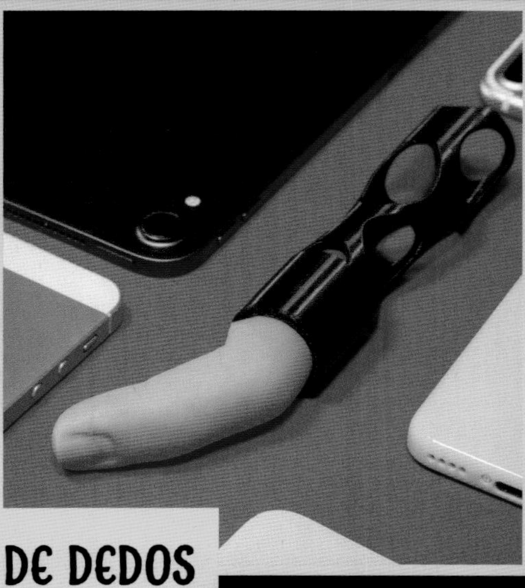

EXTENSOR DE DEDOS

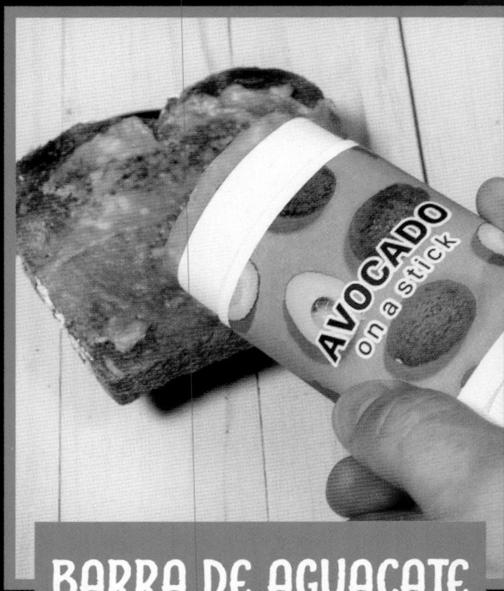

BARRA DE AGUACATE

UNA CASITA ACOGEDORA

Apaga el horno y deja los moldes de galletas porque alguien creó lo que podría ser la casa de pan de jengibre más pequeña del mundo, ¡más pequeña que un cabello humano!

Travis Casagrande, investigador del Centro de Microscopía de Electrones de Canadá, usó un microscopio de rayos de iones enfocado para cortar una bonita casa en material de silicón, y hasta le puso una chimenea de ladrillos, una guirnalda encima de la puerta principal, ventanas e incluso un tapete de bienvenida con la bandera canadiense. La minicasa mide solamente 10 micrómetros de largo y se encuentra en la parte superior de lo que parece ser un muñeco de nieve gigante (aunque no lo es) hecho de materiales de investigación, como aluminio, cobalto y níquel.

El muñequito de nieve con su casa de pan de jengibre junto a un cabello humano.

CACATÚA BAILARINA

Snowball, una cacatúa de moño amarillo, se volvió viral en 2007 cuando subieron a internet un video del ave bailando una canción de los Backstreet Boys. Desde entonces, los estudios muestran que Snowball cuenta con un repertorio de 14 diferentes pasos de baile, como sacudir la cabeza y rodar por el suelo. Snowball sincroniza sus pasos de baile con la música y demuestra que es capaz de aprender, imitar y hablar, algo que se pensaba que solo los humanos hacían.

HIMNO DEL BÉISBOL

El himno no oficial del béisbol en Estados Unidos, "Take Me Out to the Ball Game", fue escrita en 1908 por Jack Norworth y Albert Von Tilzer, ninguno de los cuales ha ido nunca a un juego.

CORTES DE CABELLO

Le Tuan Duong, barbero de Hanoi, Vietnam, le ofreció a sus clientes cortes de cabello gratis en febrero de 2019 si aceptaban cortárselo como el presidente de EE. UU., Donald Trump o como el dictador norcoreano, Kim Jong Un.

JUGÁNDOSE LA VIDA

El equipo de béisbol de la Penitenciaría Estatal de Wyoming, Los Corredores de la Muerte, jugaba en 1911 y se componía de prisioneros a los que les prometieron la reducción de su condena, incluyendo la demora de su ejecución, si ganaban.

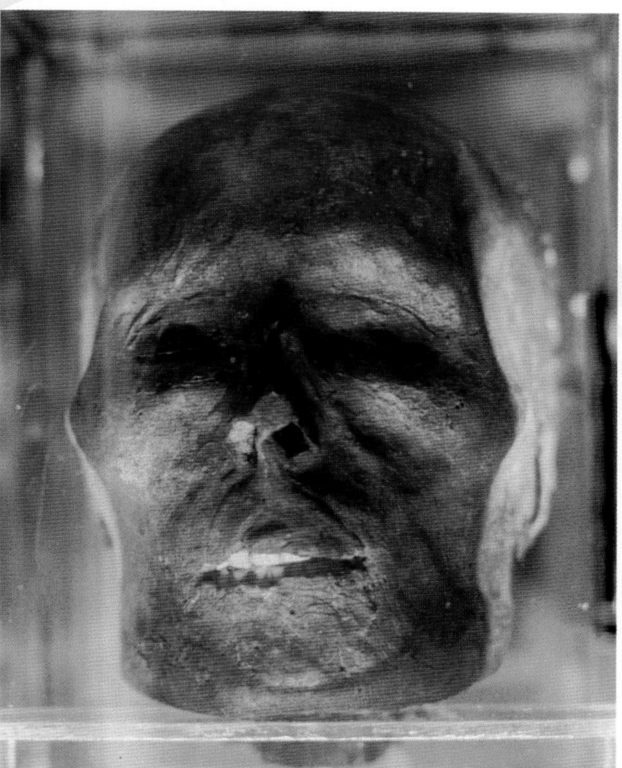

Con la cabeza fría

La Iglesia de San Pedro de Drogheda, Irlanda, muestra la cabeza del mártir San Oliverio Plunkett del siglo XVII, la cual se encuentra increíblemente preservada. Este Arzobispo de la Iglesia Católica Romana de Armagh, fue colgado brutalmente y luego arrastrado y descuartizado en Londres en 1681. Aventaron su cabeza al fuego, pero sus amigos la recuperaron rápidamente. Aún se pueden ver las marcas de quemaduras en el lado izquierdo de la cara. La cabeza ha permanecido en la iglesia desde 1921, pero otras partes de su cuerpo se pueden encontrar en Inglaterra y Alemania.

BALÍN EN EL OÍDO

Jade Harris no pudo escuchar con el oído izquierdo durante 11 años, hasta que los doctores de Devon, Inglaterra, descubrieron que tenía un balín de rifle alojado en el oído.

¡DE PELOS!

Los adultos humanos tienen básicamente la misma cantidad de pelo en el cuerpo que los chimpancés.

ALGO PARA LEER

Si hay 10 libros en un estante, se pueden acomodar de 3,628,800 diferentes formas.

ALERGIA AL AGUA

Maxine Jones, de South Yorkshire, Inglaterra, tiene urticaria acuagénica, una rara alergia que causa que le salgan ampollas dolorosas si la lluvia o la humedad le tocan la piel. En consecuencia, no puede salir cuando llueve y tiene que usar guantes al lavarse los dientes, además de que se puede bañar solo dos veces al año.

CUESTIÓN DE EXPERIENCIA

Yoshitaka Sakurada, quien fue nombrado nuevo ministro de ciberseguridad de Japón en 2018, nunca había usado una computadora.

TRADUCCIÓN CONVENIENTE

Un anuncio de un supermercado en Cwmbran, Gales, que debía decir "sin alcohol" en Galés fue reemplazado porque había sido traducido incorrectamente, ofreciendo "alcohol gratis".

Tormenta de insectos

En agosto DE 2019, el fotoperiodista José Antonio Martínez capturó imágenes surrealistas de una tormenta de nieve en Navarra, España, solo que en vez de copos de nieve, aleteaba a su alrededor un frenesí de sedosas alas. Los puntillos blancos y borrosos eran cachipollas pálidas apurándose a aparearse y poner sus huevos en el Río Ebro antes de morir.

FESTIVAL DE RÁBANOS

La Noche de Los Rábanos se celebra todos los años el 23 de diciembre en Oaxaca, México; es un festival navideño dedicado al tallado artístico de los rábanos.

Los rábanos son un componente típico de la cocina navideña de Oaxaca, como ingrediente y como decoración. El concurso de tallado de rábanos data de 1897, y se instauró como una forma divertida de promover la agricultura local. Los participantes usan cuchillos y palillos de dientes para tallar estas verduras para crear esculturas de edificios, figuras y escenas con mucha imaginación.

TRÁFICO DE PLAYA

Dos años, 330 toneladas de arena y $1 USD millón después, el artista Leandro Erlich develó una enorme instalación de arte en Miami Beach, Florida, compuesta de 66 autos de tamaño real atorados en el tráfico.

Erlich describe la obra de arte como una reliquia para el futuro y un testimonio sobre los peligros que enfrentan los frágiles ecosistemas de Florida debido al incremento de los niveles del mar y el cambio climático.

18,818 La cantidad de panquecitos que se montaron en una torre de panquecitos de 41.7 pies (12.7) m de alto en un centro comercial de Chennai, India.

PERLA EN EL ARROZ
Rick Antosh, de Edgeagua, Nueva Jersey, encontró una rara perla que vale $4,000 USD cuando estaba comiendo ostiones en el Grand Central Oyster Bar en la Ciudad de Nueva York el 5 de diciembre de 2018. El restaurante vende más de 5,000 ostiones en mitad de concha todos los días, pero esta fue solo la segunda vez que habían encontrado una perla en 28 años.

DESPERDICIO DE COMIDA
Debido a una escasez de espacio en los rellenos sanitarios, la ciudad de Jinan, China, se deshace de los desperdicios dándoselo de comer a mil millones de cucarachas. Las cucarachas están alojadas en un edificio especial y se les dan alrededor de 50 toneladas de desperdicio de cocina todos los días, lo que equivale al peso de siete elefantes adultos.

ROCA SAGRADA
La roca sagrada de Australia, Uluru, también conocida como Roca de Ayers, sobresale 1,141 pies (348 m) en su punto más alto por encima del desierto que la rodea, pero se cree que alcanza otros 1.6 millas (2.5 km) debajo del suelo.

NOTAS TEJIDAS
Al combinar dos de los pasatiempos favoritos de Finlandia, se celebró el primer Campeonato Mundial de Tejido Heavy Metal en Joensuu en julio de 2019. Los competidores tejieron al ritmo de estruendosa música de rock haciendo "guitarritas de aire" con las agujas. Según los organizadores, hay 50 bandas de heavy metal por cada 100,000 habitantes en Finlandia, en donde a cientos de miles de ellos también les gusta tejer y coser.

LAGO SUBGLACIAL
El Lago Mercer subglacial tiene más de dos veces el tamaño de Manhattan, y se encuentra debajo de una capa de hielo de 3,500 pies (1,067 m) de grosor en la Antártica. Cubre un área de 62 millas^2 (160 km^2), y es uno de los 400 lagos que hay debajo del hielo antártico.

ATRACCIÓN CONTRA LA LLUVIA
La atracción mejor calificada de Bude, Cornwall, Inglaterra, en la página de Tripadvisor es un túnel de plástico cubierto de 230 pies (70 m) que conecta un supermercado con su estacionamiento para proteger a los compradores de la lluvia.

AUTO SAUNA
Willem Maesalu, de Tallinn, Estonia, convirtió su Audi 100 Avant en un sauna. Le instaló las funciones de los saunas tradicionales, como paneles de madera en el interior, termómetros y una caldera a leña junto al volante. Para usar el sauna, coloca una chimenea debajo del cofre, enciende la leña de la caldera y la calienta a un máximo de 140 °F (60 °C), ya que si estuviera más caliente, las ventanas podrían romperse.

¿ASÍ O MÁS ESTRECHA?
Vinárna Čertovka, calle peatonal de Praga, República Checa, es tan estrecha que se instalaron semáforos en ambos extremos para que la gente no se tope una con otra. La calle tiene 33 pies (10 m) de largo y corre entre casas cerca del famoso puente Charles Bridge, aunque solo tiene 50 cm de anchura, con lo que es imposible que pasen dos personas, así que el semáforo indica si la calle está vacía u ocupada. Cuando una turista alemana se quedó atorada por su gran tamaño, tuvieron que enjabonarla para que pudiera salir.

Exhibición de Ripley

Cat. No. 169974

Pantuflas incomodas

En la antigua China, a las hijas de las familias pudientes les fracturaban y vendaban los pies. El pie ideal tenoa 4 pulg. (10.16 cm) de largo y se fracturaba para que tuviera la forma de una flor de loto. Estas pantuflas son crema, verde menta y lavanda con un borde negro en la parte superior y tacones azules.

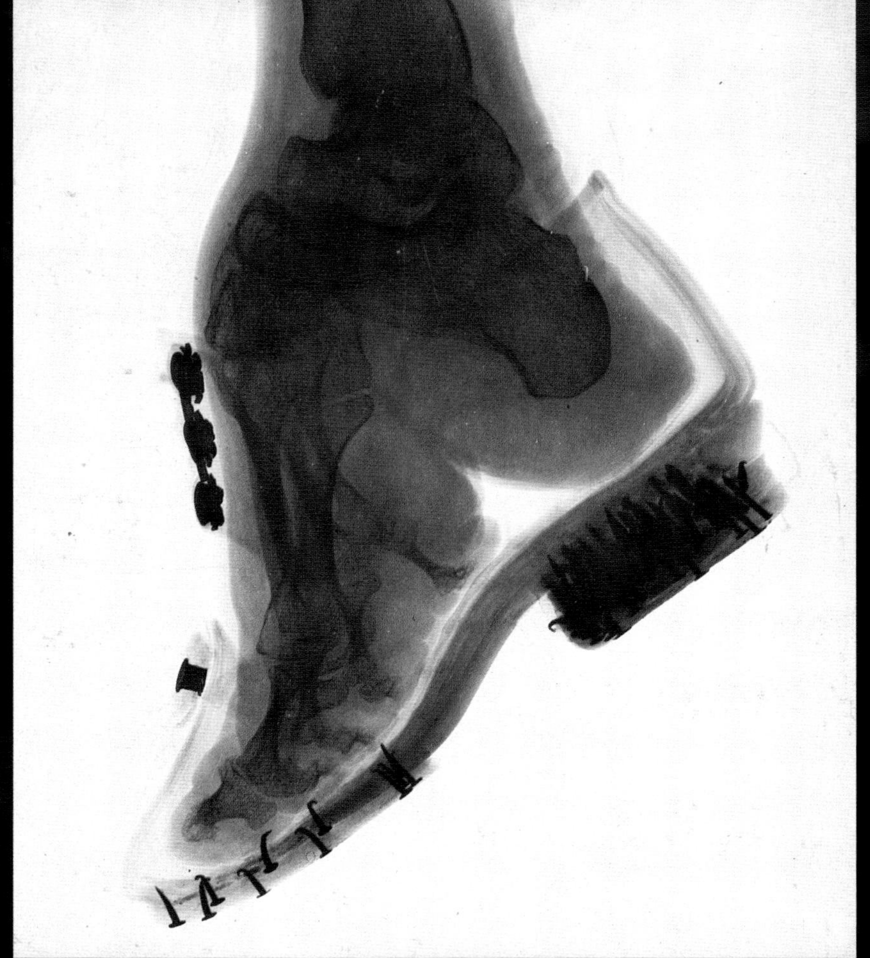

Esta es una radiografía del pie de una mujer china que muestra los efectos del vendaje de pies. Esta placa se tomó en la década de 1920, y hoy en día solo un puñado de las mujeres tiene sus pies de esa forma.

Dentro de La Bóveda

Exhibición de Ripley

Cat. No. 11532

Trompeta de conchas

Esta trompeta tibetana hecha de conchas la usaron los sacerdotes para llamar a los devotos a misa. La concha que se usó para fabricarla es testimonio de las antiguas rutas comerciales del Medio Oriente. El Tibet se encuentra a cientos de kilémetros del océano más cercano y, sin embargo, una concha de mar nativa del Pacífico sur terminó en el templo monasterio de Lhasa, Tibet.

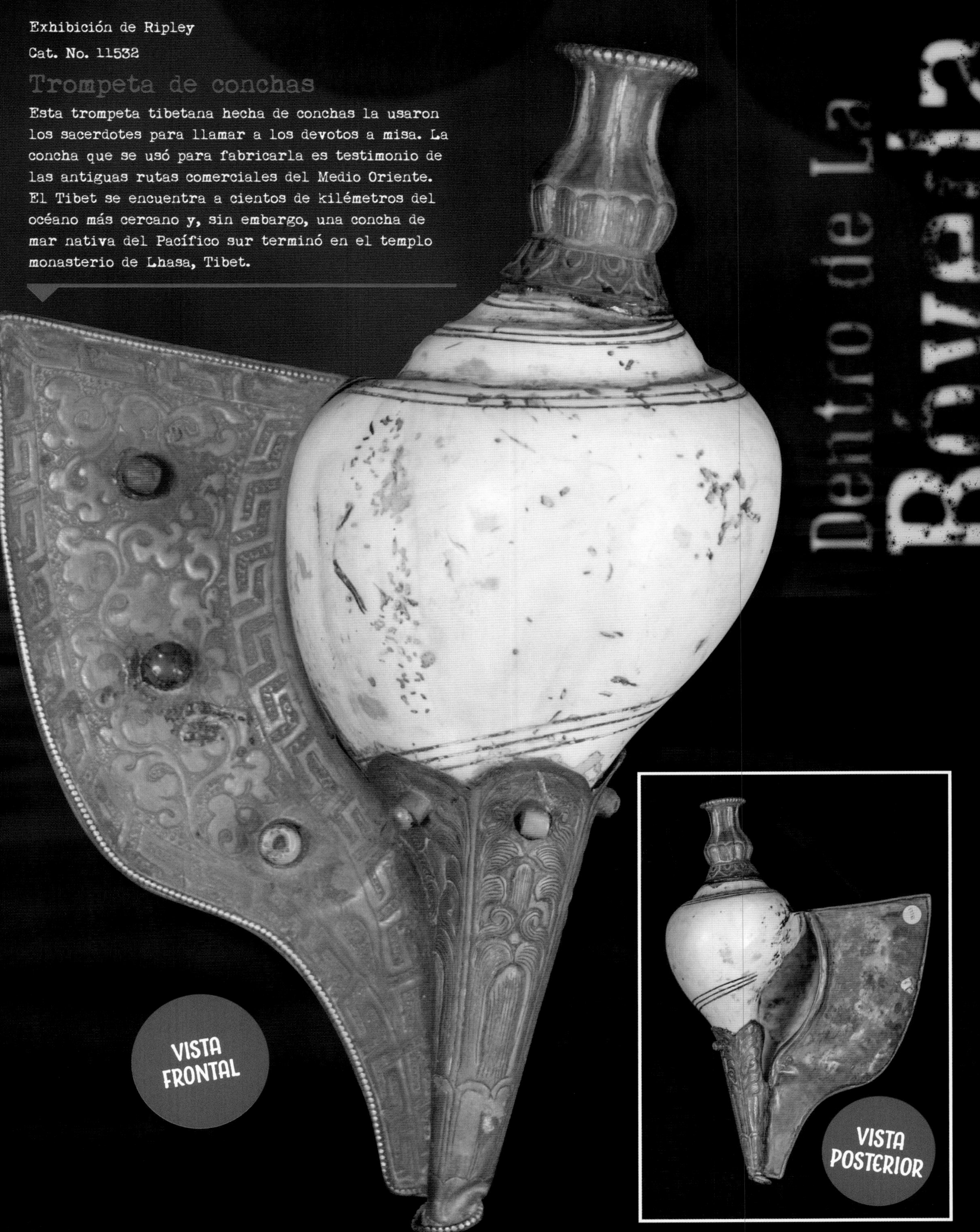

El tiempo es oro

¡Ruth Belville se ganaba la vida vendiéndole tiempo a la gente de Londres! Ruth heredó el negocio de su padre, John, quien empezó con el servicio en 1836. Cada mañana, visitaba el Observatorio de Greenwich y ajustaba su reloj antes de salir en calesa a ajustar los relojes de más de 200 clientes. A su muerte en 1856, su viuda, María, retomó el negocio y Ruth continuó desde 1892 hasta que comenzó la Segunda Guerra Mundial, ya que era muy peligroso andar por la calle debido a los bombardeos.

CUESTIÓN DE COMPROMISO

Colorado una vez tuvo tres gobernadores en 24 horas. El 16 de marzo de 1905, el demócrata Alva Adams se vio forzado a renunciar porque cometió irregularidades en la elección, y fue reemplazado por su oponente republicano James H. Peabody, quien al siguiente día acordó renunciar en favor de su teniente, el gobernador, Jesse F. McDonald.

CUPÓN ANTIGUO

A un comprador de una tienda de abarrotes de Mineola, Nueva York, le hicieron un descuento de 20 centavos en aceite Crisco en 2019 usando un cupón de hace 36 años que no tenía fecha de vencimiento.

NÚMERO DE LA SUERTE

La bebé de Erin y Mike Potts, de Hugo, Minnesota, nació a las 11:11 p. m. el 11 de noviembre de 2018, es decir, el 11.° día del 11.° mes.

¿CÓMO QUEDARON?

Un juego de fútbol americano en Iowa entre la preparatoria Thomas Jefferson y la preparatoria Sioux City North el 31 de agosto de 2018, terminó con una victoria de los primeros 99-81, el juego con más puntos en la historia de la liga preparatoriana de ese estado.

ALBERCA SOBRE RUEDAS

El artista francés Benedetto Bufalino recientemente transformó un antiguo camión de transporte público en una alberca única. Se encuentra en las afueras de Lens en el norte de Francia, y necesitó de muchas adecuaciones para que fuera segura, duradera y que estuviera abierta al público. Después de quitar la parte lateral del camión y vaciar el interior, Bufalino lo cubrió con un material suave y hermético, e incluso le puso asientos y una estación para salvavidas. Voilà! El camión reacondicionado disfruta de nueva vida brindando diversión en el verano.

CREACIONES RETORCIDAS

El artista japonés Masayoshi Matsumoto hace intrincados animales e insectos con globos.

El artista autodidacta tarda entre dos y seis horas en hacer sus creaciones. A fin de que los diseños parezcan reales, teje y ata los globos de formas innovadoras. Matsumoto se niega a usar otros materiales para hacer sus creaciones, así que no usa marcadores, adhesivos o adornos para crear su obra maestra.

EL FRANCÉS ERRANTE

En 2019, Jean-Jacques Savin, francés de 72 años, cruzó el Atlántico en un contenedor naranja con forma de barril.

Partió de las Islas Canarias en España a finales de diciembre y simplemente se dejó llevar por la corriente. Después de flotar 122 días en alta mar, llegó al Caribe el 27 de abril, marcando así el final de su viaje. En total viajó más de 2,800 millas (4,500 km), sobreviviendo con comida liofilizada, peces que capturó en el camino, paté de hígado de pato y dos botellas de vino. Él mismo construyó su embarcación, que medía 10 pies (3 m) de largo y 7 pies (2.1 m) de anchura, e incluía una portilla en el piso para ver a los peces y refuerzo extra para evitar los ataques de las orcas.

¿TINTO O BLANCO?

Existen 10,000 variedades de uvas viníferas en todo el mundo.

La botella de vino Speyer, también conocida como Römerwein, es la botella de vino más antigua del mundo, ya que tiene 1,600 años de antigüedad y data del siglo IV.

Los robles que se usan para este fin pueden tener hasta 200 años de edad.

El expresidente estadounidense Abraham Lincoln una vez trabajó como cantinero.

Hay más de 500 diferentes especies de robles, pero solo tres se pueden usar para producir barriles de vino: el francés, el europeo y el estadounidense.

Las uvas rojas se pueden usar para fabricar vino blanco. Ya que tanto las uvas rojas como las blancas producen el mismo jugo transparente, y si no se usa la cáscara de la uva roja durante la fermentación, el jugo de las uvas rojas se puede volver vino blanco.

LA LIBÉLULA YA NO PUEDE CAMINAR
A pesar de tener seis patas, como cualquier otro insecto, las libélulas no caminan muy bien. Sin embargo, pueden usar las patas para encaramarse en el tallo de las flores o las ramas de los árboles, y también para formar una especie de canasta para atrapar bichos en pleno vuelo.

MURCIÉLAGOS NATIVOS
Tres especies de murciélago —el murciélago de cola larga y dos especies de cola corta— son los únicos mamíferos terrestres nativos de Nueva Zelanda.

GATO CON TENIS
La empresa coreana Pet Ding inventó una caminadora circular para gatos a fin de que puedan ejercitarse incluso cuando no hay nadie en casa. El dispositivo cuenta con un foco LED que hace las veces de pluma láser que se mueve al ritmo de la rueda, la cual el gato sigue de manera instintiva.

GRAN FUGA
Un grupo de chimpancés usó una rama que había derribado una tormenta para hacer una escalera y escapar de su encierro en el zoológico Belfast Zoo en Irlanda del Norte.

MILPIÉS TÓXICO
El asombroso milpiés dragón rosado del sudeste de Asia mide 1.2 pulg. (3 cm) de longitud y guarda cianuro en sus glándulas, el cual dispara a los posibles depredadores. El veneno es tan potente que puede causarle la muerte a un animal pequeño en menos de un minuto.

COBRA CANIBAL
Hasta 40% de la dieta de la cobra del Cabo Africano sur consiste en otras serpientes, incluso, a veces, otras cobras del Cabo.

CÓMETE ALGO

Dos hombres australianos se toparon con algo grotesco al reparar unas luminarias en Tasmania: una araña de la madera gigante devorando a una zarigüeya pigmea muerta.

Según la esposa de uno de los hombres, Justine Latton, estaban haciendo reparaciones en un viejo hostal de esquiadores en el Parque Nacional de Mount Field. De repente, notaron a una araña del tamaño de una mano grande mordisqueando al diminuto mamífero. Latton compartió la foto de su esposo de la horripilante escena, la que rápidamente se volvió viral en redes sociales y causó que algunos comentadores la etiquetaran como "algo salido de las pesadillas". Otros identificaron a la araña patona como miembro de la familia Sparassidae, también conocida como la araña cangrejo gigante.

TIBURÓN ATRAPÓ AL PEZ

AVE ATRAPÓ AL TIBURÓN

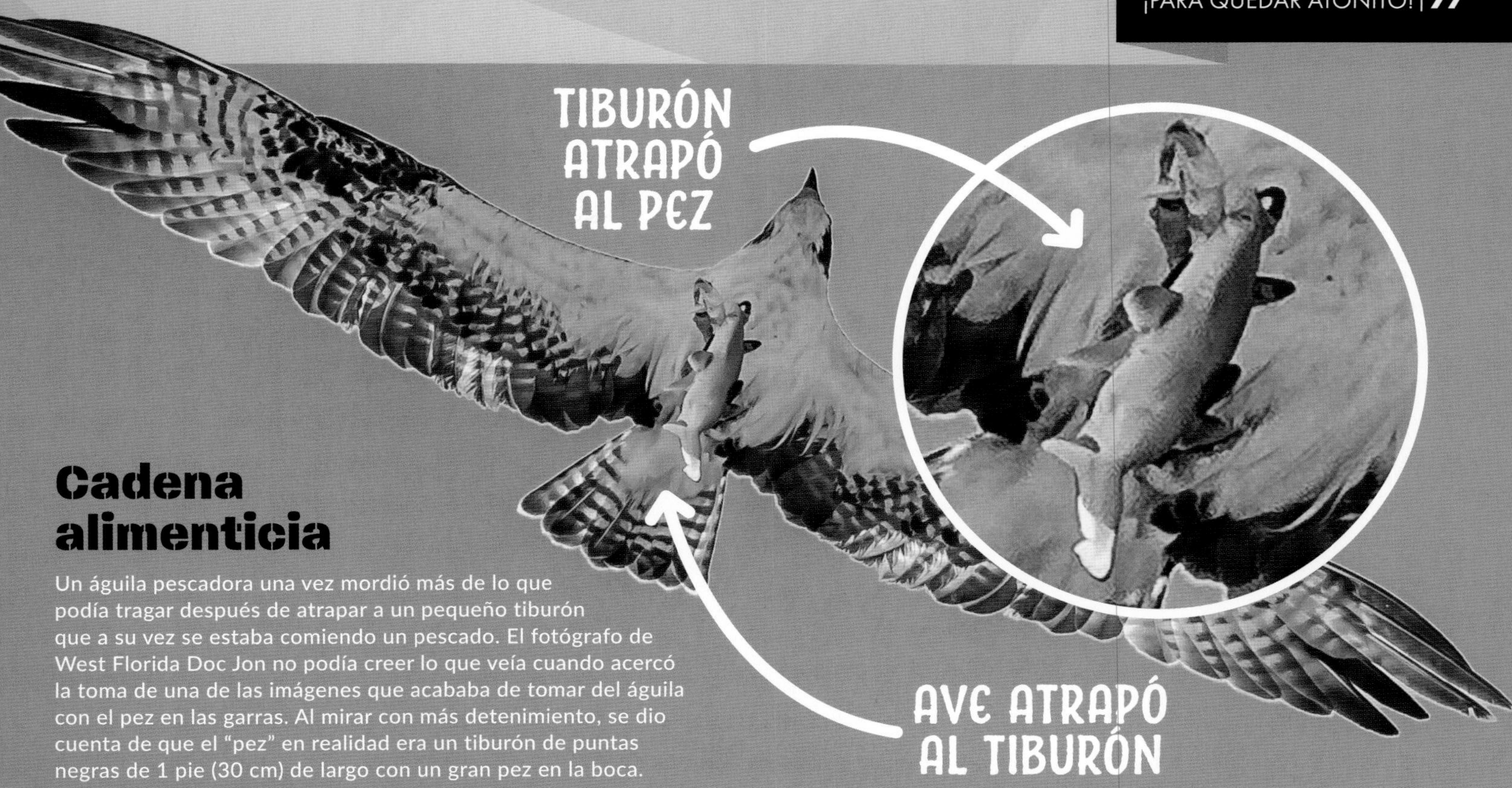

Cadena alimenticia

Un águila pescadora una vez mordió más de lo que podía tragar después de atrapar a un pequeño tiburón que a su vez se estaba comiendo un pescado. El fotógrafo de West Florida Doc Jon no podía creer lo que veía cuando acercó la toma de una de las imágenes que acababa de tomar del águila con el pez en las garras. Al mirar con más detenimiento, se dio cuenta de que el "pez" en realidad era un tiburón de puntas negras de 1 pie (30 cm) de largo con un gran pez en la boca.

NO SON BIENVENIDOS

Cuando los bomberos de Londres, Inglaterra, trataron de rescatar a Jessie, guacamayo azul y amarillo que pasó tres días en el techo de una casa, ¡el ave les lanzó algunas palabrotas!

ESO NO ES ARENA

El pez loro cototo se alimenta de coral, y después de comer las partes digeribles, excretan las que no lo son en forma de granos de arena. Un loro cototo puede producir 200 libras (90 kg) de arena cada año y, de hecho, casi todos los granos de arena de las blancas playas de Hawái es popó de pez.

LUCHA POR AMOR

Dos pitones macho estaban tan distraídos peleándose por una hembra que cayeron tres pisos desde el techo de una casa de Cooroy, Queensland, Australia. Después de que aterrizaron sin lastimarse, el pitón victorioso trepó dos pisos para refugiarse detrás de un sofá en una veranda.

ARAÑA QUE SE BAÑA

La araña de agua vive debajo del agua e incluso teje su telaraña entre la vegetación acuática; además, solo necesita subir a tomar aire una vez al día, cuando recoge una burbuja de aire en la superficie y la atrapa en la densa capa de cabellos de su abdomen y piernas. Luego se sumerge una vez más y libera la burbuja para meterla en la telaraña, con lo que pueden respirar y comer bajo el agua.

AL REVÉS

A pesar de que generalmente comen plantas, se descubrió que la liebre americana del Yukón canadiense come carroña, como el lince, que es su depredador natural.

Por lo general, las ranas comen bichos, pero una especie de larvas de escarabajos cambia la jugada cuando un anfibio se las quiere comer, ya que en vez de que se la traguen, las larvas se aferran a su depredador y se lo empieza a comer.

En 1983, los científicos introdujeron 1,000 langostas a un área cubierta de caracoles marinos, del tipo que les gusta comer a las langostas, ¡pero quedaron atónitos cuando los caracoles abrumaron a las langostas y se las comieron en 30 minutos!

¡TORIIITO!

Sabine Rouas, entrenadora de caballos de Estrasburgo, Francia, monta un toro de 1.3 toneladas llamado Aston y lo hace saltar por sobre las vigas. El toro puede saltar obstáculos de hasta 3.28 pies (1 m) de alto con Sabine en el lomo, quien le enseñó a trotar, galopar y saltar como caballo al verla entrenar a su amigo, Sammy, el pony.

BUENA CIRCULACIÓN

Las arterias de la ballena azul son tan grandes que en teoría un niño pequeño podría nadar dentro de ellas.

DIGESTIÓN EXPLOSIVA

Durante la Guerra Civil Estadounidense, los murciélagos de las cuevas del sur eran preciados por su excremento, ya que se usaba para fabricar pólvora. El guano de murciélago consiste en gran parte de nitrato, que es el ingrediente principal de los explosivos.

¡AY, OJÓN!

Los monos capuchinos crean un sentido de confianza al picarse los ojos los unos a los otros. A veces un mono le mete el dedo al párpado de otro y lo deja ahí un rato para saber si el otro confía en que no le va a causar dolor.

YOGA PARA ANIMALES

En Armathwaite Hall en Cumbria, Inglaterra, los humanos practican el yoga entre lémures, que a menudo imitan sus poses.

ACUACULTURA

En las profundidades de la Cuenca de Thau, en Francia, más de 750 productores de moluscos cultivan ostiones en líneas colectoras, como esta que cuida el acuacultor Jean-Christophe Cabrol.

A pesar de su alta salinidad, la Cuenta de Thau está clasificada el segundo lago más grande de Francia. Como "estación central" de cultivo de ostiones del país, más de 2,750 mesas de ostiones producen 14,330 toneladas de moluscos todos los años. Estos ostiones representan el 8.5% del consumo total de Francia, y gracias a la excelente calidad del agua, se pueden comer a minutos de ser recolectados.

SUS CARGAS

PIPA DE PESCAR

Barry Osborn de Granbury, Texas, le envió a Ripley estas fotos y nos dijo: "Pasé más de 50 horas construyendo una caña de pescar funcional usando exclusivamente 1,500 limpiadores de pipas". Aunque usted no lo crea, Osborn recibió más de 300 premios y récords de pesca. Según el Departamento de Parques y Vida Silvestre de Texas, ostenta más récords estatales que cualquier otra persona en la historia, 78 para ser exactos. Osborn espera atrapar un pez con la caña de limpiadores de pipas que le haga ganar otro récord.

ANUNCIO MICROSCÓPICO

La compañía fabricante ASML creó un microanuncio publicitario que es más pequeño que la anchura de un cabello humano, es decir, tres veces más pequeño que el anuncio producido por la cadena de comida rápida estadounidense Arby's, la cual imprimió un anuncio en una semilla de ajonjolí de un bollo de hamburguesa.

QUE LA SUERTE LO DECIDA

El ganador de las elecciones de 2018 por la alcaldía de Peachland, Columbia Británica, Canadá, se decidió por la suerte después de que dos candidatos empataran con 804 votos cada uno. El nombre de Cindy Fortin salió de la urna primero, así que venció a Harry Gough y fue electa al cargo de cuatro años.

UNA ENFERMEDAD ÚNICA

Hamish Robinson, niño de 10 años de edad de Manchester, Inglaterra, es la única persona identificada con una enfermedad genética específica. La afección singular, que le ha causado tener un riñón funcional en la parte superior del muslo derecho, ha sido nombrada "Síndrome Hamish" por él.

DOS por UNO

El pescador Steve Glum, de Ocoee, Florida, pescó dos bagres con un solo anzuelo en febrero de 2019. Ambos peces luego fueron liberados.

ES UN PLACER VOLAR

A fin de poder pasar la Navidad de 2018 con su hija, Pierce, quien estaba trabajando como sobrecargo de Delta Air Lines, Hal Vaughan, de Ocean Springs, Mississippi, compró boletos para volar con ella como pasajero en sus seis vuelos de Nochebuena y Navidad.

DRENAJE MONSTRUOSO

En el 2019 se descubrió una masa de desperdicios de 210 pies (64 m) de largo en el desagüe de Sidmouth, Devon, Inglaterra, que era más grande que la Torre Inclinada de Pisa. La masa solidificada provino de los drenajes e inodoros locales y se tuvo que romper con picos y agua a presión.

PARTIDO POR UN RAYO

Josiah Wiedman, de 13 años de edad, fue lanzado 9 pies (2.7 m) en el aire después de que le cayó un rayo en El Mirage, Arizona. El corazón se le detuvo durante un minuto, pero sobrevivió gracias a que la patineta que llevaba canalizó la mayoría de la corriente hacia la tierra en vez de su cuerpo.

¿ESTÁ VIVA?

A pesar de haber muerto hace más de 2,000 años, la momia de Lady Xin Zhui sigue siendo una de las mejor preservadas del mundo, ya que aún tiene sangre tipo A en las venas y la piel está suave al tacto.

Xin Zhui murió en 163 A.C., pero parece que la llevaron a la morgue ayer. La piel se siente humectada y elástica, y los ligamentos están flexibles, además de que conserva el cabello, cejas y pestañas originales. Su tumba se descubrió en 1971; contenía más de 1,000 artefactos, incluyendo 162 figuras talladas en madera de sus sirvientes. Sin embargo, lo que más asombró a los arqueólogos fue su condición física, resultado de una tumba totalmente hermética.

Recreación de la probable apariencia de Xin Zhui cuando vivía hace más de 2,000 años.

Te mataré de amor

En su recuento de juicios por combate del siglo XV, Hans Talhoffer describe los brutales duelos maritales de la Europa medieval. A diferencia de hoy, en la que los cónyuges se arman de abogados, las parejas germánicas que no estaban contentas alguna vez blandieron garrotes y rocas. Las detalladas descripciones e ilustraciones de las estrategias de batalla de Talhoffer claramente indican que dichas peleas sucedían con suficiente frecuencia para que se elaborara un manual táctico.

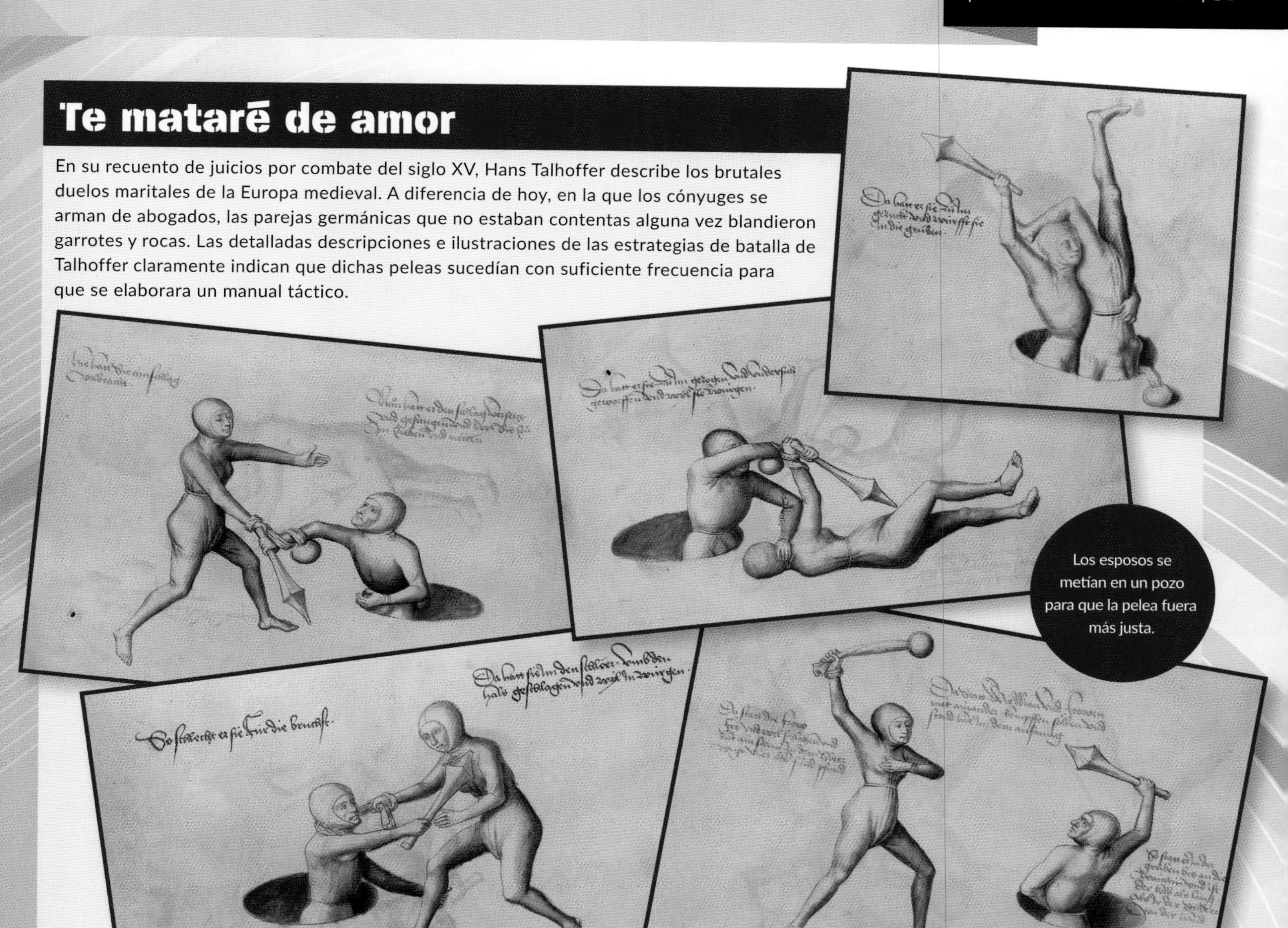

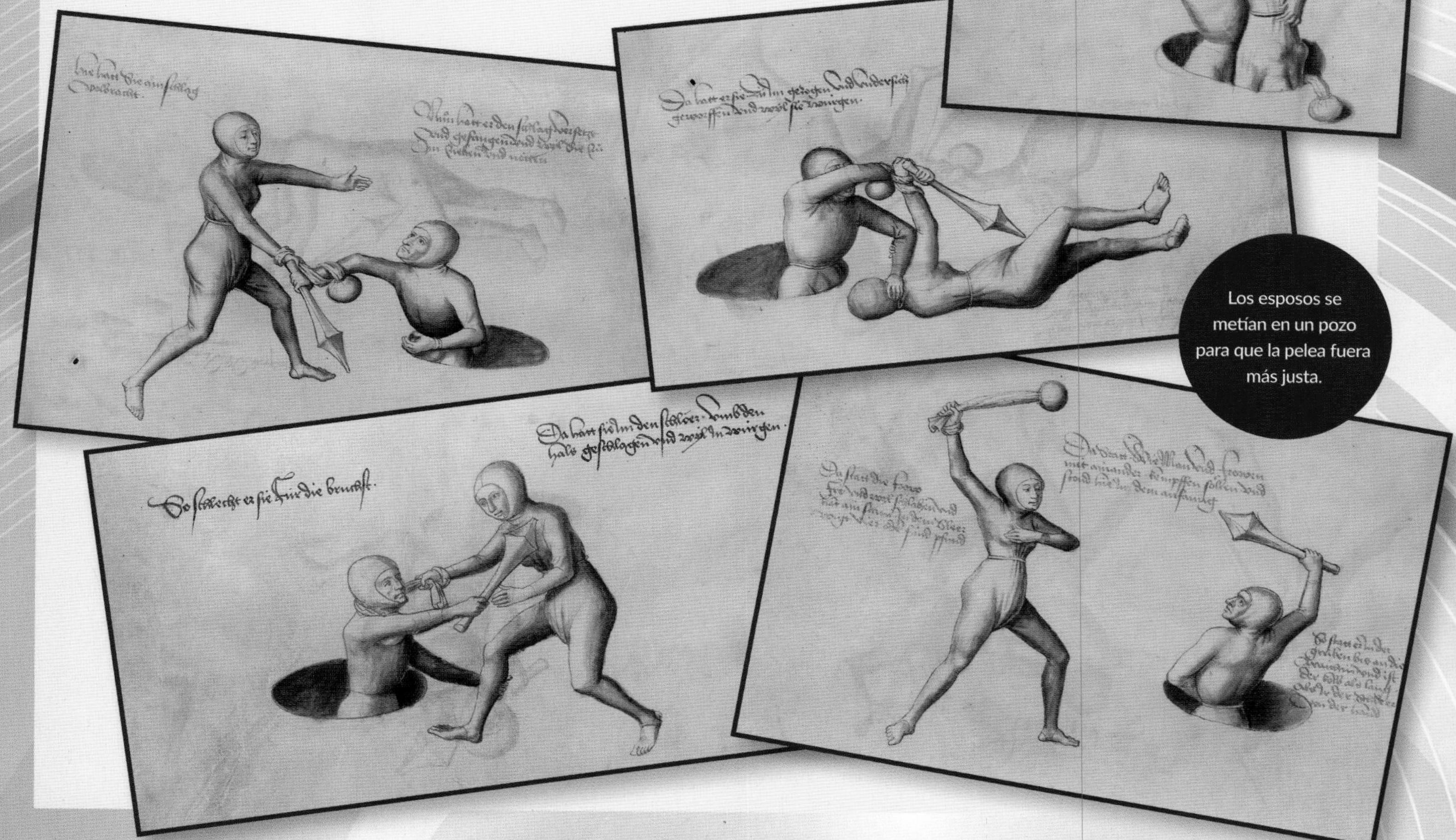

Los esposos se metían en un pozo para que la pelea fuera más justa.

Insecto condimento

Originario de Puerto Ayacucho en el Amazonas venezolano, el chef Nelson Méndez ha pasado los últimos 20 años combinando las tradiciones culinarias europeas con los ingredientes típicos del Amazonas. ¿El resultado? Una experiencia gastronómica única no apta para cardiacos. Ya que 90% de las criaturas que viven en la selva son artrópodos, la "alta cocina insectívora" de Nelson cuenta con recetas de arañas, insectos y mucho más.

¡QUÉ OSO!

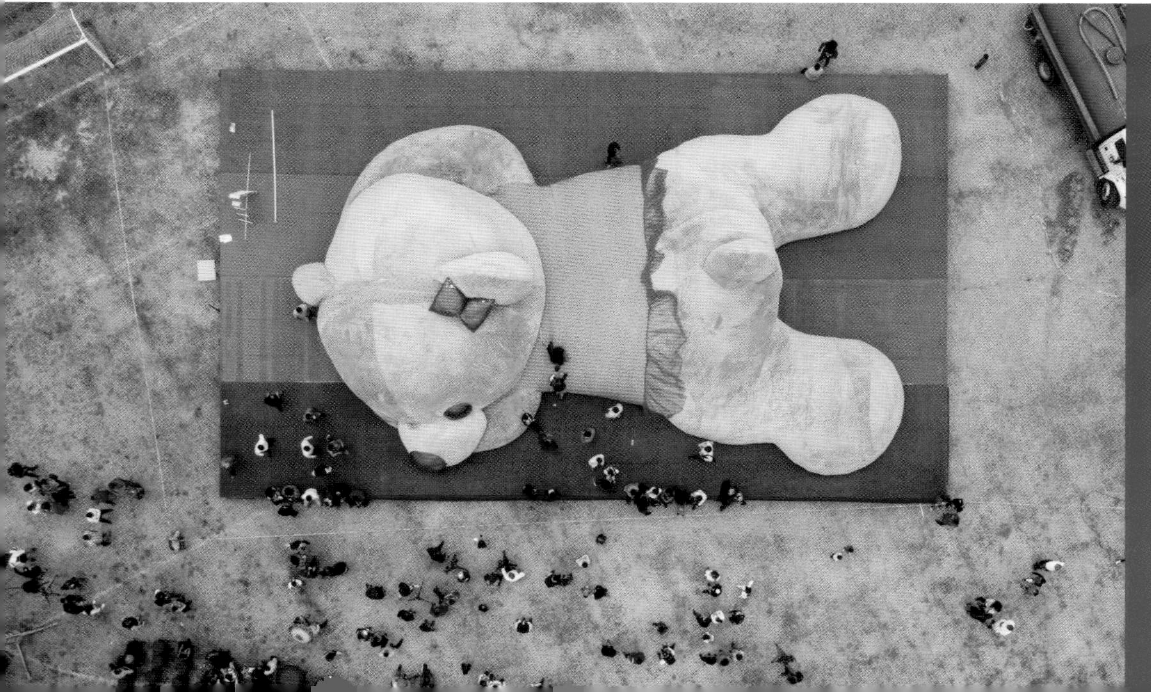

Los residentes de Xonacatlán, México, pasaron más de tres meses cosiendo un oso de peluche de casi 65 pies (20 m).

El enorme oso, llamado Xonita, pesó 4.4 toneladas, así que es más pesado que un hipopótamo macho adulto. Xonacatlán es reconocida como la capital de los muñecos de peluche de México, ya que hay literalmente decenas de fabricantes de estos juguetes en la pequeña ciudad.

El río embrujado

"Portland, ciudad extraña" se ha vuelto el mantra emblemático de la ciudad más poblada de Oregon, ubicada a lo largo del Río Willamette. Sin embargo, incluso los lugareños quedaron atónitos cuando cientos de brujas cambiaron la escoba por los remos para navegar 10 km por el río. Este desfile acuático de sombreros puntiagudos navegó por las aguas a fin de recaudar ropa, haciendo así a Portland aún más extraña.

COLECCIÓN DE KIMONOS
Takako Yoshino, de Nagoya, Japón, tiene una colección de más de 4,500 fajas de kimono, conocidas como Obi.

COMO APRENDER A CAMINAR
La suiza, Mathilde Gremaud, quien ganó el oro en la categoría femenil de Esquí Big Air en los Winter X Games Invernales de 2019 en Aspen, Colorado, comenzó a esquiar cuando tenía solo dos años de edad.

LA PIRÁMIDE HUMANA
Los Rock Aqua Jays, equipo de esquí acuático de Janesville, Wisconsin, formó una pirámide humana de 80 personas y la mantuvo en el agua durante una distancia de 1,148 pies (350 m).

Charlie O'Brien, de 16 años de edad, pasó 33 horas seguidas en un columpio en Hawke's Bay, Nueva Zelanda.

HECHO CON LOS PIES
Usando manos y pies, Que Jianyu, niño de 13 años de Xiamen, China, resolvió tres cubos de Rubik al mismo tiempo en tan solo 1 minuto y 36.4 segundos. También resolvió un solo cubo de Rubik en 15.8 segundos colgado de cabeza.

YO TE RESPALDO... EN MI ESPALDA
Durante más de seis años, Xu Bingyang de 12 años ha cargado a su compañero, Zhang Ze, por la escuela primaria Hebazi Town Central de Meishan, China. Zhang tiene una enfermedad que le dificulta caminar sin ayuda, de modo que Xu lo lleva al baño, al recreo y a clase.

Carta de presentación

Sean Oulashin de Portland, Oregon, puede barajear las cartas como ninguno. Practica el barajeo artístico, el cual describe como un método de barajear "estéticamente atractivo". Corta la baraja en varios montones, los malabarea y los hace girar en un baile fascinante. Uno de sus trucos más impresionantes es lanzar una carta de la baraja que vuela a su alrededor y regresa a sus manos. Compruébalo tú mismo en su cuenta de Instagram: @notseano

EN SUS PROPIAS PALABRAS

El artista Phil Vance de Sonora, California, crea obras maestras completamente con texto escrito a mano.

Sus elaborados retratos honran a figuras históricas como Mark Twain, Einstein y Picasso. Sin embargo, sus métodos no son nada ordinarios. Vance usa la palabra escrita, como el troceado, para crear el color, la textura y los patrones. Las palabras tomadas de citas inspiradoras se repiten miles de veces en diferentes tamaños y capas para crear sombras, contornos y detalles. Como pasa con las pinturas hechas con puntilleo, las palabras se funden en una imagen que se aprecia a la distancia. Sin embargo, al acercarnos, se fragmentan para formar frases, como si el espectador estuviera viendo los pensamientos de cada personaje.

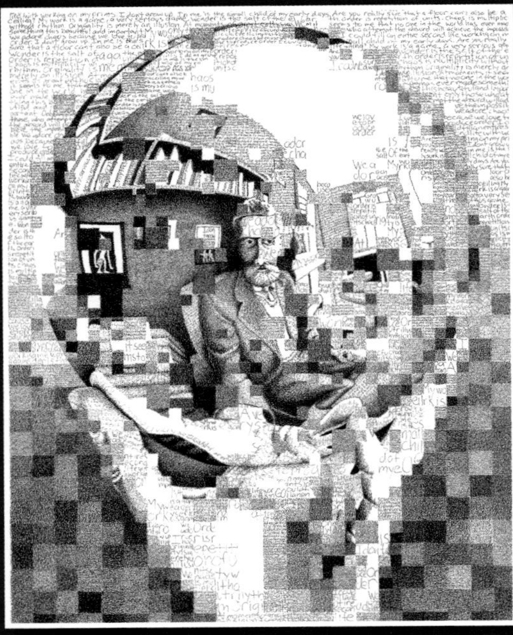

HUEVOS PELIGROSOS !

La tradición nórdica de recolectar huevos de aves marinas a lo largo de la rocosa línea costera de Islandia sigue atrayendo a los escaladores.

Islandia es famosa por su gran fauna aviar, que incluye charranes del Ártico y frailecillos del Atlántico. Estas aves aprovechan lo escabroso de los arrecifes costeros del país como protección natural durante su anidación. La gente ha estado recolectando huevos de estos arrecifes durante cientos de años. Y si bien esta práctica ya no es necesaria para sobrevivir, algunos rudos de la localidad, como Jón Arnar Beck, la conservan. Hoy día, se usan arneses de seguridad, equipo de radio y vehículos todo terreno. Sin embargo, las estrepitosas alturas siguen siendo intimidantes. A fin de proteger a la población aviar, las autoridades locales se aseguran de que los recolectores dejen bastantes huevos en los nidos para que puedan empollar.

LOS RECOLECTORES VEN LOS HUEVOS A CONTRALUZ PARA ASEGURARSE DE QUE LOS ACABEN DE PONER.

Exhibición de Ripley

Cat. No. 169383

Molde de esqueleto de pájaro dodo

Hay solo unas pocas pinturas y dibujos históricos del extinto pájaro dodo, e incluso menos especímenes taxidérmicos. El molde que se muestra se hizo del espécimen más completo que se encontró (en una cueva de Mauricio en 2007).

Esta ave guardaba gran cantidad de grasa en su cuerpo redondo, además de que tenía un distintivo pico bulboso y ganchudo, aunque no podía volar. El dodo se encontró solo en la isla de Mauricio en el Océano Índico, y su presencia la registraron por primera vez los marineros holandeses en 1598. No tenía cómo protegerse del hombre o de los perros que los marineros llevaban consigo y, al vivir en una isla, no conocía el miedo. Aunque su carne no era particularmente sabrosa, sus huevos sí. Menos de 100 años después de que se descubriera al dodo, había quedado extinto.

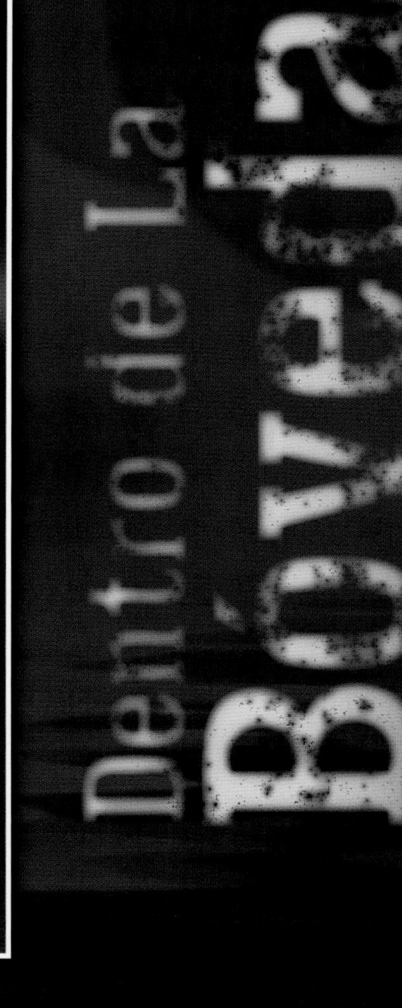

Exhibición de Ripley

Cat. No. 166429

Joyero de huevo tallado

Joyero hecho de cascarón de huevo de ñandu, ave de gran tamaño de Sudamérica que no puede volar. Creado y decorado a mano por Pat Beason.

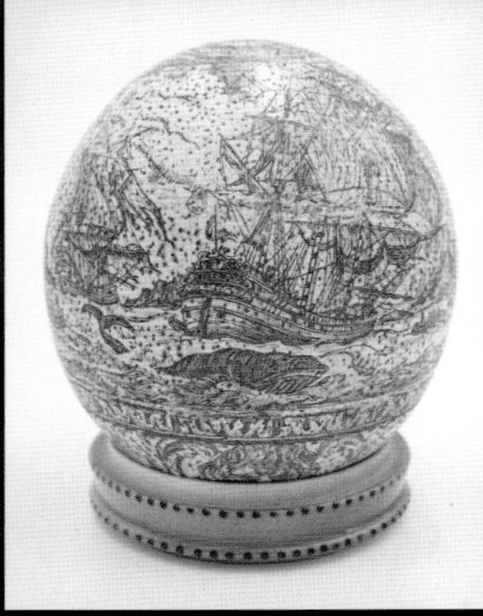

Exhibición de Ripley

Cat. No. 13814

Huevo de avestruz grabado

Antes los balleneros grababan escenas náuticas tallando hueso o marfil. Esta hermosa escena se grabó en el cascarón de un huevo de avestruz que, a pesar de ser un huevo, es un material muy resistente. Esta pieza pesa 1 libra (0.45 kg).

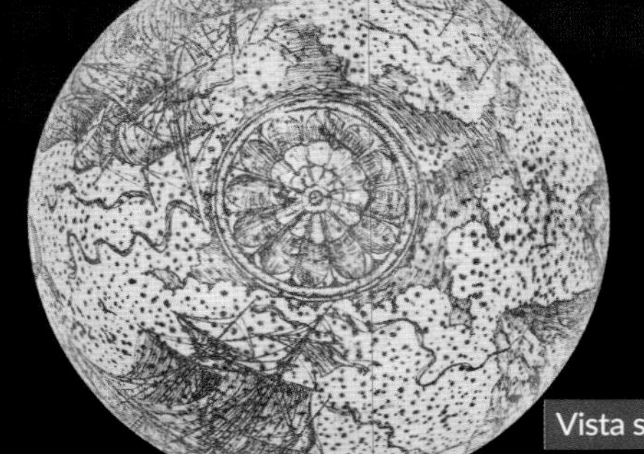

Vista superior

SALTA COMO CABALLO

Ava Vogel, residente de Canadá de 16 años corre y salta como caballo para mantenerse en forma.

Ava no solo galopa y trota en cuatros patas, sino que también salta vallas y obstáculos. Ella se describe como amante de los caballos; dice que esta actividad la acerca a sus amigos de cuatro patas. Aunque usted no lo crea, Ava nunca se ha lesionado gravemente con este pasatiempo, tan solo ha sufrido algunas torceduras y esguinces menores. ¡Sus habilidades le han ganado más de 50,000 seguidores en Instagram! Ripley habló con Ava para que nos dijera más acerca de este deporte único.

P: ¿QUÉ ME PUEDES DECIR DE LA COMUNIDAD?

R: Comencé aproximadamente hace ocho años cuando vi a la gente haciéndolo en línea. Di de alta mi cuenta de Instagram e instantáneamente me dieron la bienvenida a la comunidad, aunque no era muy bueno. Rápidamente hice muchos amigos y aprendí los movimientos ecuestres. La pequeña comunidad sigue siendo tan cálida como siempre. Conozco a muchos otros saltadores en línea y en la vida real.

P: ¿CUÁLES SON TUS OBJETIVOS?

R: En cuanto a los saltos, mi objetivo principal es inspirar a otros. Se siente súper bien saber que he inspirado a otros de la forma en la que a mí me inspiraron en 2012. Sin embargo, también espero romper otros récords de salto. En cuanto a la escuela, espero estudiar kinesiología.

P: ¿CUÁL ES TU SALTO Y PASO FAVORITOS?

R: Mi salto favorito debe ser el Liverpool, también conocido como la valla de "agua abierta". Es súper divertido galopar hasta ahí y saltar en el aire. Mi paso favorito es el medio galope, ya que puedo hacer la mayoría de las cosas, como hacer cambios, piruetas y saltos. También es el más fácil.

P: ¿QUÉ TIPO DE TERRENO PREFIERES?

R: Prefiero correr y saltar en el pasto. Es el más suave y el suelo está un poco más acojinado que la alfombra o los mosaicos.

P: ¿CUÁL ES EL NOMBRE OFICIAL DEL "SALTO DE CABALLO"?

R: La mayoría de la gente, incluyéndome, lo llamamos "salto de caballo", pero otros lo llaman cuadrobics o también salto de caballo humano.

TELÉFONOS INTELIGENTES
El robo a mano armada en la calle es tan común en la Ciudad de México que la gente comenzó a comprar teléfonos falsos especialmente diseñados de $20 USD para dárselos a los delincuentes.

SUBIÓ LA LUZ
Debido a un error computacional, el residente de Nueva York, Tommy Straub, recibió una cuenta de electricidad de $38 millones USD por su pequeño apartamento, cuenta que, por lo común, es de alrededor de $74 USD.

GORGOJOS
Marcela Iglesias, de Los Ángeles, California, come cinco gorgojos chinos todos los días para mantenerse saludable. Se los traga crudos o con un vaso de agua. Estos bichos son una buena fuente de proteína, y espera que también ayuden a combatir los problemas digestivos y el dolor crónico.

La abeja gigante de Wallace —insecto del tamaño de un pulgar humano— se redescubrió en una isla de Indonesia en 2019, 38 años después de que se creyó extinta.

EL PIOJOSO
El Tribunal del condado de Rogers, en Oklahoma, fue evacuado en febrero de 2019 cuando un abogado llegó con decenas de piojos en su traje. El juzgado no tardó en quedar infestado de insectos chupasangre, así que todas las actividades se cancelaron por el resto del día.

CUCARACHA DE DOS PATAS
Para el Día de San Valentín en 2019, el Centro de Conservación Hemsley, en Sevenoaks, Inglaterra, ofreció a los amantes rechazados la oportunidad de pagar $2 USD para que le pusieran el nombre de sus exparejas a unas cucarachas.

EXCREMENTO PRECIADO
En 2019, frascos de estiércol del caballo ganador del Derby de Kentucky de 1997, Silver Charm, se vendieron por $200 USD cada uno.

Dulce música

Más de 20,000 abejas de la miel se alojaron en un cello reciclado como parte del bien nombrado proyecto "La colmena musical", liderado por el Dr. Martin Bencsik, profesor de la Universidad Nottingham Trent. Bencsik pensó en el proyecto gracias a su esposa, chelista profesional, y espera estudiar los sonidos y las vibraciones que hacen las abejas por medio de este instrumento. Bencsik ha colaborado en álbumes usando grabaciones de abejas en el chelo para crear concienciación acerca de la difícil situación de las abejas y otros insectos polinizadores.

UN PELO EN MI COMIDA

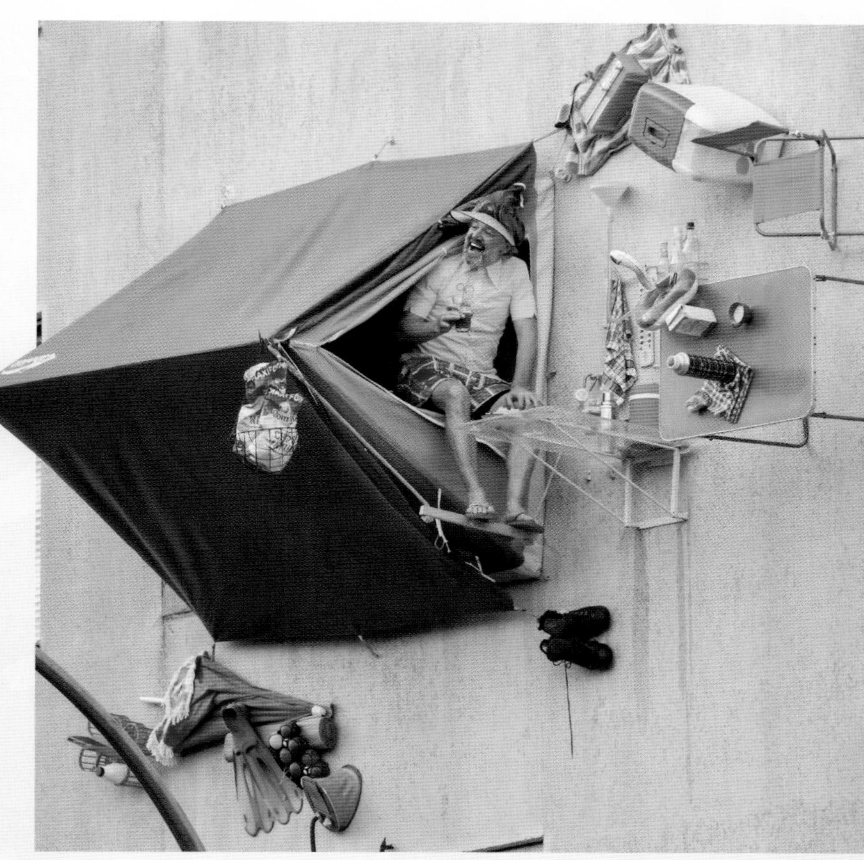

Un acto de altura

Residentes y visitantes del vecindario Bellevue de Saint-Herblain, Francia, recibieron bastante atención cuando un actor de la compañía francesa de teatro callejero, Royal de Luxe, decidió instalarse a casi 33 pies (10 m) en el aire al lado de un edificio. En su papel del excéntrico señor Bourgogne, el actor se sentó en la entrada de su tienda rodeado de una mesa de picnic, bolsas de papa fritas y una caprichosa colección de otros artículos de campamento.

Un estilista australiano recaudó decenas de miles de dólares para la Make-A-Wish Foundation al transformar el cabello de la gente en platillos de comida rápida.

La mayoría de la gente se pone exigente cuando encuentra un cabello en su comida, pero, ¿qué pasa cuando tu cabello es la comida? Este es el predicamento de los clientes del estilista Mykey O'Halloran. Sin embargo, es por una buena causa. O'Halloran transforma el cabello de los voluntarios, por ejemplo, en hamburguesas y nachos con queso, para recaudar dinero para caridad.

TORMENTA DE GRANIZO

El 30 de junio de 2019, los 1.5 millones de residentes de Guadalajara, México, despertaron para ver capas de granizo de hasta 1.5 metros de grosor que habían cubierto las calles de la ciudad, dañando autos y edificios.

No es raro que en Guadalajara las temperaturas en verano alcancen 90 °F (32 °C) o más, pero en este extraño caso, 10 personas recibieron tratamiento por hipotermia debido al fenómeno climático más extraño en la historia reciente. El ejército mexicano y las autoridades locales metieron maquinaria pesada para sacar a los residentes de esta fría situación. La curiosidad se volvió caos cuando el granizo se derritió y provocó inundaciones que se llevaban a los autos.

SUS CARGAS

El jardín estrellado

J. R. Majewski de Port Clinton, Ohio, nos enseñó la forma en que honró a los exmilitares al pintar una bandera estadounidense de 5,000 pies² (465 m²) en su jardín. Tardó 12 horas en hacerla y usó gis biodegradable, con lo que el arte es también ecológico. En cuanto a Betsy Ross —versión inspirada de la bandera con 13 estrellas—, Majewski dice que la eligió por razones prácticas: "pintar 50 estrellas perfectas habría sido mucho más tardado y caro".

HALLOWEEN SUBMARINO

Los buzos que trabajan a 30 pies (9 m) por debajo de la superficie en los Cayos de la Florida toman parte en un concurso de tallado de calabazas submarino en Halloween.

LOS PRIMEROS

Seattle fue una de las primeras ciudades de Estados Unidos en poner a los oficiales de policía en bicicleta, y la primera en poner el servicio de música de fondo Muzak en tiendas y oficinas.

MONTAÑA ESCONDIDA

La montaña más alta de Brasil, Pico da Neblina, de 9,827 pies (2,996 m) de alto, se descubrió hasta la década de 1950, ya que está oculta por densas nubes casi de manera permanente. Se dice que la montaña ubicada en el borde de la cuenca del Amazonas, cerca de la frontera con Venezuela, fue vista por primera vez por un piloto de avión que por casualidad sobrevolaba en un raro momento de claridad cuando no estaba escondida.

UN SORBO DE SORBETE

Buzz Pop Cocktails —que es una línea de sorbetes italianos— tienen un contenido de alcohol comparable al de la cerveza, lo que significa que de hecho la gente se puede embriagar con ellos.

PRUEBA PSICOLÓGICA

Cualquiera que repruebe su prueba de manejo cuatro veces en Suiza debe someterse a una evaluación psicológica para que lo dejen hacerla una vez más.

La cantidad que Pinheads Pizza de Dublín, Irlanda, le paga a los clientes que se puedan terminar la pizza de 32 pulg. (81 cm) y dos malteadas en menos de 32 minutos.

FÓRMULA MÁGICA

El economista y experto en matemáticas rumano, Stefan Mandel, usó su propia fórmula para ganar la lotería 14 veces.

DONA DE LUJO

Enter Through the Donut Shop, restaurante de Miami Beach, Florida, celebró su gran inauguración con una dona de $100 USD que contenía oro de 24 quilates y champaña Cristal.

¿FLOJERA DE IR AL MUSEO?

E Museo de la Flojera abrió en el 2008 durante una semana en Bogotá, Colombia. Se invitó a los visitantes a aplatanarse en hamacas, camas o enfrente de la tele, lo que fuera que les evitara la fatiga.

UNA BUENA LECTURA

India produce más de 17,000 periódicos diarios en 188 idiomas registrados, además de 39,000 revistas y periódicos semanales.

GAITEROS

Hay más bandas de gaita escocesa per cápita en Nueva Zelanda que en Escocia.

BRUJAS DE VERMONT

"Las ventanas a prueba de brujas" de las casas de Vermont están colocadas a un ángulo de 45 grados, ya que se creía que las brujas no podían entrar por las ventanas inclinadas.

BOTELLAS SALTARINAS

EXCLUSIVO DE RIPLEY

LadyBEAST, artista circense de Nueva Orleans, Luisiana, asombra a las audiencias con sus hazañas aéreas al caminar sobre botellas.

LadyBEAST baila y camina hábilmente equilibrándose sobre la boca de botellas de champaña de cuello angosto, lo que no deja de asombrar a las audiencias. Además, las hazañas de ilusión y magia no paran ahí, ya que también se especializa en actuaciones tipo Houdini, en las que su destreza para el escape deja al público mordiéndose las uñas. Sus hazañas con el aro también son reconocidas en el mundo del arte circense.

15.5 pulg.
(39 cm)

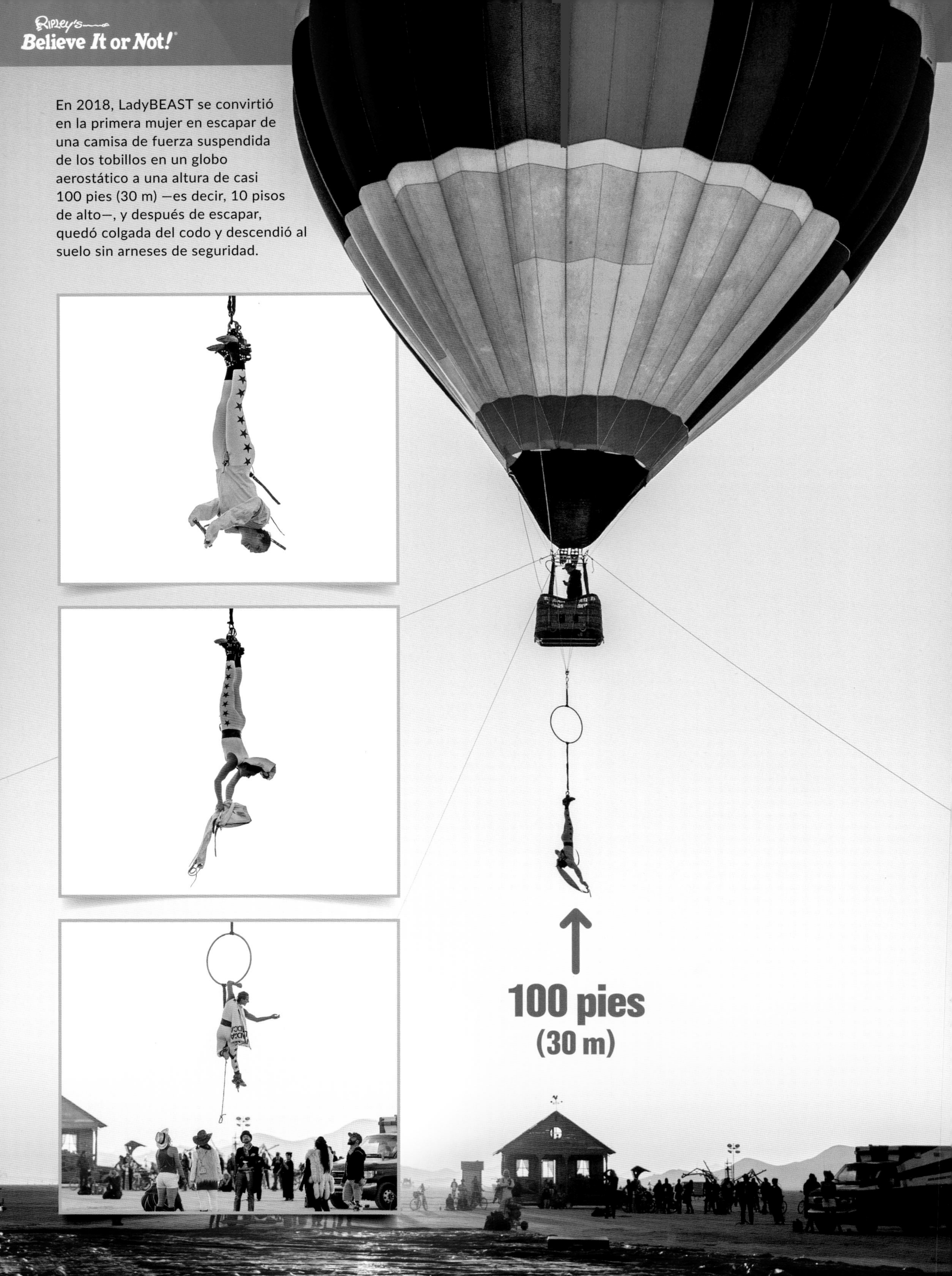

En 2018, LadyBEAST se convirtió en la primera mujer en escapar de una camisa de fuerza suspendida de los tobillos en un globo aerostático a una altura de casi 100 pies (30 m) —es decir, 10 pisos de alto—, y después de escapar, quedó colgada del codo y descendió al suelo sin arneses de seguridad.

Durante su plática de TEDx explicó: “Tomo riesgos muy calculados. Dependo de la memoria muscular, de mi entrenamiento y de la comprensión de mi profesión a fin de no caer”.

LadyBEAST se sube a una pila de tres sillas de madera para luego equilibrarse sobre la botella más alta. Ripley determinó que se encontraba a 12 pies 3 pulg. (3.7 m) por encima del suelo, aunque su récord actual es incluso más alto.

12 pies 3 pulg. (3.7 m)

LLORO POR MI TIERRA

El pequeño antílope africano llamado dik-dik marca su territorio con lágrimas. Agacha la cabeza y la clava en el pasto alto dejando en los tallos una secreción pegajosa del rabillo de los ojos a fin de que los animales estén al tanto de su presencia.

CARACOL, CARACOLITO

Magdalena Dusza, de Cracovia, Polonia, tiene de mascota un caracol africano gigante llamado Misiek. Esta especie de caracol puede llegar a medir 8 pulg. (20 cm) o más de longitud, pero a Magdalena le encanta acurrucarse con él en el sofá y no le importa que la llene de baba.

UN BOCADITO

Un dragón de Komodo de 10 pies (3 m) de largo, nativo de Indonesia, fue filmado comiéndose a un mono vivo entero en solo seis bocados. Se sabe que estos lagartos gigantes devoran presas de casi 80% su propio tamaño. Cuentan con una mordida venenosa con dientes como de tiburón, y ocasionalmente matan humanos.

TE ESTOY OYENDO

Los elefantes pueden escuchar las tormentas eléctricas desde una distancia de hasta 150 millas (241 km), además de que su oído mejora si levantan una pata del suelo. Aparte de usar sus enormes orejas, escuchan con los pies, que son muy sensibles y pueden detectar comunicaciones lejanas de otros elefantes por medio del suelo. Al levantar una pata en dirección del origen del sonido pueden escuchar con mayor atención.

LEJOS DE CASA

Por más de medio siglo, hasta 100 ualabíes han vivido en la naturaleza en la Isla de Lambay, frente a la costa este de Irlanda, a pesar de estar a casi 10,000 mi (16,000 km) de su nativa Australia.

FOCA EN-CANTADORA

Los científicos de la Universidad de St. Andrews en Escocia le enseñaron a la foca gris llamada Zola a cantar "Estrellita, ¿dónde estás?" y el tema de La Guerra de las Galaxias.

EL OCTAVO PASAJERO

Un pitón manchado viajó en avión más de 9,000 millas (14,484 km) desde Queensland, Australia, a Glasgow, Escocia, dentro del zapato de la pasajera Moira Boxall. El zapato estaba en su maleta cuando regresó a su casa en Escocia de sus vacaciones en Australia.

BOMBEROS DE CUATRO PATAS

El Departamento de Bomberos del condado de Ventura en California contrató a cientos de cabras hambrientas en 2019 para que se comieran la maleza seca ya que era un riesgo de incendio.

La avispa vs. la araña

Esta araña de la madera no solo será un rico bocado, ya que la avispa de las arañas tiene planes mucho más siniestros. El veneno de la avispa inmoviliza a la araña y la arrastra a su nido. Una vez ahí, la avispa pone huevos parasitarios en el cuerpo de la araña incapacitada. Cuando las larvas eclosionan, se devoran a la araña durante varias semanas para salir.

Lagartos fantasma

Gatorland, parque de diversiones al aire libre y área protegida de la vida silvestre de Orlando, Florida, recientemente reveló que cuenta con nuevos residentes: tres adorables caimanes albinos bebés. Cada uno lleva hermosas marcas de color rosa y blanco. El color no es común en la naturaleza, ya que hace destacar a los reptiles, con lo que es más difícil que sobrevivan.

CACHORRO UNICORNIO

El cachorro Narwhal tiene una cola extra en medio de la frente, y está ayudando a crear concienciación acerca de la importancia del rescate de animales.

Los empleados de Mac's Mission, centro de rescate de animales con necesidades especiales de Misuri, nombraron a este querido perrito por una especie de ballena que cuenta con un colmillo en la frente, como el unicornio. Un examen veterinario determinó que no hay necesidad médica de extirpar la cola extra, cola que muchos fans de Internet afirman que hace de Narwhal el "perrito más interesante de todos".

LANZAMIENTO DE HAGGIS

Los concursantes de los Bearsden Milngavie Highland Games de Escocia compiten para ver quién puede lanzar el haggis más lejos: a veces lo lanzan a más de 200 pies (61 m).

El haggis, que es el platillo nacional de Escocia, está hecho de los órganos de la oveja. En caso de que prefieras arrojar este platillo en vez de degustarlo, el lanzamiento de haggis es tu deporte. Los concursantes se turnan para subir a un barril de whiskey al revés para lanzar el haggis a grandes distancias. Los eventos se celebran cada año en los juegos y festivales de toda Escocia y del mundo, pero necesitas hacer buen brazo, ya que la competencia es intensa.

El haggis se prepara con estómago de oveja hervido relleno del corazón, hígado y pulmones, así como avena, cebo, cebolla y especias.

REVERENDA HAZAÑA

El vicario inglés, Steven Young, viajó a las colinas nevadas el 1 de mayo de 2019, para realizar el primer servicio eclesial en snowboarding en la historia.

La bendición del vicario conmemoró el final de la temporada de esquí en Europa que tuvo lugar en Chill Factore, pista de esquí bajo techo de Manchester, Inglaterra. Durante la bendición invernal, el coro Greater Manchester Rock Choir interpretó "Halo" de Beyoncé, mientras que el reverendo Young descendía por la pista con su cuello clerical y Biblia en mano. El vicario ha recaudado casi £1,500 ($1,910 USD) este año para patrocinar su intento de hacer snowboarding en cada una de las seis pistas de esquí bajo techo del Reino Unido en solo un día.

Cabeza de huevo

Erin Balogh de San Marcos, California, le trenzó el cabello a su hija de 10 años en la forma de una canasta de huevos de pascua, ¡con todo y huevos! Para los que buscan recrear el look, Balogh sugiere usar artículos como ligas y pinzas para el cabello y una bandana, además de decoraciones como huevos de pascua miniatura, listones y papel de china. El canal de YouTube de Balogh contiene videos con instrucciones para hacer otros extraños peinados, como el cabello de dona con glaseado rosa y chispas reales.

Esta extraña bicicleta mide 8.5 pies (2.4 m) de alto, ¡pero se puede extender a 10.2 pies (3.1 m) de alto!

El bicicletón

Rajeev Kumar tiene pasión por diseñar y montar bicicletas colosales que van de 8 a 13 pies (2.4 a 4 m) de alto. También conocido como Johny, Kumar pedalea sus imponentes creaciones por toda India a fin de crear concienciación sobre de la contaminación y el bienestar del planeta. En una de sus hazañas más conocidas, pedaleó 16 horas desde Chandigarh a Delhi en una bicicleta de 7.5 pies (2.3 m) de alto. Kumar una vez construyó una bicicleta de 13 pies (4 m) de alto, ¡pero la policía de su ciudad le prohibió que la montara!

PRUEBA DE RESISTENCIA

El 4 de agosto de 2018, Matthew "Bushy" McKelvey de Pietermaritzburg, Sudáfrica, a quien le amputaron ambas piernas, viajó 1,712 millas (2,740 km) en motocicleta en 24 horas en la pista de carreras de Hakskeen Pan. Perdió la pierna derecha en 1999 y la izquierda en 2008, ambas en accidentes de motocicleta.

LE PATINA EL COCO

Yanise Ho, de Toronto, Ontario, Canadá, viajó de costa a costa en Estados Unidos en patines y tardó siete meses para cubrir las 3,850 millas (6,160 km). Salió de Miami, Florida, y llegó a Portland, Oregon, en noviembre de 2018, a pesar de que la primera vez que usó patines fue en 2016. No llevaba dinero y dependió de la amabilidad de los extraños que le daban comida y hospedaje todas las noches.

151,409

La cantidad de veces que Hijiki Ikuyama de Japón saltó la cuerda en 24 horas, con un promedio de 105 saltos por minuto.

VETERANO DE IRONMAN

El japonés Hiromu Inada participó en el Campeonato Mundial Ironman en 2018 en Kona, Hawái, a la edad de 85 años. Terminó la etapa de nado de 2.4 mi (3.8 km), la etapa de bicicleta de 112 mi (180 km) y la etapa de maratón de 26.2 mi (42 km) con más de seis minutos de sobra antes del tiempo límite de 17 horas.

VAMOS AL PARQUE

Mikah Meyer ha visitado los 419 Parques Nacionales de EE. UU. Su aventura comenzó el 29 de abril de 2016 en el Monumento a Washington, y terminó otra vez en Washington, D.C., en el Monumento a Lincoln, exactamente tres años más tarde. Manejó 75,000 millas (120,000 km) en una van y también en tren, avión y barco para llegar a sus destinos más distantes. Su parque favorito es el remoto Monumento Nacional a los Dinosaurios en la frontera entre Utah y Colorado, que se encuentra a unas tres horas de distancia de la autopista interestatal más cercana.

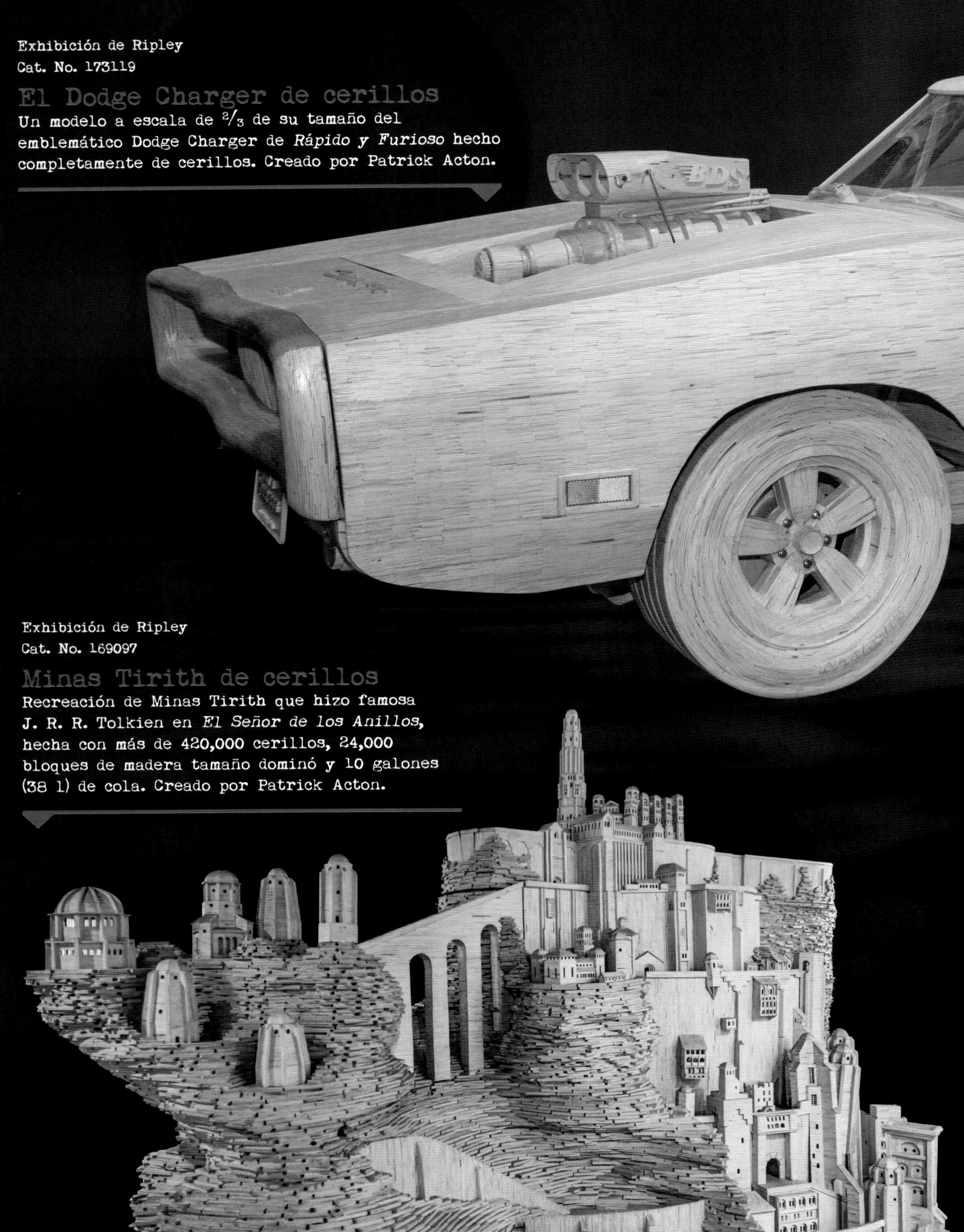

Exhibición de Ripley
Cat. No. 173119

El Dodge Charger de cerillos

Un modelo a escala de $^{2}/_{3}$ de su tamaño del emblemático Dodge Charger de *Rápido y Furioso* hecho completamente de cerillos. Creado por Patrick Acton.

Exhibición de Ripley
Cat. No. 169097

Minas Tirith de cerillos

Recreación de Minas Tirith que hizo famosa J. R. R. Tolkien en *El Señor de los Anillos*, hecha con más de 420,000 cerillos, 24,000 bloques de madera tamaño dominó y 10 galones (38 l) de cola. Creado por Patrick Acton.

Dentro de La Bóveda

Exhibición de Ripley
Cat. No. 169535

Estación espacial de cerillos

Modelo de una parte de la Estación Espacial Internacional (ISS) hecha completamente con cerillos. Creado por Patrick Acton.

SUÉTERES DEL RECUERDO

En vez de comprar souvenirs de los lugares que visita, Sam Barsky de Baltimore, Maryland, teje suéteres tipo postal y los usa en cada sitio para tomarse unas fotos épicas.

Barsky tiene suéteres de casi todos los lugares emblemáticos del mundo, como las Cataratas del Niágara y las Islas Canarias, así como una foto de él con el suéter puesto en cada lugar. Comenzó a tejer hace 17 años después de que no pudo terminar la escuela de enfermería por una discapacidad de aprendizaje y un trastorno neurológico. El dueño de una mercería local acordó enseñarle el arte si prometía comprar el material en su mercería, promesa que cumplió con creces en su cruzada por tejer el mundo.

Reptiles

Cañon Red Rock

Búhos

Suéter de suéteres

Stonehenge

OTRA NADADITA
Peter Hancock, de Nueva Gales del Sur, Australia, ha estado nadando diariamente durante más de 2,000 días consecutivos. Ha nadado en exteriores habitualmente durante más de 20 años, e incluso con icebergs cerca de la costa de Nueva Zelanda, desafiando temperaturas de menos de 35 °F (2 °C).

¡MAESTRO!
Theo "el tiburón" Mihellis, de 14 años de Dormont, Pensilvania, tiró una bola de billar por sobre una barra de 16 pulg. (40 cm) de alto hasta la mesa de billar. Logró hacer este tiro de fantasía en su primer intento, sin mencionar que solo había estado jugando billar durante siete meses.

Fred Reissman, de Mooresville, Carolina del Norte, coleccionó 228 tréboles de cuatro hojas en solamente dos horas.

LUCHADOR ESCOLAR
Devin McLane, de Stevensville, Montana, nació con una rara debilidad muscular que le afecta gravemente los brazos, de modo que aprendió a usar los pies para escribir, comer, cocinar y practicar el tiro con arco. Incluso es miembro del equipo de lucha de la escuela, donde aprendió a luchar sin brazos.

UNA NADADITA
Martin Hobbs de Sudáfrica pasó 54 días nadando las 361 millas (578 km) de longitud del Lago Malawi, que es hogar de peligrosos hipopótamos y cocodrilos. Empezó a nadar en 2013 después de que se lesionó la espalda y tuvo que dejar la bicicleta de montaña y los maratones.

LOS BARBA-JANES

Justo cuando pensaste que Portland ya no podía ser más rara, dos artistas de Oregon han llevado la locura a otro nivel con "Las Barbas Felices".

Brian y Jonathan son mejores amigos desde la niñez, y siempre han sido muy creativos. Sin embargo, el impulso artístico de ambos se consolidó cuando se empezaron a dejar crecer el vello facial en 2014 cuando un amigo los convenció de ponerse flores en la barba y posar para tomarse fotos. Después de que aumentó su popularidad entre los amigos y la familia, los dos se pusieron la misión de llevar amor y risas a todos lados. ¡Así fue como nacieron Las Barbas Felices! Hoy día, dan al traste con todo tipo de convenciones sociales y se decoran el vello facial con flores, comida, brillantina, e incluso chispas de colores.

Computadoras de madera

Hace poco, una familia de especialistas en computadoras de Perú lanzó al mercado una laptop de madera sustentable que dura de 10 a 15 años. Los Carrasco crearon esta tecnología duradera y barata para llevar los beneficios de la Internet a algunas de las partes más remotas de su país. La laptop es ligera y ultraportátil, y cuesta solo $235 USD.

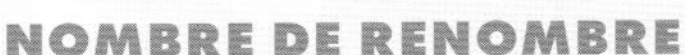

BANDA VIRTUAL

La banda Aerosmith ha ganado más dinero del videojuego *Guitar Hero* que de cualquiera de sus discos.

PRIVILEGIOS DEL TRONO

El presidente Obama recibió una copia de la cuarta temporada del programa de televisión *Juego de Tronos* por adelantado, ya que no podía verla debido a su repleta agenda de trabajo.

NOMBRE DE RENOMBRE

Gwen Stefani recibió su nombre por Gwen Meighen, que es la sobrecargo de la novela de 1968 de Arthur Hailey, *Aeropuerto*, y se cree que su segundo nombre, Renée, proviene del éxito "Walk Away Renée" de 1968 de Four Tops.

NOMBRE DELICIOSO

El apellido del padre de John Cleese era originalmente Cheese (o "queso" en inglés). Cleese se crió en Somerset, Inglaterra, a 10 millas (16 km) de Cheddar, y su mejor amigo de la escuela era Barney Butter (o "mantequilla" en inglés).

VAYA CREATIVIDAD

El músico inglés George Ezra nombró a su disco de 2018 *Staying at Tamara's* (En casa de Tamara) por la propietaria de la casa de Airbnb donde se hospedó en Barcelona, España, con quien sigue en contacto.

DELICIA DE ARTE

En Soka, Japón, se construyó un mosaico de 43 pies (13 m) de largo y 30 pies (9 m) de anchura que reproduce la *Mona Lisa* con 24,000 galletas de arroz. A fin de usar diferentes colores, se cubrieron las galletas con una variedad de líquidos, como salsa de soya y té verde.

El artista de mosaicos británico Ed Chapman hizo los retratos de 10 personas famosas—como el científico Sir Isaac Newton, Robin Hood y el director de películas Richard Attenborough—usando 3,000 boletos de tren usados.

ENTRENAMIENTO DE PELÍCULA

La actriz estadounidense Brie Larson entrenó durante nueve meses para interpretar a Capitana Marvel; al final, podía levantar 225 libras (102 kg) y también empujar un Jeep de 5,000 lb (2,270 kg) con el tanque lleno y conductor por una colina durante todo un minuto.

LA BLANCA LISA

En febrero de 2019, Robert Greenfield usó una pala para hacer un retrato de la *Mona Lisa* con la nieve que había caído en su patio de Toronto, Ontario, Canadá.

¡ESTOY EN LA RADIO!

Durante 40 años, Deke Duncan, de Stevenage, Inglaterra, operó una radiodifusora desde el cobertizo de su jardín y solo tenía un radioescucha, su esposa.

INSPIRACIÓN PERDIDA

La Orquesta Filarmónica Real interpretó un concierto en la Estación Internacional de St. Pancras solo con "instrumentos" que la gente había olvidado en los trenes, como una tabla de surf, un arpa, un tambor, una guitarra y un cactus inflable.

RETRATO DE COLILLAS

El artista suizo Jinks Kunst pasó tres años recolectando más de 23,000 colillas de cigarro de las calles y luego las usó para crear un retrato del cantante y actor francés Serge Gainsbourg.

EL DEBER LLAMA

El videojuego *Call of Duty* se lanzó apenas en 2003, pero en total lo han jugado por más de 25 mil millones de horas (2.85 millones de años), es decir, más tiempo de lo que el humano lleva en existencia.

RECICLAJE

El artista de Nueva Jersey Adam Hillman crea piezas de arte con los colores del arcoíris usando objetos cotidianos, como paletas y notas adhesivas.

Sus patrones tipo Zen enfatizan los brillantes colores de los objetos a los que no les ponemos gran atención en la rutina, como son los Tic Tac, palillos de dientes y Froot Loops. A este particular estilo artístico lo llama "disposición de objetos", y requiere de habilidades de varias disciplinas, como pintura, fotografía y escultura

¡EL BUDA MÁS GRANDE DEL MUNDO!

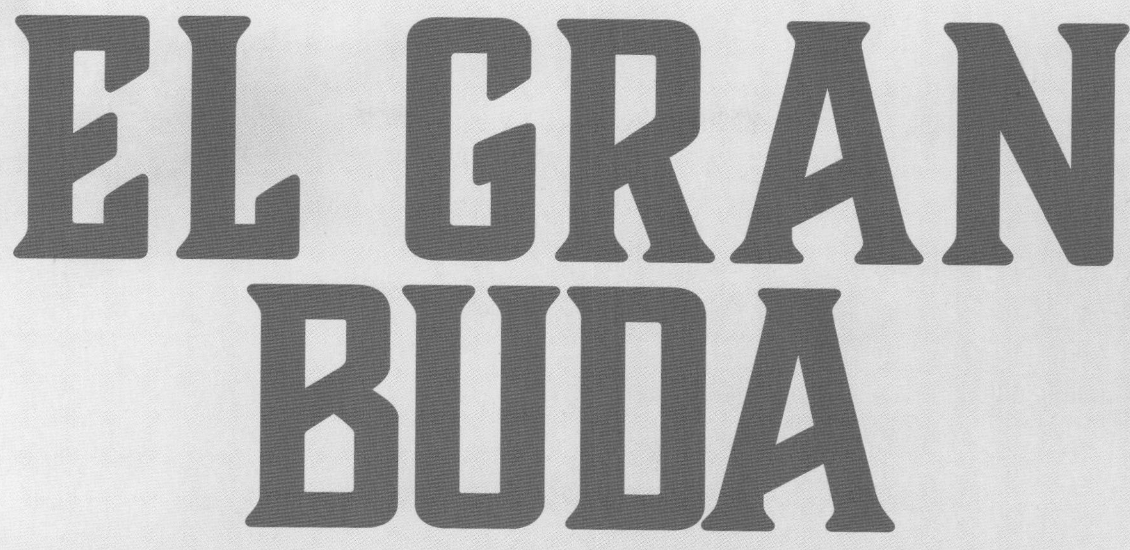

El Buda Gigante de Leshan mide 233 pies (71 m) de alto, 79 pies (24 m) de anchura en los hombros y tardó más de 90 años en terminarse.

La construcción comenzó en 713 D.C. durante la Dinastía Tang; su simétrica postura es realmente enorme. Los dedos miden 27 pies (8.3 m) de largo, y los pies miden 36 pies (11 m), donde caben más de 100 personas. Sin embargo, lo que más cautiva son sus detalles tallados cuidadosamente. La estatua ostenta una gran sonrisa y tiene 1,021 chongos intrincadamente enredados.

Las orejas del Buda miden 23 pies (7 m) de largo y pueden alojar a dos personas dentro.

MI PEQUEÑO PONY

Este "barbero de caballos" ha elevado los cortes de crin a una forma de arte que llevan adornos que conmemoran la Primera Guerra Mundial y estilos que rinden tributo a los nativos americanos.

La emprendedora británica Melody Hames es un verdadero Picasso ecuestre, ya que encontró una forma única de combinar su amor por los caballos con su conocimiento de diseño gráfico. Sus cortes son únicos y personalizados, según las peticiones únicas de su clientela y de su propietario. Sus cortes más destacados son el caprichoso Alicia en el País de las Maravillas, que incluye la hora del té y un "caballo de pan de jengibre".

Darwilla

Una nueva escultura metálica del Centro Darwin de Shrewsbury, en el Reino Unido, causó conmoción con su representación híbrida en la que Charles Darwin es un enorme gorila peludo. Luke Kite creó esta escultura que rinde tributo al famoso naturalista inglés, cuyo descubrimiento de la selección natural le dio mayor credibilidad a la teoría de la evolución. La obra se llama *Gorilapocalipsis*, y es parte de una iniciativa para fomentar la excelencia creativa en la zona rural de Gran Bretaña.

El ave de la flor

Si bien se sabe que las flores tienen forma de muchas cosas, como mariposas u orejas de conejo, nada se compara con el trabajo de imitación de la flor colibrí verde (*Crotalaria cunninghamii*). Se encuentra principalmente en dunas de arena inestables del norte de Australia, y produce flores en forma de colibríes miniatura.

LLUVIA DE PÁJAROS

El 14 de septiembre de 2018, 42 estorninos europeos muertos o moribundos cayeron de cabeza cerca del auto de Kevin Beech, en la autopista al sur de Vancouver, Columbia Británica, Canadá.

PA' TODOS HAY

En 2018, había 1,624 humanos en la remota isla de Niue, en el Pacífico, pero solo un pato, que era un solitario pato real llamado Trevor, cuya inesperada llegada llevó a los residentes de la isla a llevarle comida y ponerle agua en el charquito en donde vivía, de modo que no tardó en convertirse en una atracción turística.

El cuitlacoche rojizo, ave norteamericana, tiene un repertorio de más de 3,000 diferentes sonidos.

¿ES SU PERRO?

Un búho atrapó a una perrita llamado Latte en sus garras en Scottsdale, Arizona, y la llevó de un patio hasta un campo de golf. La encontraron deshidratada y con heridas de garras, pero se logró recuperar por completo.

VIAJE GRATIS

Después de que la atropellara un auto que viajaba a 60 mph (96 km/h) en Adelaide Hills, Australia, una cacatúa de cresta amarilla quedó atorada en la parrilla del auto durante dos horas, pero cuando por fin la sacaron, estaba ilesa.

¿DE CUÁL CALZAS?

Tawheeda Jan, del estado de Jammu y Kashmir, India, tiene los pies tres veces más grandes de lo normal debido a una infección por una lombriz parasitaria, por lo que no puede usar zapatos. Nació con la enfermedad conocida como elefantiasis, y ya le amputaron ocho de los dedos en un intento porque los pies le dejen de crecer.

¿CÓMO TE QUEDÓ EL OJO?

En un juego contra los Cairns Taipans de Auckland, Nueva Zelanda, le sacaron un ojo a Akil Mitchell, basquetbolista panameño-estadounidense que jugaba para los New Zealand Breakers, al buscar un rebote. Por fortuna, los doctores se lo pudieron colocar nuevamente y recuperó la vista.

CERO A LA IZQUIERDA

Por 15 años durante la Guerra Fría de 1962 a 1977, el código de lanzamiento de los misiles nucleares de Estados Unidos fue 00000000. Se eligió este código tan simple para que los misiles se pudieran lanzar lo más rápido y fácil como fuera posible.

¡MÉTELE PATA!

El Autoped, sistema de transporte personal originalmente desarrollado en 1915, era una versión preliminar de las scooters de hoy. Este scooter estaba muy adelantado a su tiempo, ya que su motor lo impulsaba a 20 mph (32 km/h). El Autoped estaba equipado con faros y calaveras, claxon, ¡e incluso caja de herramientas!

MÁQUINAS DE LOCURA

Esta máquina expendedora no es como cualquiera. Taylor Valdés de Portland, Oregon, creó estas locas máquinas expendedoras para promover a los artistas locales.

Al principio, Taylor se inspiró en las máquinas expendedoras poco convencionales que había visto en Corea del Sur, así como la Iglesia de Elvis, que está abierta las 24 horas. ¿El resultado? Máquinas viejas y brillantes llenas de una ecléctica gama de artículos. Hay curas para la resaca y obras de arte local, cosas del cajón de cachivaches, animales de peluche y notas de galletas de la fortuna. Seis años después, The Venderia ya ha trabajado con cientos de fabricantes y artistas locales. Juntos renuevan constantemente su colección de máquinas expendedoras extrañas con los artículos que les quepan.

HELTER SKELTER

Se acaba de instalar una resbaladilla de caracol de 55 pies (16.8 m) de alto dentro de la nave de la Catedral de Norwich en Norfolk, Inglaterra.

Construir la resbaladilla requirió 19 horas de trabajo y ensamblar más de 1,000 piezas, usando 500 tuercas y pernos y 2,000 luces. ¿Cuál era el objetivo? Que la gente piense y hable acerca de la fe de nuevas formas como parte de la iniciativa "Velo diferente".

IMÁGENES ARENOSAS

Estos meticulosos retratos se hicieron al verter y dar forma a arena de colores dentro de frascos, vasos y peceras.

¿Qué le regalas a quien todo lo tiene? ¡Un intrincado retrato hecho a mano solo de arena de color! Las mentes maestras detrás de la cuenta de Instagram @FallingInSand usan arena extremadamente fina grado A importada de Jordania. Antes de comenzar una pieza, la arena se lava, se calibra, se purifica y se pinta con colores permanentes. Luego, con la paciencia, habilidad y mano firme del artista, surge una obra de arte única.

LUZ ENCENDIDA

LUZ APAGADA

BRILLA EN LA OSCURIDAD

THANOS

HUSTLE

HUSTLE

PIEZA FINAL

HUSTLE

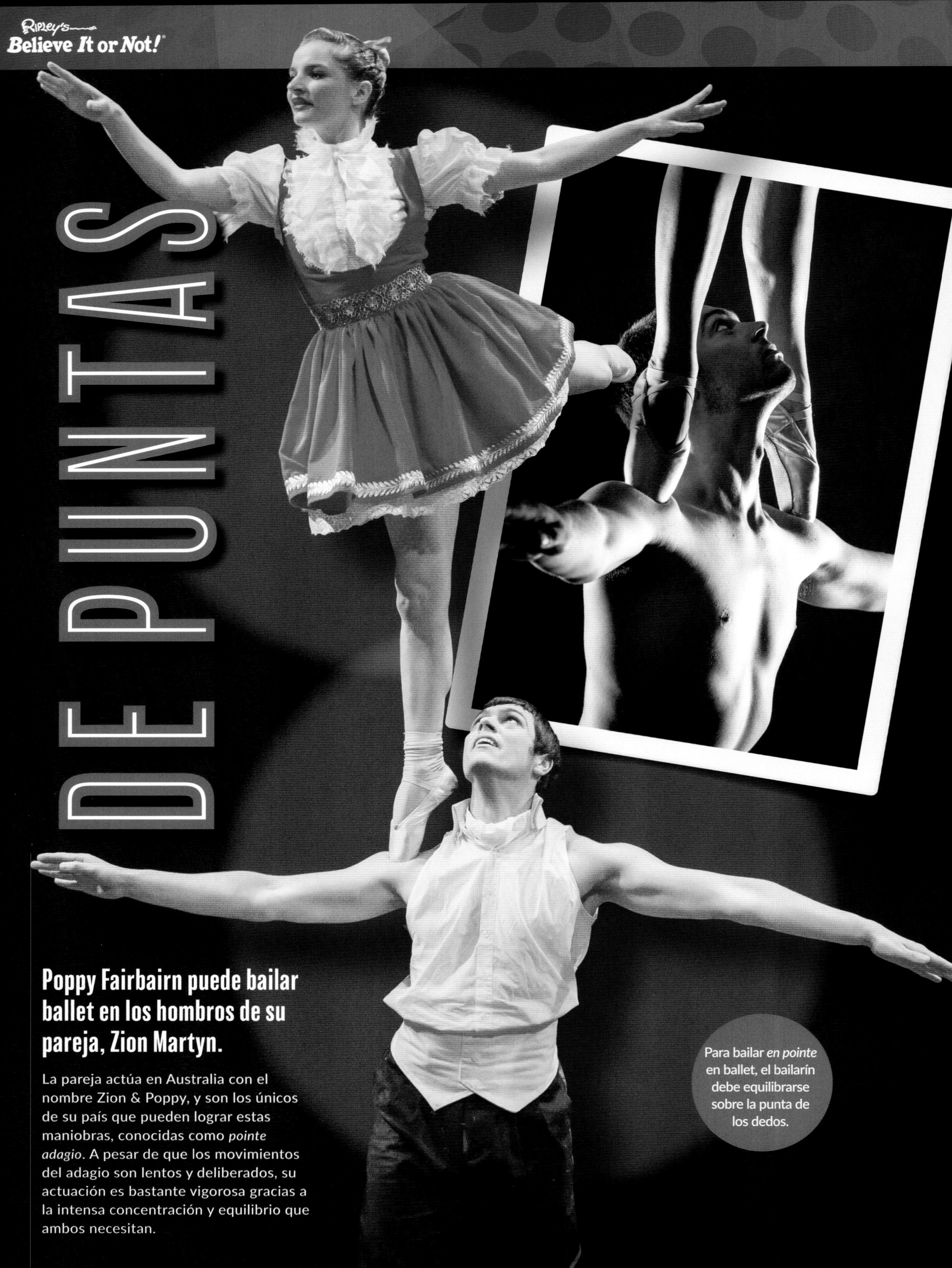

DE PUNTAS

Poppy Fairbairn puede bailar ballet en los hombros de su pareja, Zion Martyn.

La pareja actúa en Australia con el nombre Zion & Poppy, y son los únicos de su país que pueden lograr estas maniobras, conocidas como *pointe adagio*. A pesar de que los movimientos del adagio son lentos y deliberados, su actuación es bastante vigorosa gracias a la intensa concentración y equilibrio que ambos necesitan.

Para bailar *en pointe* en ballet, el bailarín debe equilibrarse sobre la punta de los dedos.

¡Bolita, por favor!

Finley, el golden retriever, también conocido como @finnyboymolloy, puede traer varias pelotas de tenis en el hocico a la vez. El cachorro de Canandaigua, Nueva York, tiene un talento natural: sorprendió a sus propietarios, Cheri y Rob Molloy, cuando tenía solo dos años al coger cuatro pelotas de tenis en el hocico. Hoy día, Finley puede coger hasta seis pelotas, ¡vaya bocado!

A CUCHARADAS

Una mujer de Shenzen, China, accidentalmente se tragó una cuchara de acero inoxidable de 5 pulg. (12.7 cm) longitud cuando la usó para sacarse una espina de pescado de la garganta. No fue al hospital por el accidente hasta cuatro días más tarde porque no le dolía el estómago. Los cirujanos le pudieron retirar la cuchara.

LEOTARDO DE LEOPARDO

El abuelo chino de casi 70 años, Mi Youren, realiza su rutina de ejercicios diariamente en público en los parques y plazas de la ciudad usando los movimientos del leopardo. A fin de dar la talla, usa un disfraz de leopardo con todo y cola y orejas puntiagudas.

PEQUEÑA CONFUSIÓN

Los planes para hacer un tributo al arquitecto francés Jean-François Thomas, de Thomon, con una estatua en San Petersburgo, Rusia, terminaron en vergüenza cuando siete años más tarde se reveló que el escultor Alexander Taratynov realmente había tallado por error a Thomas Thomson, químico escocés del silgo XIX, quien no tenía relación alguna con la ciudad.

La magia de Minecraft

Un equipo conocido como Floo Network pasó dos años recreando meticulosamente el mundo de Harry Potter en Minecraft. Incluyeron detalles que cualquier fan de Harry Potter reconocería, como las escaleras que se mueven o las velas que flotan. Los jugadores pueden descargar el mapa y jugar como alumnos de Hogwarts, además de que pueden asistir a clases, hacer hechizos y volar en escobas para explorar las instalaciones escolares, incluyendo la Cámara de los Secretos.

CASTILLO DE HOGWARTS

EL GRAN SALÓN

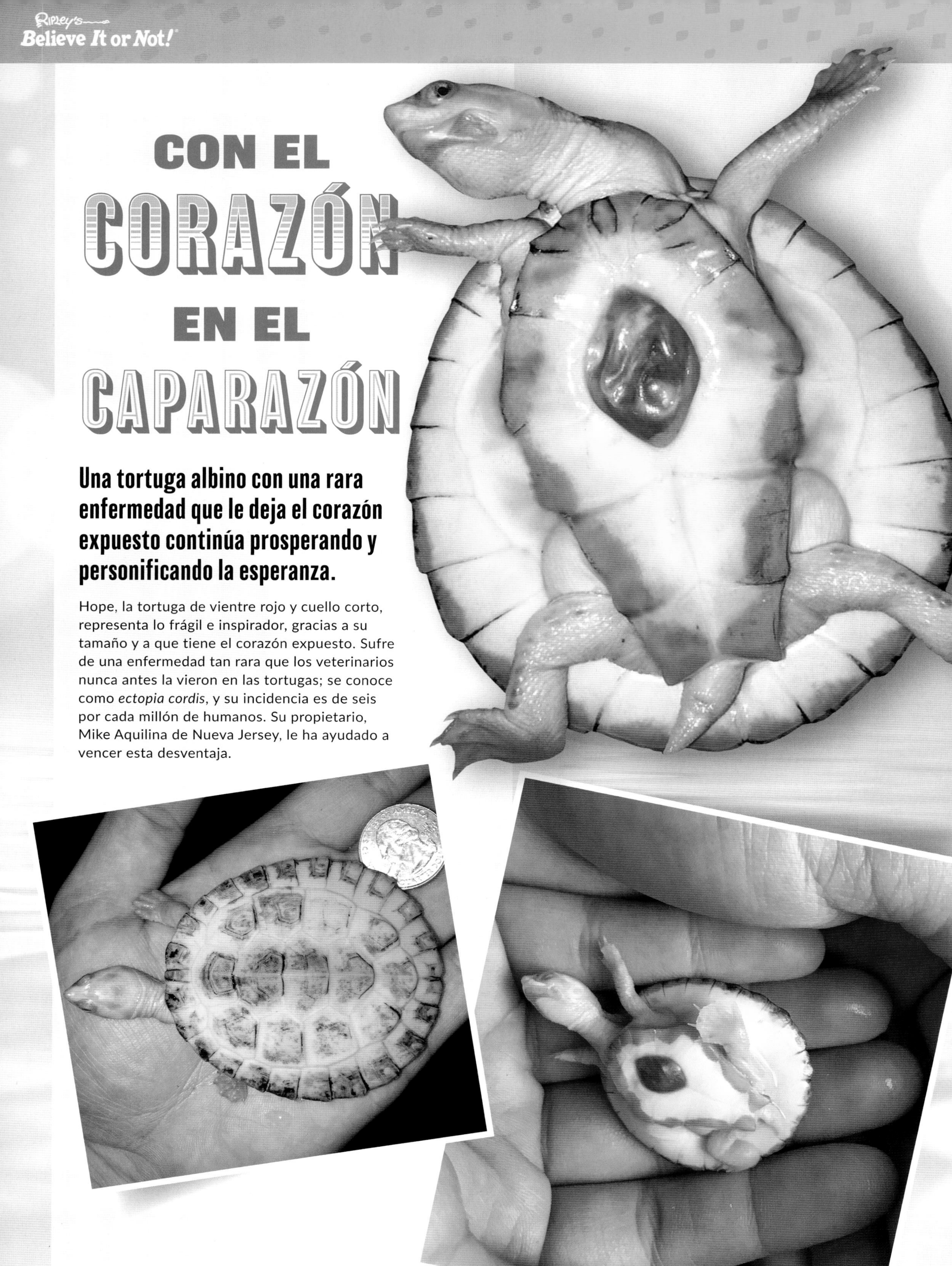

CON EL CORAZÓN EN EL CAPARAZÓN

Una tortuga albino con una rara enfermedad que le deja el corazón expuesto continúa prosperando y personificando la esperanza.

Hope, la tortuga de vientre rojo y cuello corto, representa lo frágil e inspirador, gracias a su tamaño y a que tiene el corazón expuesto. Sufre de una enfermedad tan rara que los veterinarios nunca antes la vieron en las tortugas; se conoce como *ectopia cordis*, y su incidencia es de seis por cada millón de humanos. Su propietario, Mike Aquilina de Nueva Jersey, le ha ayudado a vencer esta desventaja.

PUNTO Y RAYA

El fotógrafo Rahul Sachdev recientemente visitó la reserva natural Maasai Mara en Kenia, y descubrió que las cebras de diferentes rayas (o puntos) *sí* se mantienen juntas.

Sachdev capturó un único patrón de puntos en un potro que parece ser pseudomelanístico. Esta anomalía genética provoca una pigmentación única con rayas alargadas o puntos oscuros que cubren ciertas áreas del cuerpo. En este caso, la enfermedad le da al potro una apariencia moteada. Si bien la enfermedad es hereditaria, se puede saltar generaciones, y por lo común se le hereda a los especímenes sin que muestren indicios visibles.

Vuela, vuela palomita

El siluro europeo del Río Tarm en Francia, divisó una ingeniosa forma de procurarse el alimento: atrapar una a una a las palomas que se bañan en los bancos del río. Sin embargo, solo unos cuantos lo logran. Este hambriento pez debe ser lo suficientemente pequeño para escabullirse en las aguas someras sin que las palomas lo vean, pero lo suficientemente fuerte para "atracar", atrapar un ave y jalarla al agua. Sin embargo, resulta irónico que los cazadores de palomas más exitosos rápidamente crecen tanto que ya no pueden llegar a las aguas someras, con lo que les es imposible sorprender a las aves.

Exhibición de Ripley

Cat. No. 173958

La Noche Estrellada - Arte en pelusa

La Noche Estrellada de Vincent van Gogh elaborada completamente de pelusa. Creado por Laura Bell.

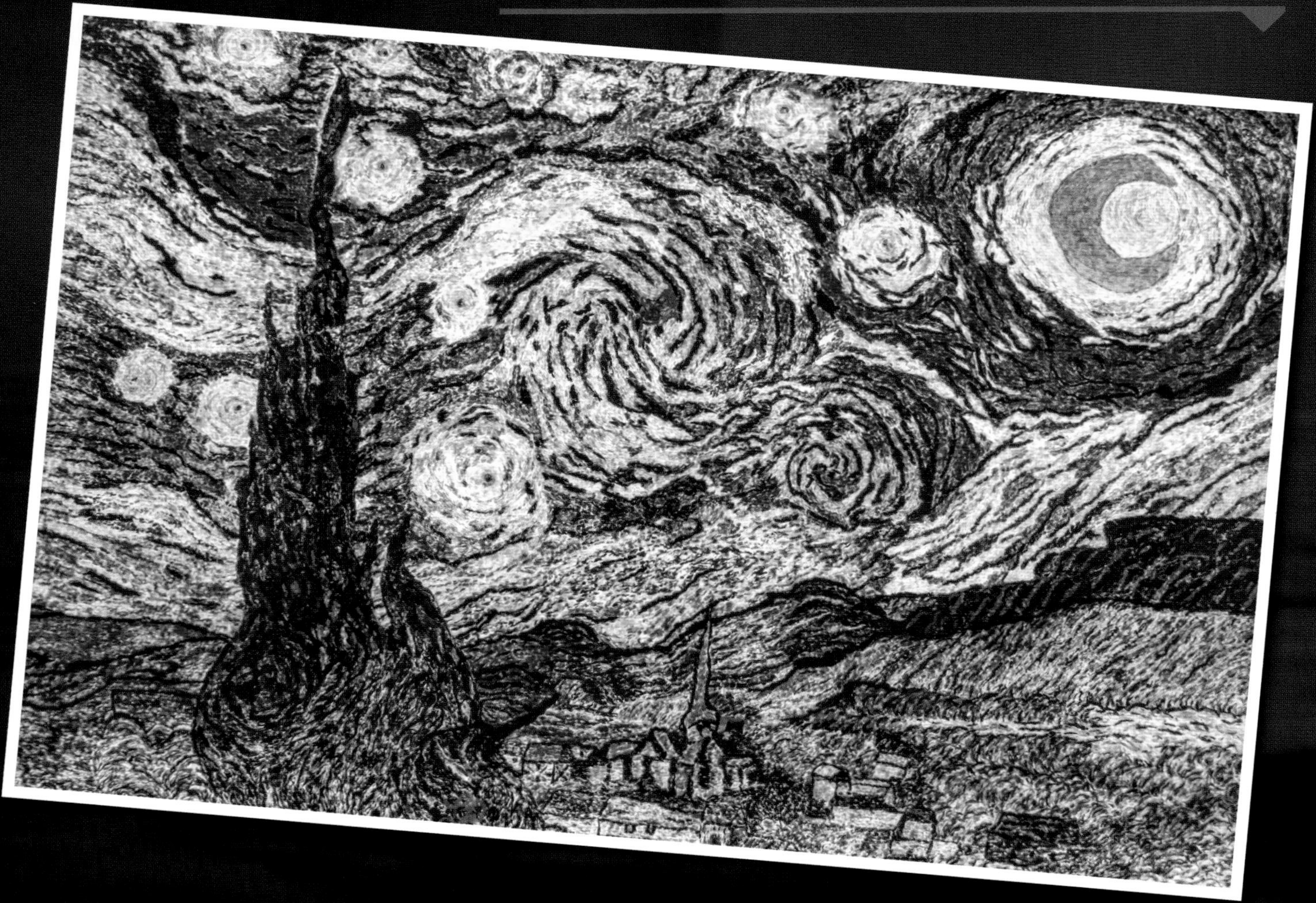

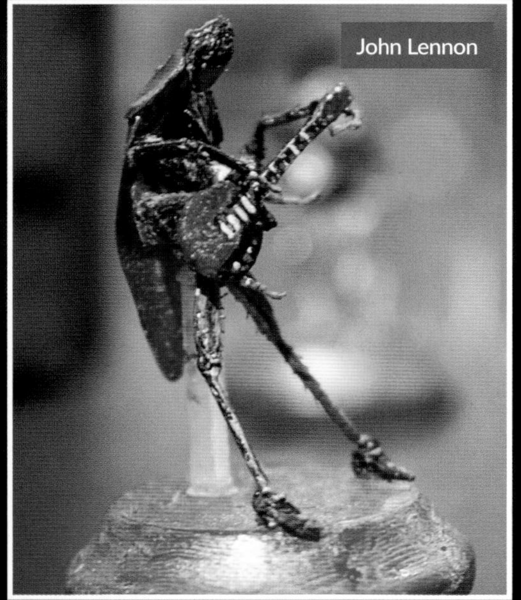

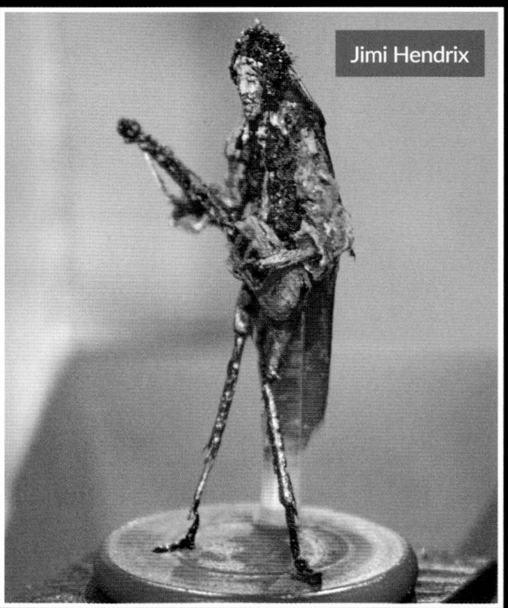

John Lennon

Jimi Hendrix

Exhibición de Ripley

Cat. No. 174436, 174435

Cucarachas rockeras

Figuras en miniatura de músicos de rock clásico creadas con cucarachas conservadas. Aquí tenemos a John Lennon y Jimi Hendrix.

Dentro de La Bóveda

Exhibición de Ripley

Cat. No. 168586

TeclArte

Esta pieza contiene 5,981 teclas de computadora — equivalente a unos 70 teclados — y requirió 190 horas de trabajo. Las teclas ocultan varias palabras relacionadas con la NASA y el espacio, como "Endeavor," "NASA", "despegue", "impulso" y "Atlantis". Creado por Doug Powell.

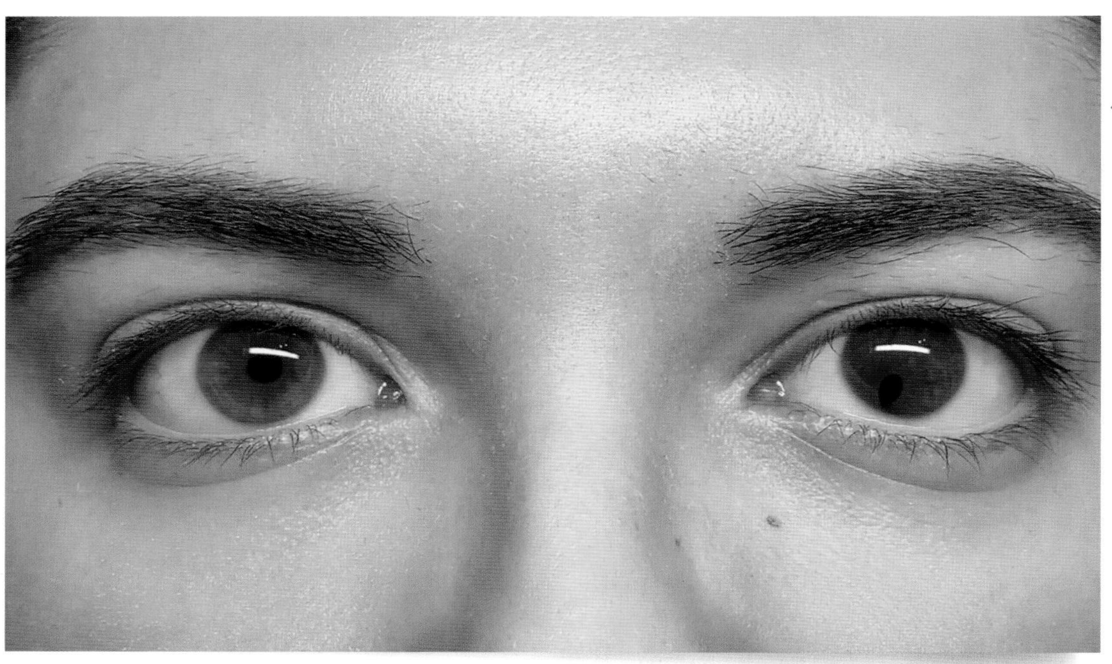

Pupila positiva

Pernilla Beatrice, estudiante de derecho de Roma, aprendió a superar el *bullying* y a aceptar su rara anormalidad ocular, conocida como corectopia, publicando fotos en las redes sociales. Beatrice recibe comentarios de apoyo sobre las imágenes de sus ojos, que muestran una pupila de forma irregular y más pequeña de lo normal ubicada cerca de la parte inferior de su iris izquierdo.

DANDO LA VUELTA

En 2018, Ross Edgley, de Grantham, Inglaterra, se convirtió en la primera persona en nadar 1,780 millas (2,848 km) rodeando la costa de Gran Bretaña. Le tomó 155 días nadando hasta 12 horas al día, tiempo durante el cual nunca puso pie en tierra firme. Conservó sus fuerzas comiendo más de 500 plátanos, pero la constante exposición de sus cara al agua salada hizo que se le cayeran trozos de su lengua.

BIEN SENTADO

El equilibrista de la cuerda floja, Freddy Nock, pasó ocho horas y media sentado en una silla que se encontraba colocada en una cuerda floja en el centro comercial de Ebikon, Suiza.

BUENA SONADA

Tang Feihu, de Kaiyang, China, tardó solo dos minutos y medio en inflar 12 llantas de auto de manera simultánea al soplar por un tupo fijado a sus fosas nasales.

¿JUGAMOS JENGA?

Con enormes máquinas de carga y excavadoras, el fabricante de equipo de construcción Caterpillar Inc. creó un juego de Jenga con 27 vigas de madera de pino, cada una de alrededor de 600 libras (272 kg) de peso. Cada viga mide 8 pies (2.4 m) de largo, 2.7 pies (0.8 m) de anchura y 1.3 pies (0.4 m) de alto. El juego duró 28 horas y terminó con 13 niveles con una altura total de aproximadamente 20 pies (6 m).

La policía montada

La policía de la isla brasileña de Marajo le dio un nuevo significado al término “policía montada” al cambiar los caballos por búfalos de agua de 1,000 libras (454 kg). Marajo aloja 450,000 de estas criaturas, de las cuales muchas han sido domesticadas para propósitos agrícolas. Sin embargo, es su uso como corceles de seguridad pública el que, por mucho, atrae más la atención.

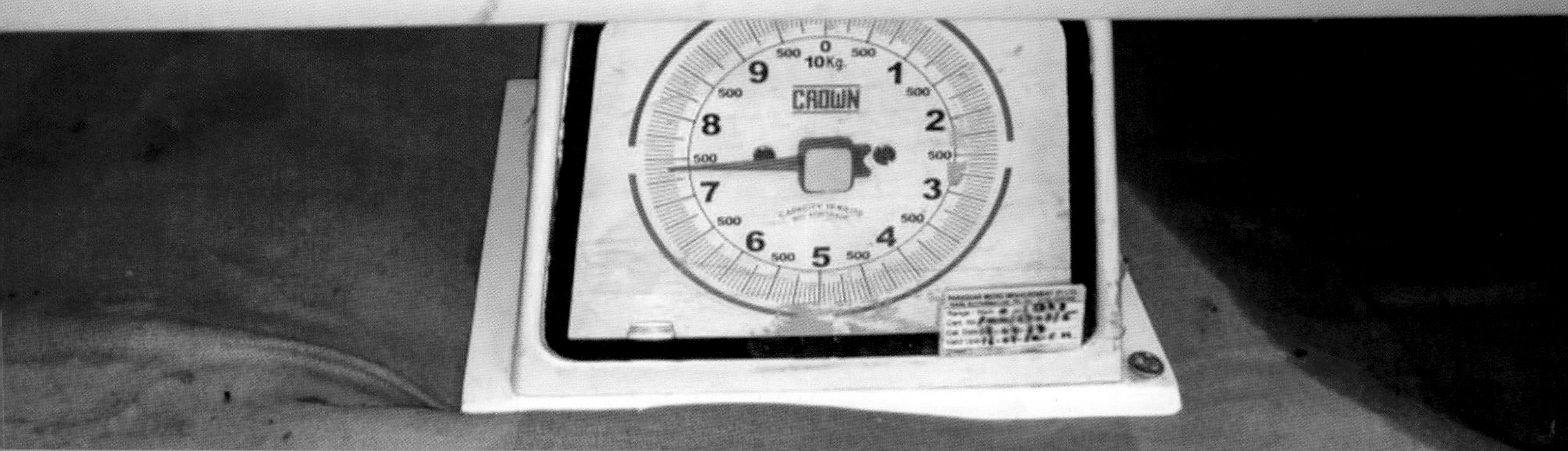

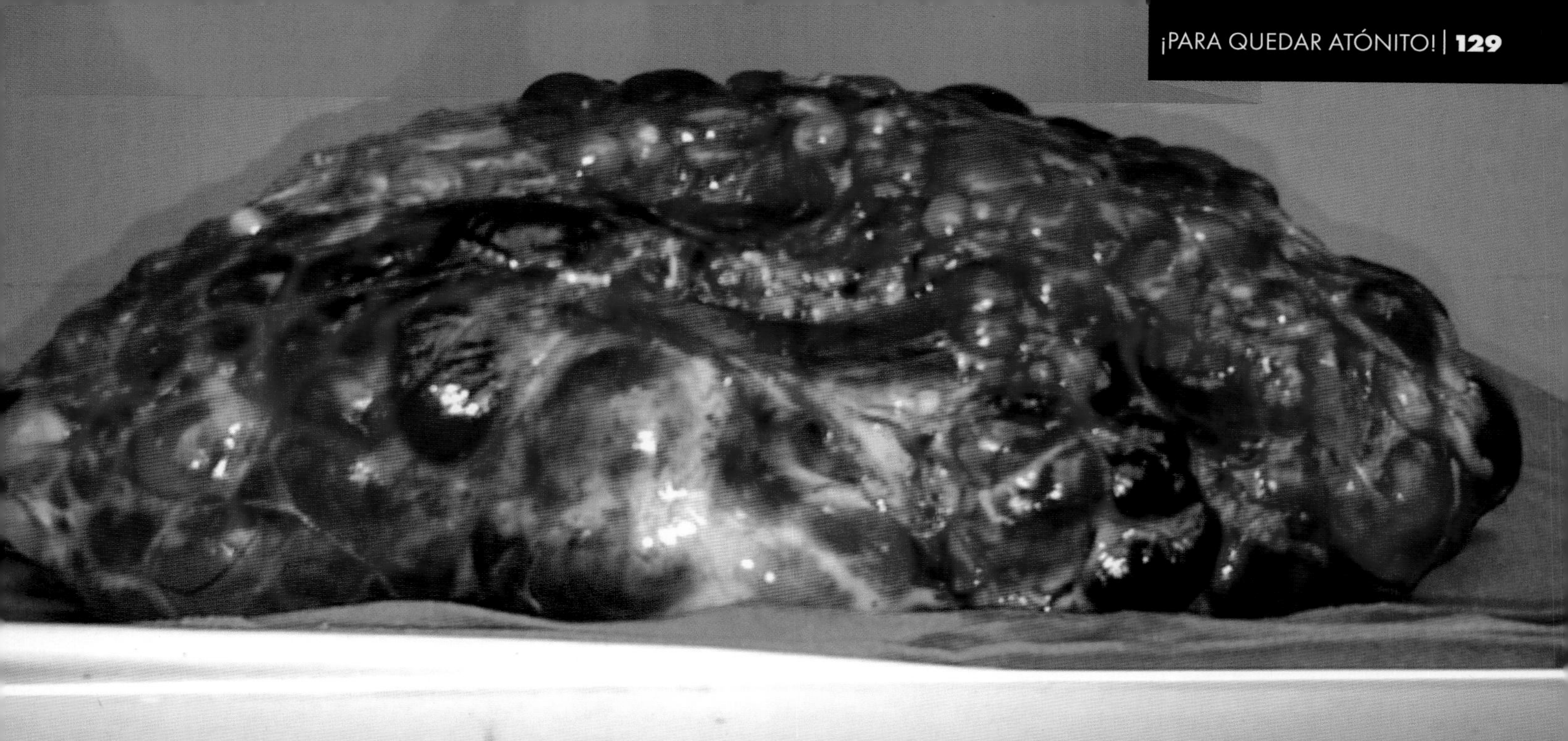

EL RIÑOCERONTE

A un hombre de India de 56 años con una enfermedad genética recientemente le extirparon un riñón de 16.3 libras (7.4 kg), posiblemente el más grande del mundo.

Los cirujanos que realizaron la operación quedaron atónitos por el tamaño del órgano que estaba cubierto de quistes. Los riñones del adulto por lo general pesan menos de 0.3 libras (0.2 kg). Esta monstruosidad es casi 7 libras (3.2 kg) más pesado que el titular del récord anterior, que era un espécimen de 9.3 libras (4.3 kg) que se le extirpó a un paciente de Dubái con enfermedad de riñón poliquístico.

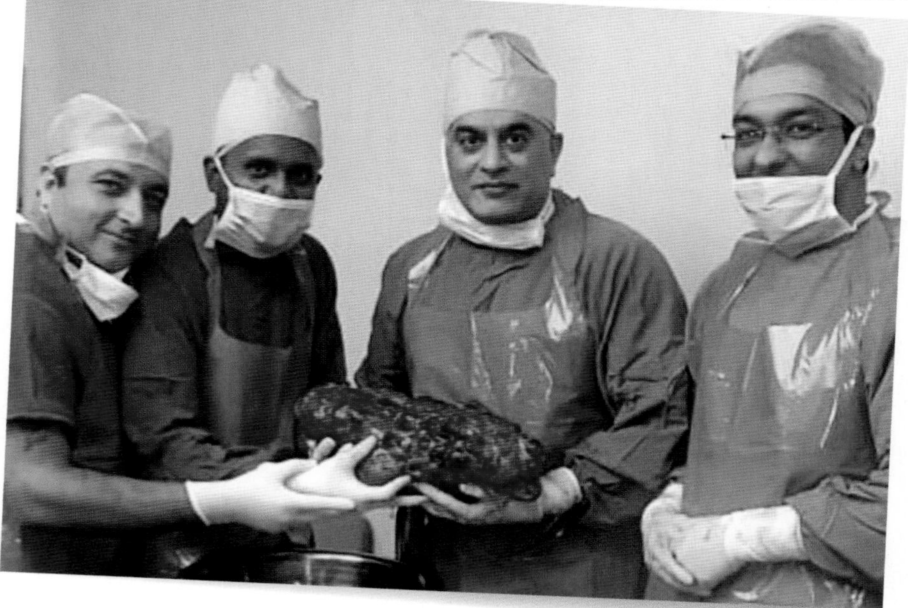

OBRA MAESTRA TÁCTIL

…stas esculturas son replicas en 3D de pinturas clásicas …famosas con las que los invidentes experimentan el arte.

…l artista francés Quitterie Ithurbide desarrolló una singular forma de traducir obras …de arte famosas en esculturas de bajorrelieve que los invidentes pueden interpretar. …El resultado? Las obras maestras famosas ahora están, literalmente, al alcance de su …mano. Ithurbide abrió un nuevo mundo de arte a los que tienen problemas de la vista …por medio de sus esculturas táctiles, con obras de Van Gogh, Degas, Berthe Morisot, …Munch, entre otros.

Las esculturas de Ithurbide no solo están hechas para los invidentes, ya que las personas que ven dicen que han notado cosas en sus recreaciones que nunca habían visto en las pinturas originales.

¡AY R•O•S•I•T•A!

El fotógrafo Kristian Laine estaba nadando en la costa de Australia cuando vio algo que lo hizo pensar que su equipo fotográfico estaba fallando: una mantarraya rosa.

El inspector Clouseau, como se le conoce (en referencia al detective de *La Pantera Rosa*), es la única mantarraya rosa conocida del mundo. La mantarraya de 11 pies (3.5 m) fue vista por primera vez en 2015, y desde entonces se le ha estudiado para saber por qué es de ese color. Gracias a una biopsia, se descartaron las infecciones y la dieta de alimentos rojos (como los flamencos), así que ahora los científicos creen que Clouseau exhibe una mutación genética que afecta su pigmentación, que es parecida al albinismo.

PINOCHO SALTARÍN

Las ranas de árbol macho de Indonesia han estado saltando por la selva con un órgano tipo nariz afilada de color rosa, y eran desconocidas por los científicos hasta el 2008. El herpetólogo Paul Oliver se encontraba en las profundidades de las Montañas Foja cuando, al refugiarse de una tormenta, vio un pequeño espécimen sentado muy casual en una bolsa de arroz. Desde entonces se le puso el nombre de rana Pinocho por obvias razones. Aunque nadie sabe para qué es este órgano, resulta interesante que a veces está colgando y a veces está recto.

PULPO MORTAL

El pulpo de anillos azules se encuentra en los océanos de Japón hasta Australia; mide solo unas 5 pulg. (12.5 cm) de largo, pero su mordida indolora contiene suficiente veneno para matar a 26 humanos adultos en minutos.

ALMEJAS AL POR MAYOR

Las morsas pesan casi 3,700 libras (1,700 kg) y pueden comer hasta 4,000 almejas de una sentada. A pesar de su volumen, son capaces de nadar a más de 20 mph (32 km/h). Usan sus colmillos de 3 pies (0.9 m) de largo para abrirse paso por el hielo y también para ayudarse a salir del agua y trepar al hielo.

MANTIS NUEVAS

Recientemente hubo una expedición a la selva brasileña que descubrió al menos cinco especies de mantis nuevas, que incluyen una forma de mantis unicornio antes desconocida que tiene un cuerno prominente en la cabeza y extremidades de color rojo brillante.

MANITAS SUDADAS

Las nutrias marinas se toman de la mano cuando duermen en la superficie del océano para que la corriente no las separe. Cuando comen, duermen y descansan, flotan en grupos llamados "balsas", que se pueden componer de cientos de estos animales.

VAYA VITAMINA

Es posible que los peces maduros vivan hasta 40% más si se comen la popó de los peces jóvenes. Consumir los microbios de las heces de los peces jóvenes los rejuvenece y mejora su salud.

MEJOR QUE UN PERRO

Scout, el lorito senegalés de Gloucestershire, Inglaterra, puede traer objetos, saludar y rodar, además de patinar y jugar boliche. Su propietaria, Sara Hannant, comenzó a entrenar a Scout poco después de llevarla a casa siendo una bebé; hoy día, el ave entretiene a casi 9,000 seguidores en el Instagram @p_isforparrot.

¿ERES UNA SANGUIJUELA?

El Monte Kinabalu de Borneo es hogar de una sanguijuela que no chupa sangre. En vez de eso, la sanguijuela gigante roja de Kinabalu (*Mimobdella buettikoferi*) se alimenta de las lombrices gigantes de Kinabalu (*Pheretima darnleiensis*), a las cuales se chupa enteras. Este fenómeno tan perturbador se observó por primera vez en 2014. La sanguijuela gigante roja de Kinabalu puede crecer a una longitud de más de 19 pulg. (50 cm).

PIRÁMIDE OCULTA

La Gran Pirámide de Cholula en México se construyó alrededor del año 300 A.C.; mide 1,480 × 1,480 pies (451 × 451 m); la base es cuatro veces más grande que la de la Gran Pirámide de Giza en Egipto y casi dos veces su volumen.

Un ejército español liderado por Hernán Cortés invadió Cholula en 1519, pero no notó la enorme estructura ya que estaba oculta debajo de capas de tierra y vegetación. Los españoles se establecieron en el área e inconscientemente construyeron una iglesia en la cima de lo que pensaron era un cerro, que aún se encuentra ahí. Hoy día, ya se ha excavado una pequeña parte de la Gran Pirámide de Cholula y se puede explorar por medio de túneles. Aunque usted no lo crea, la pirámide, que se conoce localmente como Tlachihualtepetl, es el monumento más grande jamás construido.

La Gran Pirámide de Cholula en su estado actual, cubierta de tierra y con una iglesia en la cima.

Interpretación de un artista de la apariencia que tenía la Gran Pirámide de Cholula en su esplendor hace miles de años.

PIRÁMIDES DEL MUNDO

Las pirámides parecen estar en todo el mundo, creadas por civilizaciones antiguas que no se conocían entre sí. Sin embargo, no son la obra de lo sobrenatural o de alienígenas: la forma piramidal resulta ser una forma eficiente de construir monumentos grandes, y los arquitectos de estas civilizaciones antiguas lo sabían. Estas son solo algunas de las impresionantes pirámides de todo el mundo.

La Gran Pirámide de Giza

La Gran Pirámide de Giza en Egipto es probablemente la más famosa del mundo. También es conocida como la Pirámide de Khufu; se construyó alrededor del año 2560 A.C. y ostentó el título de la estructura más alta hecha por el hombre por más de 3,800 años.

Ziggurat de Ur

La Ziggurat de Ur sumeria en Iraq fue construida por el Rey Ur-Nammu a mediados de los años 2000 A.C., y una vez tuvo tres pisos de ladrillo aterrazado conectados por escaleras y coronado por un santuario al dios de la luna.

La Pirámide de Cestio

La Pirámide de Cestio en Roma, Italia, destaca de su contexto con sus 119 pies (36 m) de altura. Originalmente, la estructura la construyó un senador romano entre 18 y 12 A.C., y se encuentra entre dos antiguos caminos, además de que una de sus mitades se encuentra sobre un cementerio.

La Pirámide del Sol

La ciudad de Teotihuacán en la región central de México alguna vez cubrió 8 millas^2 (21 km^2); está recalcada por varias pirámides, incluyendo la Pirámide del Sol que mide 760 pies (231.6 m) de anchura y tiene cinco descansos.

Las Pirámides Nubias

Cientos de pequeñas y angostas pirámides nubias se alinean en las arenas del Sudán moderno, testamento a la antigua civilización Kushita, que reinó en la región aproximadamente de 2450 A.C. a 350 D.C.

EL ESCÁNER MUSICAL

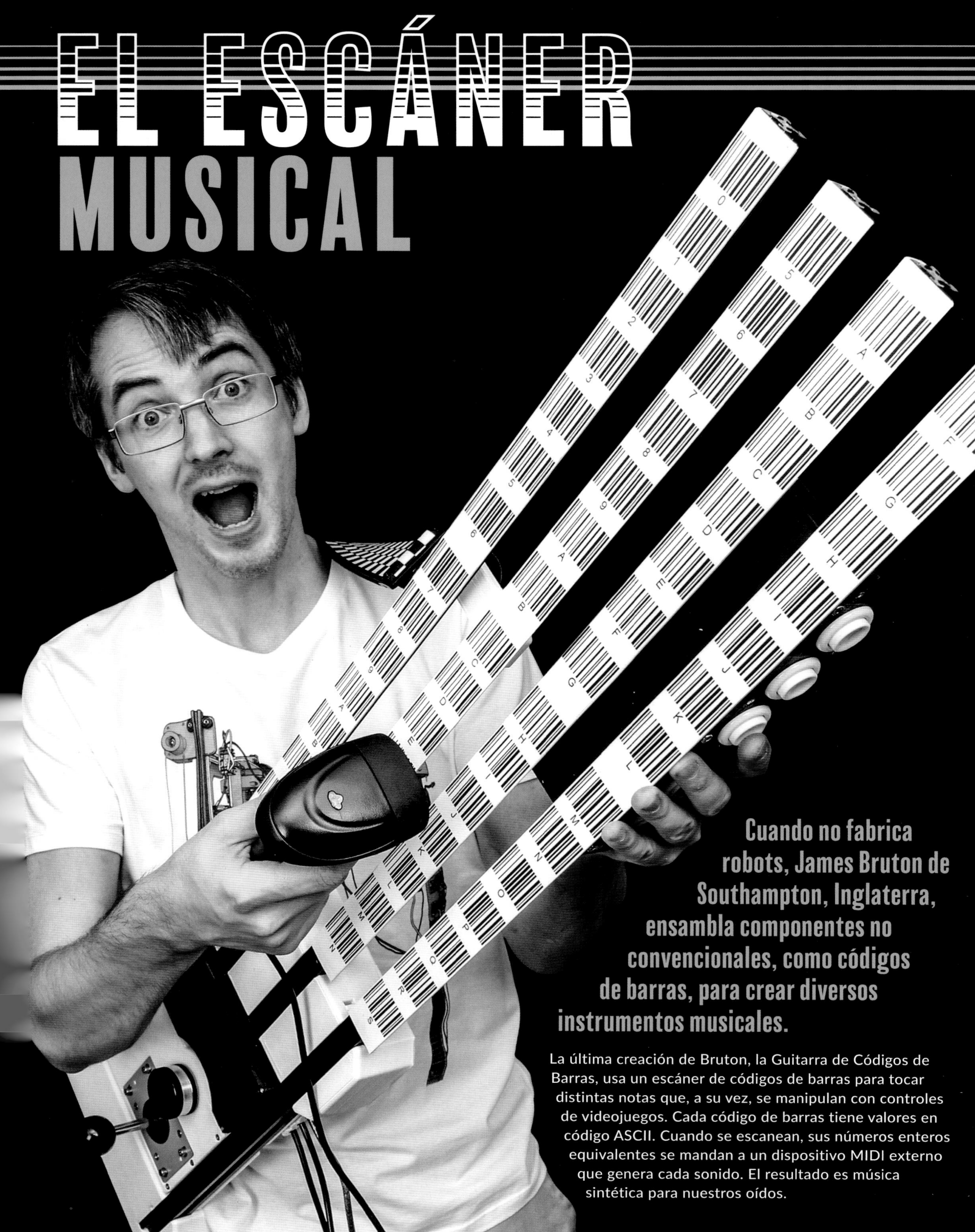

Cuando no fabrica robots, James Bruton de Southampton, Inglaterra, ensambla componentes no convencionales, como códigos de barras, para crear diversos instrumentos musicales.

La última creación de Bruton, la Guitarra de Códigos de Barras, usa un escáner de códigos de barras para tocar distintas notas que, a su vez, se manipulan con controles de videojuegos. Cada código de barras tiene valores en código ASCII. Cuando se escanean, sus números enteros equivalentes se mandan a un dispositivo MIDI externo que genera cada sonido. El resultado es música sintética para nuestros oídos.

El jardín de la victoria

El 20 de septiembre de 1940, un piloto nazi bombardeó Londres en un ataque sorpresa. ¿Cuál era el blanco? La Catedral de Westminster. Afortunadamente, la bomba no dio en el blanco y creó un gran cráter entre Morphet Terrace y el coro de la catedral. El Sr. Hayes, cuidador de la catedral, aprovechó la oportunidad y transformó el agujero en un "jardín de la victoria".

FIRME EN LAS GRADAS

Resistencia Sport Club, equipo de fútbol soccer paraguayo, nombró aficionado oficial a un árbol que crece entre las gradas de su estadio ubicado en el barrio La Chacarita. El árbol de 100 años de antigüedad y 66 pies (20 m) de alto tiene su propia credencial de membresía y camiseta del equipo.

ME ROBARON MI CASA

A Meghan Panu le robaron su casa rodante de 20 pies (6 m) de largo en San Luis, Misuri, y la encontró unos días más tarde a 30 millas (48 km) en House Springs.

Una silla de ruedas que una vez perteneció al científico inglés Stephen Hawking se vendió por aproximadamente $387,000 USD en 2018.

ZAPATOS DE COCODRILO

Cuando Brandon Keith Hatfield se metió ilegalmente al Zoológico de Reptiles de St. Augustine en Florida, no tardó en que lo mordiera en el pie un reptil de 9 pies (2.7 m) de largo; ¡lo chistoso es que estaba usando unos Crocs!

VIAJANDO LIGERO

Un hombre desnudo que intentó abordar un avión en el Aeropuerto Domodedovo de Moscú, Rusia, afirmó que no usaba ropa porque le quitaba aerodinámica.

Árbol del Mar Muerto

El Mar Muerto es un cuerpo de agua ubicado entre Jordán e Israel que contiene aproximadamente diez veces el contenido de sal del océano. No obstante, encaramado en la cima de una isla de sal blanca en medio del Mar Muerto se encuentra un árbol. La artista local, Amiram Dora, plantó el árbol ahí como instalación de arte a donde se va remando diariamente para ponerle lodo con alto contenido de nutrientes alrededor de la base de la raíz.

LA IGLESIA FANTASMA

Hace cuarenta años, los feligreses abandonaron una iglesia en la República Checa por miedo a la actividad paranormal. Hoy día, hay fantasmales esculturas que están atrayendo a los visitantes.

Kostel svatého Jiří (Iglesia de San Jorge) fue consagrada en 1352 y estuvo en ruinas hasta 1968. Su dolorosa historia incluye la ocupación nazi durante la Segunda Guerra Mundial y una serie de eventos que al parecer eran paranormales, como incendios y el derrumbe de un techo, lo cual espantó a los feligreses y la abandonaron. Sin embargo, en 2012, hubo un evento poco particular que salvó a la iglesia de que se deteriorara aún más. El artista Jakub Hadrava colocó 30 moldes de humanos de tamaño real vestidos de blanco en toda la iglesia. Hoy día, multitudes de visitantes llegan de todo el mundo para fotografiar y sentarse con la congregación fantasma.

La cantidad de miembros de la Iglesia Yoido Full Gospel Church en Seúl, Corea del Sur, que representan a una persona de entre 12 en la ciudad. En total, más de 80,000 personas asisten habitualmente a los siete servicios dominicales, mientras que hasta 150,000 más los observan por televisión en las rebosantes capillas.

TE VENDO MI NOMBRE

La población de DISH, Texas, originalmente se llamó Clark hasta 2005, cuando la comunidad acordó darle otro nombre como parte de un acuerdo con una compañía de televisión por satélite. A cambio, los 200 residentes recibieron gratis servicio de televisión por 10 años y una videograbadora digital.

OVEJADA

En respuesta a la famosa Pamplonada española, la población de Nueva Zelanda de Te Kuiti cada año monta una Ovejada con cientos de ovejas que corren por las calles.

TREN VERTICAL

El Ferrocarril Escénico de las Montañas Azules de Australia tiene una inclinación de 52 grados (128%), con lo que es una y media veces más inclinada que una rampa de salto de esquí.

JUNGLA DE ASFALTO

La ciudad de Panamá alberga una selva dentro de los límites de la ciudad. La Jungla de Gamboa domina el Canal de Panamá y es el hogar de caimanes, cocodrilos, monos y varios cientos de especies de aves, aunque se ubique a solo 15 millas (25 km) del corazón de la ciudad.

HOTEL SUBTERRÁNEO

El hotel Intercontinental Shanghai Wonderland en China tiene solo dos pisos por encima de la superficie, pero 15 más que se sumergen 289 pies (88 m) por debajo de esta. El "rascasuelos" de cinco estrellas fue construido en una vieja cantera, y cuenta con 336 habitaciones e incluso suites submarinas para los huéspedes.

PEDAZO DE TIERRA

El condado de Brewster, Texas, cubre un área de 6,192 millas^2 (16,037 km^2), con lo que es dos veces y medio más grande que todo el estado de Delaware.

AL RITMO

A pesar de ser sordos y, por ende, de no ser capaces de escuchar música, los miembros de esta compañía de baile china tienen renombre mundial por su ballet clásico lírico, su música folclórica china y sus rutinas de baile latino.

Bailar a nivel profesional toma años de entrenamiento, gran autodisciplina y profunda sensibilidad musical; no obstante, los artistas sordos de la Compañía de Artes Escénicas de Personas Discapacitadas de China han superado los obstáculos para crear números perfectos. Memorizan los ritmos que les percuten en el piso del estudio de práctica y se guían por "conductores" colocados de manera estratégica durante sus actuaciones. Sus asombrosas rutinas tienen la precisión de un reloj, como en la Danza de las Mil Manos, que se ilustra aquí.

Exhibición de Ripley

Cat. No. 11914

Quijada de elefante

Quijada de elefante con todo y dientes.

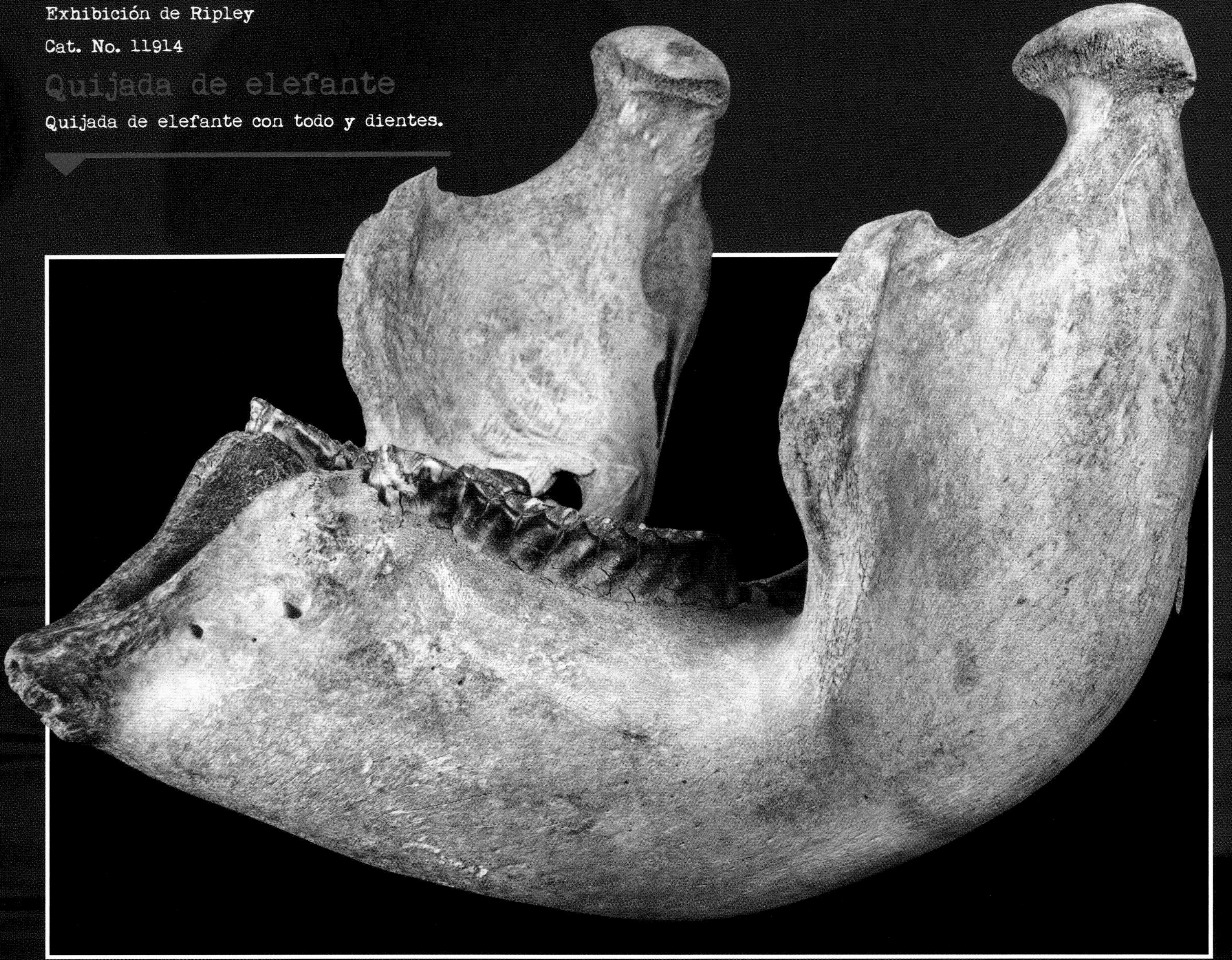

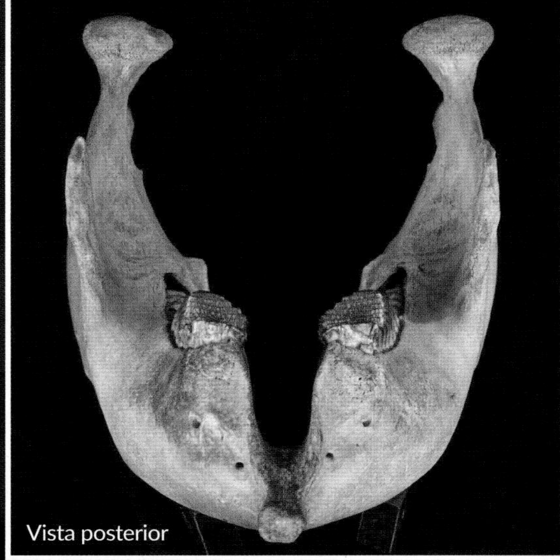
Vista posterior

Dentro de La Bóveda

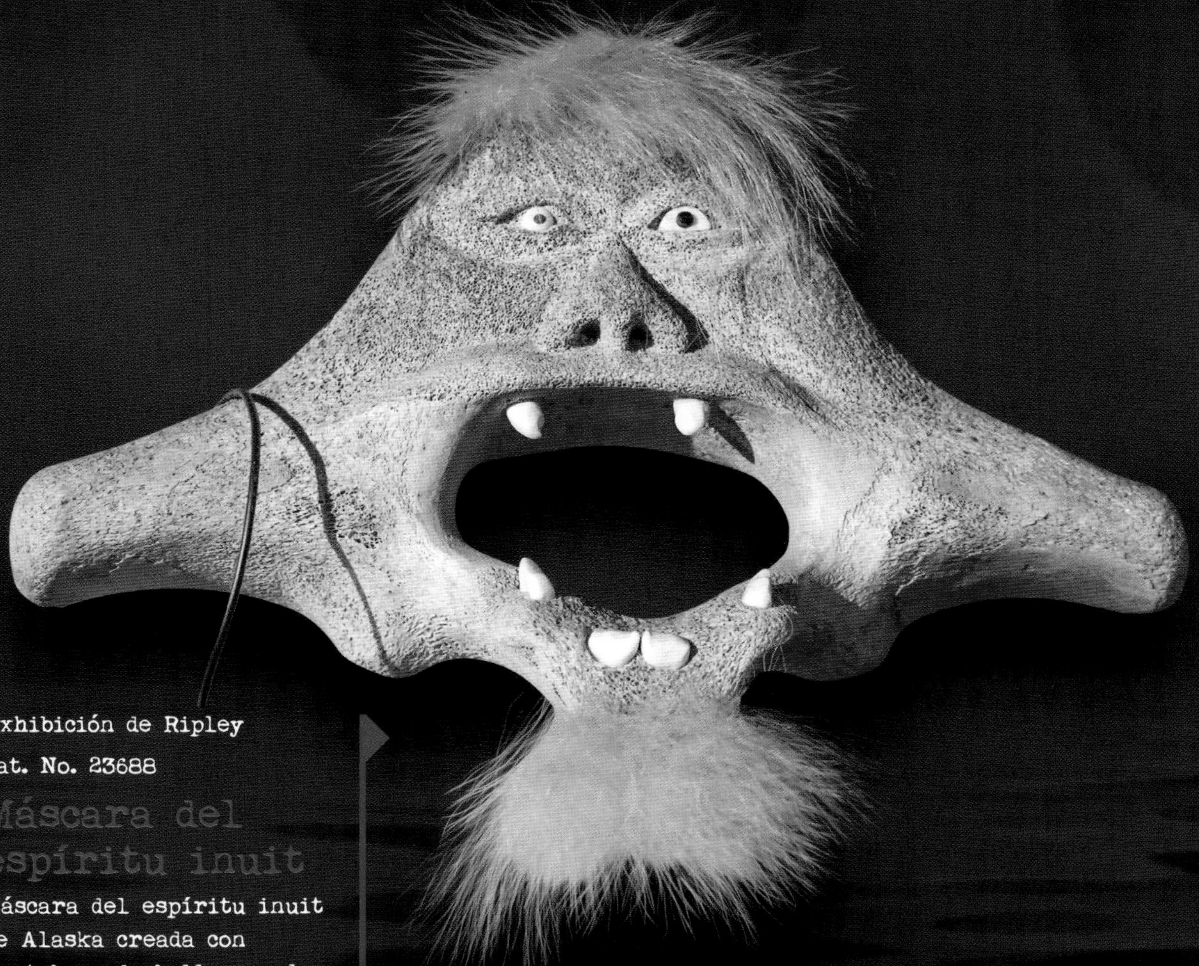

Exhibición de Ripley

Cat. No. 23688

Máscara del espíritu inuit

Máscara del espíritu inuit de Alaska creada con vertebras de ballena y la abertura de la columna como boca. Los ojos y dientes son de marfil de morsa y el cabello es de piel de oso polar.

Exhibición de Ripley

Cat. No. 22023

Jaula para grillos

Jaula para grillos china hecha de hueso.

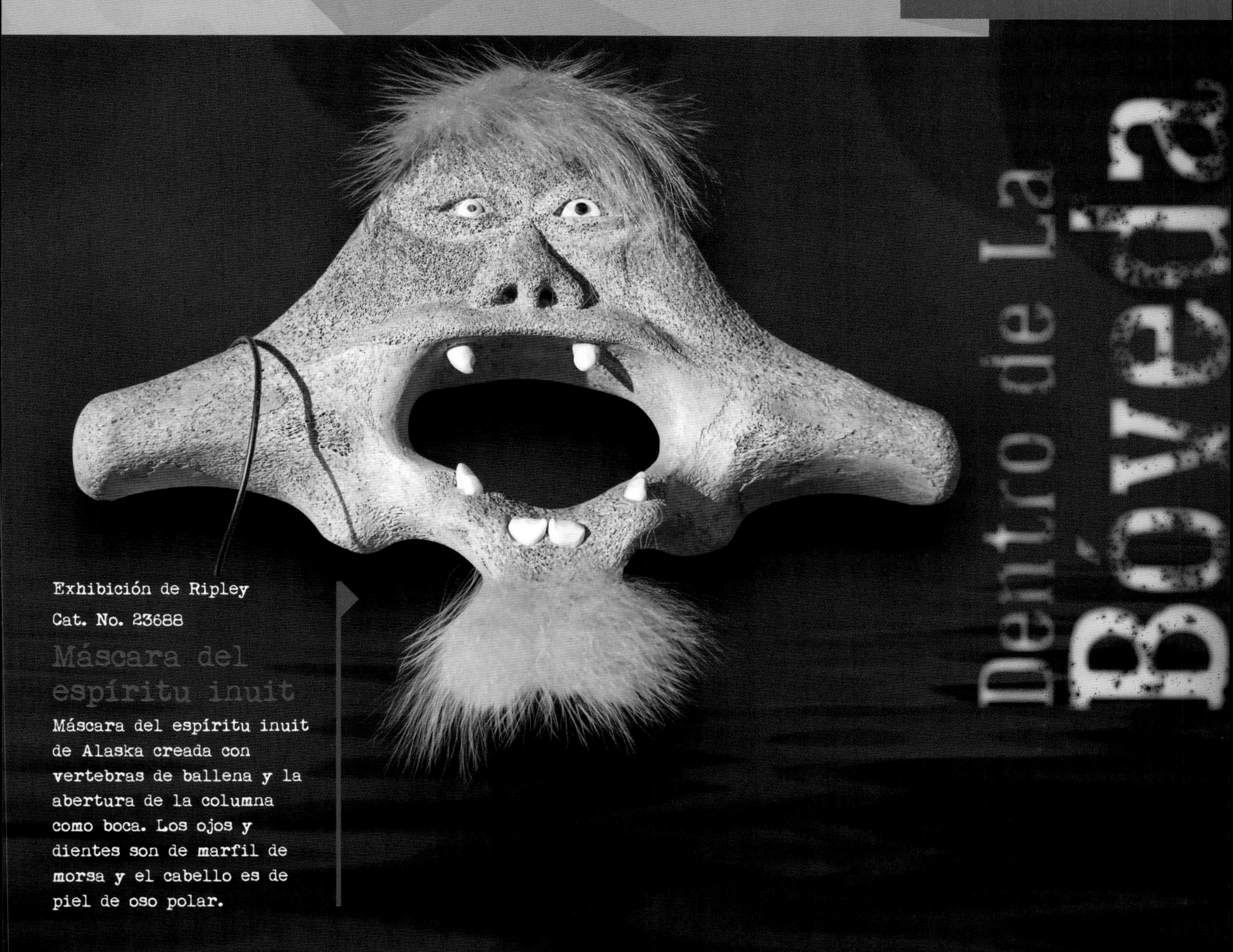

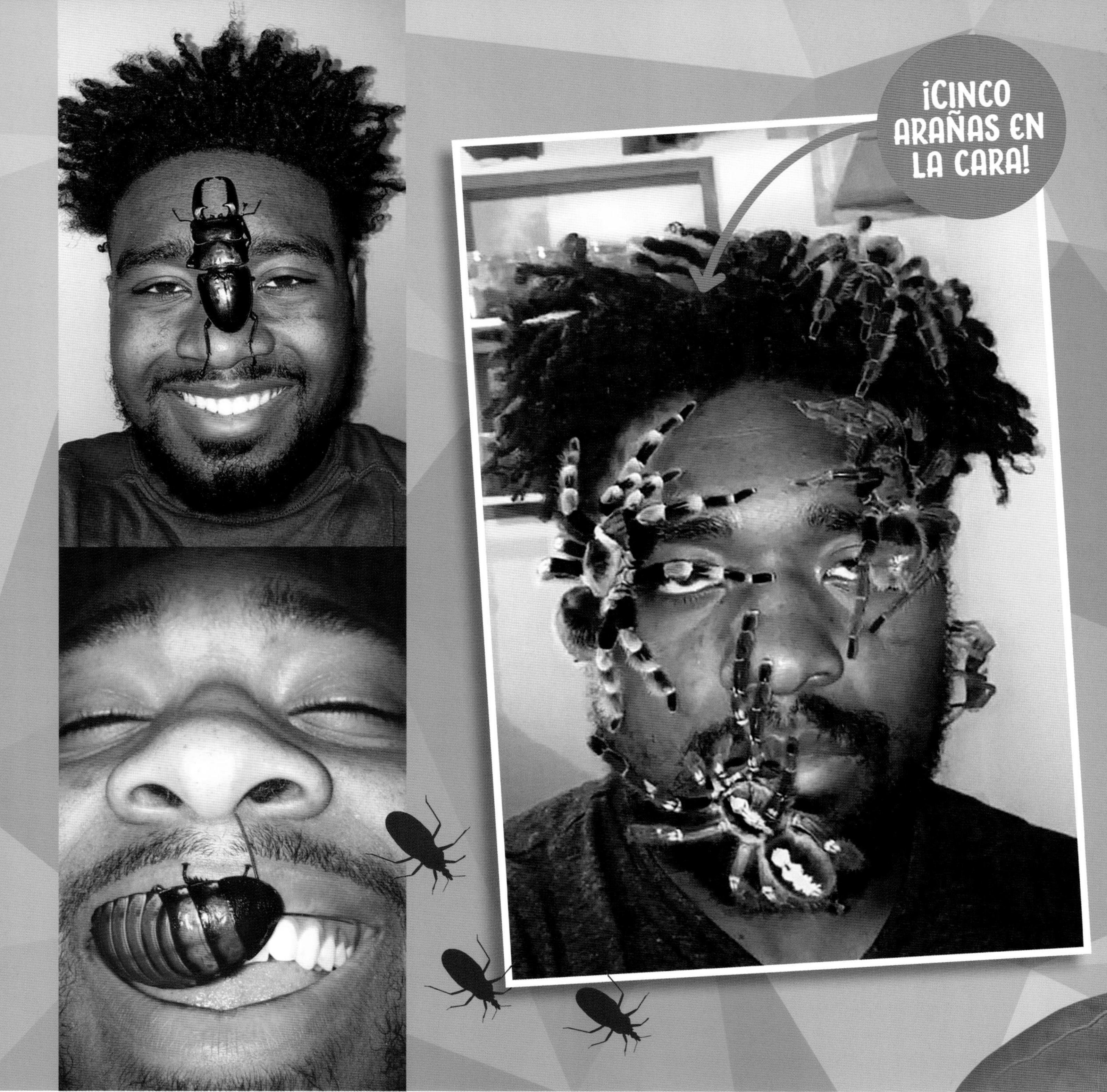

BRAZO DE JUGUETE

David Aguilar de 19 años nació con una rara enfermedad genética que lo dejó sin el antebrazo derecho; al ser estudiante de bioingeniería en Barcelona, España, construyó un brazo prostético con bloques de LEGO, el cual hizo con lo que debía ser una grúa, de modo que contiene motorcillos eléctricos que le ayudan a que los codos y manos funcionen como un miembro real. Construyó su primer brazo artificial cuando tenía solo nueve años, el cual era muy básico.

VIAJE EN UNA RUEDA

Ed Pratt, de Somerset, Inglaterra, recorrió el mundo en un uniciclo de 36 pulg. (0.9 m) de alto. Su viaje de 18,000 millas (29,000 km) sin usar apoyos le tomó tres años y cuatro meses, pero empezó con el pie izquierdo cuando, en su primer día, solo pudo recorrer 7 millas (11.3 km) después de que se le rompiera el cierre de su mochila por haber metido demasiados sándwiches de huevo.

VIAJE TRASATLÁNTICO

Lee Spencer, exmiembro de la Marina Real de Devon, Inglaterra, cruzó el Océano Atlántico remando desde Portugal hasta la Guyana Francesa en Sudamérica en 60 días, a pesar de tener solo una pierna. Perdió la pierna derecha debajo de la rodilla en un accidente en 2014; aun así, hizo el viaje de 3,800 millas (6,080 km) 36 días más rápido que cualquier remador que tiene dos piernas.

¡PA' MIS PULGAS!

Si bien nada más de pensar en agarrar insectos y arácnidos hace que a la mayoría de la gente se le ponga la piel de gallina, Kelvin Wiley, aficionado a los bichos, va al extremo para demostrar que estas criaturas son inofensivas.

De niño, Kelvin no les temía a los bichos y, de hecho, le encantaba jugar con ellos y los dejaba caminar por sus brazos y piernas. Ha pasado toda la vida cultivando su respuesta al miedo al aventurarse cada vez más con el tipo de bichos que colecciona y los lugares por donde los deja andar. Así es, este aficionado a los insectos se pone cara a cara con ellos al dejarlos caminar por la cabeza, ¡e incluso en la boca!

Empezó a coleccionar y criar insectos, arácnidos y artrópodos en 2014; compraba muchos de estos en Internet o los salía a recoger. Mantiene estos bichos en el sótano de su casa en recipientes a temperatura controlada. Si bien Kelvin no busca convertirse en entomólogo, espera compartir su conocimiento en las redes sociales para que la gente sepa acerca de sus amigos únicos.

UNA RECUPERACIÓN INCREÍBLE

Al adolescente Ross Nesbitt, de East Renfrewshire, Escocia, le dieron solo 1% de probabilidades de recuperarse completamente después de que quedó en coma y estuvo en el hospital durante meses después de golpearse la cabeza en una reja cuando esquiaba. Tuvo que aprender otra vez a caminar, hablar y comer, pero justo dos años después del accidente, sacó siete dieces en sus exámenes escolares.

UNIVERSITARIO INFANTIL

En 2019, Braxton Moral de 17 años se graduó de Harvard justo 11 días después de salir de preparatoria. El 19 de mayo, recibió su diploma de la preparatoria Ulysses, Kansas, pero ya que también había estado estudiando medio tiempo por diversión en Harvard, el 30 de mayo recibió su título universitario de la Facultad de Extensión de dicha universidad.

CABEZA DURA

Mohammad Rashid Naseem, artista marcial de Pakistán, abrió 247 nueces con la cabeza en un minuto. Las nueces estaban alineadas y Naseem comenzó a darles cabezazos en rápida sucesión, y aunque empezó a salpicar sangre en la mesa, no se detuvo. También aplastó 51 sandías con la cabeza en un minuto.

ARTE MONUMENTAL

Con 2,000 papelitos adhesivos y 400 voluntarios, el artista francés Jean René transformó la pirámide del Louvre en una ilusión óptica, aunque fuera solo temporal.

René completó la instalación de arte el 29 de marzo de 2019 para conmemorar el XXX aniversario de la famosa pirámide de vidrio diseñada por el arquitecto estadounidense I. M. Pei. La imagen de tonos grises de 183,000 pies² (17,000 m²) creó la ilusión de que la pirámide se extiende hacia abajo del suelo en una gran fosa rocosa. Sin embargo, el público no tuvo mucho tiempo para contemplar la obra, ya que en cuestión de horas se secó el pegamento y cada paso que daban los visitantes destruía el frágil papel de la obra, un testamento final de la meditación de René sobre la impermanencia.

¡VAYA ILUSIÓN ÓPTICA!

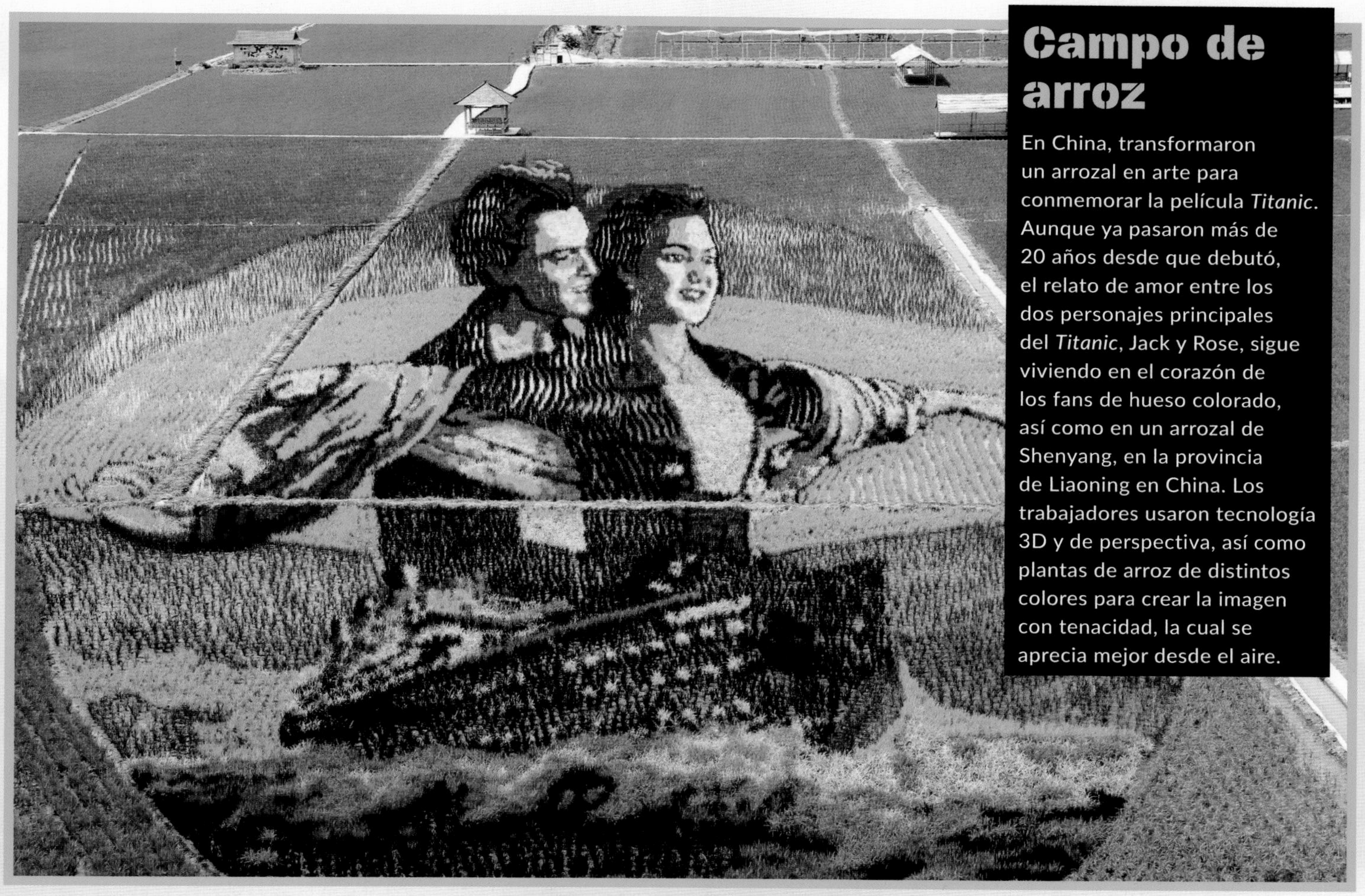

Campo de arroz

En China, transformaron un arrozal en arte para conmemorar la película *Titanic*. Aunque ya pasaron más de 20 años desde que debutó, el relato de amor entre los dos personajes principales del *Titanic*, Jack y Rose, sigue viviendo en el corazón de los fans de hueso colorado, así como en un arrozal de Shenyang, en la provincia de Liaoning en China. Los trabajadores usaron tecnología 3D y de perspectiva, así como plantas de arroz de distintos colores para crear la imagen con tenacidad, la cual se aprecia mejor desde el aire.

SUS CARGAS

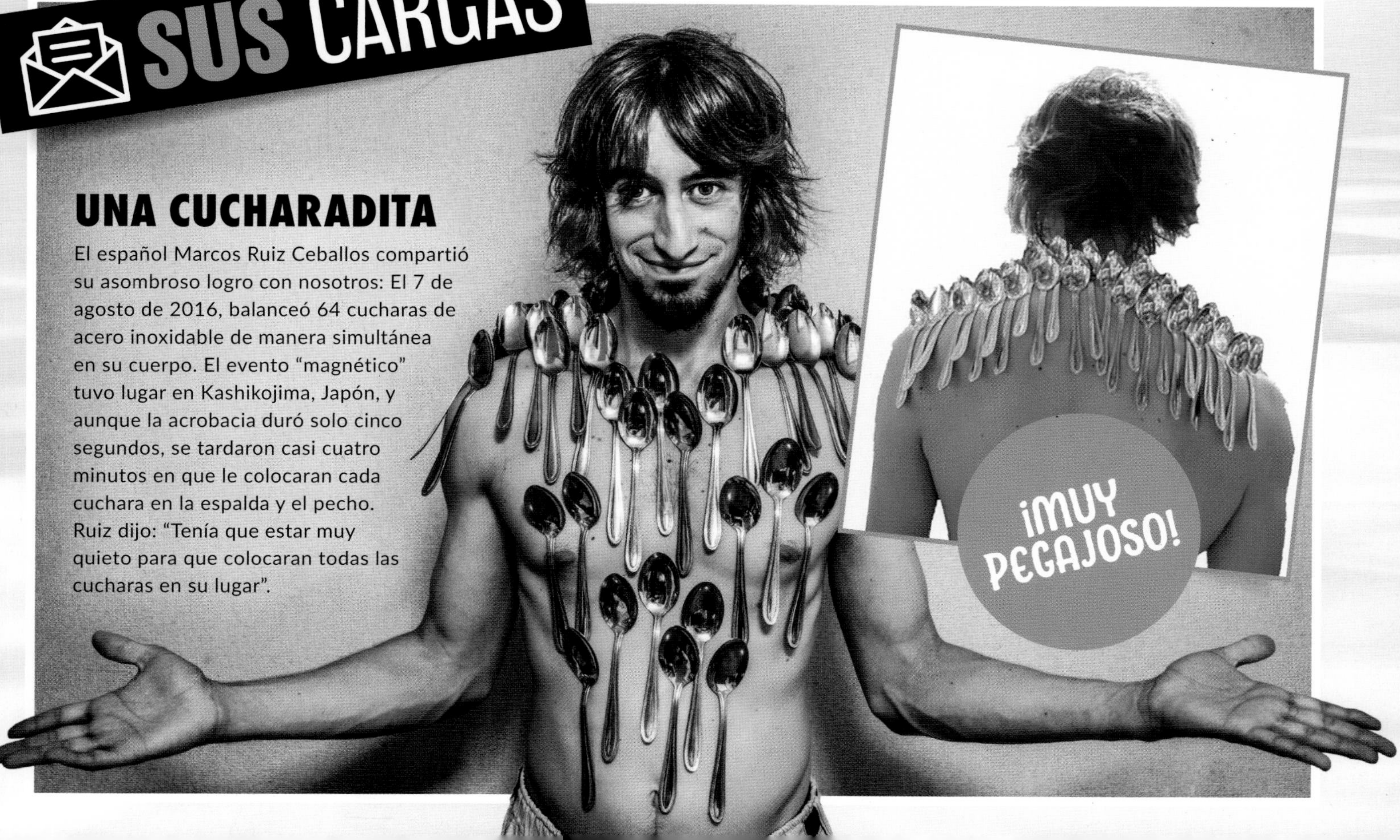

UNA CUCHARADITA

El español Marcos Ruiz Ceballos compartió su asombroso logro con nosotros: El 7 de agosto de 2016, balanceó 64 cucharas de acero inoxidable de manera simultánea en su cuerpo. El evento "magnético" tuvo lugar en Kashikojima, Japón, y aunque la acrobacia duró solo cinco segundos, se tardaron casi cuatro minutos en que le colocaran cada cuchara en la espalda y el pecho. Ruiz dijo: "Tenía que estar muy quieto para que colocaran todas las cucharas en su lugar".

¡MUY PEGAJOSO!

MALA TAXIDERMIA

LEÓN COBARDE

Aunque de entrada no asombre a nadie, Leo, el león del Castillo Gripsholm en Mariefred, Suecia, es una pieza en la historia de la mala taxidermia.

Este leonzucho, creado en el siglo XVIII, no tenía la lengua torcida cuando vivía. Cuando el Bey de Algiers se lo regaló al Rey Federico I en 1731, el león estaba vivito y coleando. Posterior a su muerte, el rey quiso que lo disecaran y lo montaran. Desafortunadamente, se lo dieron al taxidermista solo hasta varios años después de su muerte, por lo que solo pudo trabajar con un poco de cuero y huesos. El taxidermista no estaba familiarizado con la apariencia de los leones, así que probablemente basó su interpretación en los leones heráldicos medievales.

MODELO

IGUALITO

El ornitorrinco

Imagina ser naturalista en el siglo XVIII y ver por primera vez los restos del ornitorrinco australiano. ¿Cómo que un castor con pico de pato? ¡Hasta crees! La idea era tan loca, que todos creyeron que era una farsa. Como si no fuera ya bastante raro, este mamífero pone huevos y secreta veneno. Dado que los naturalistas quedaron perplejos por la criatura, se consideró un chiste cuando lo disecaron; al principio, varios especímenes conservados carecían de toda precisión.

Ni una arruga

El Museo Horniman de Londres es el hogar de un cuero de morsa que fue elaborada a finales de 1880, ¡por un taxidermista que nunca había visto una morsa! En aquel entonces, no mucha gente había visto una morsa viva, así que el taxidermista probablemente no estaba al tanto de que las morsas son mamíferos bulbosos, y lo más importante, arrugados. Probablemente el taxidermista creyó que las morsas eran focas tamaño extra grande, animales que era común ver, así que rellenó la piel hasta que quedó lisa. Entonces, sin su típico cuerpo arrugado, la morsa quedó más bien como un globo con colmillos.

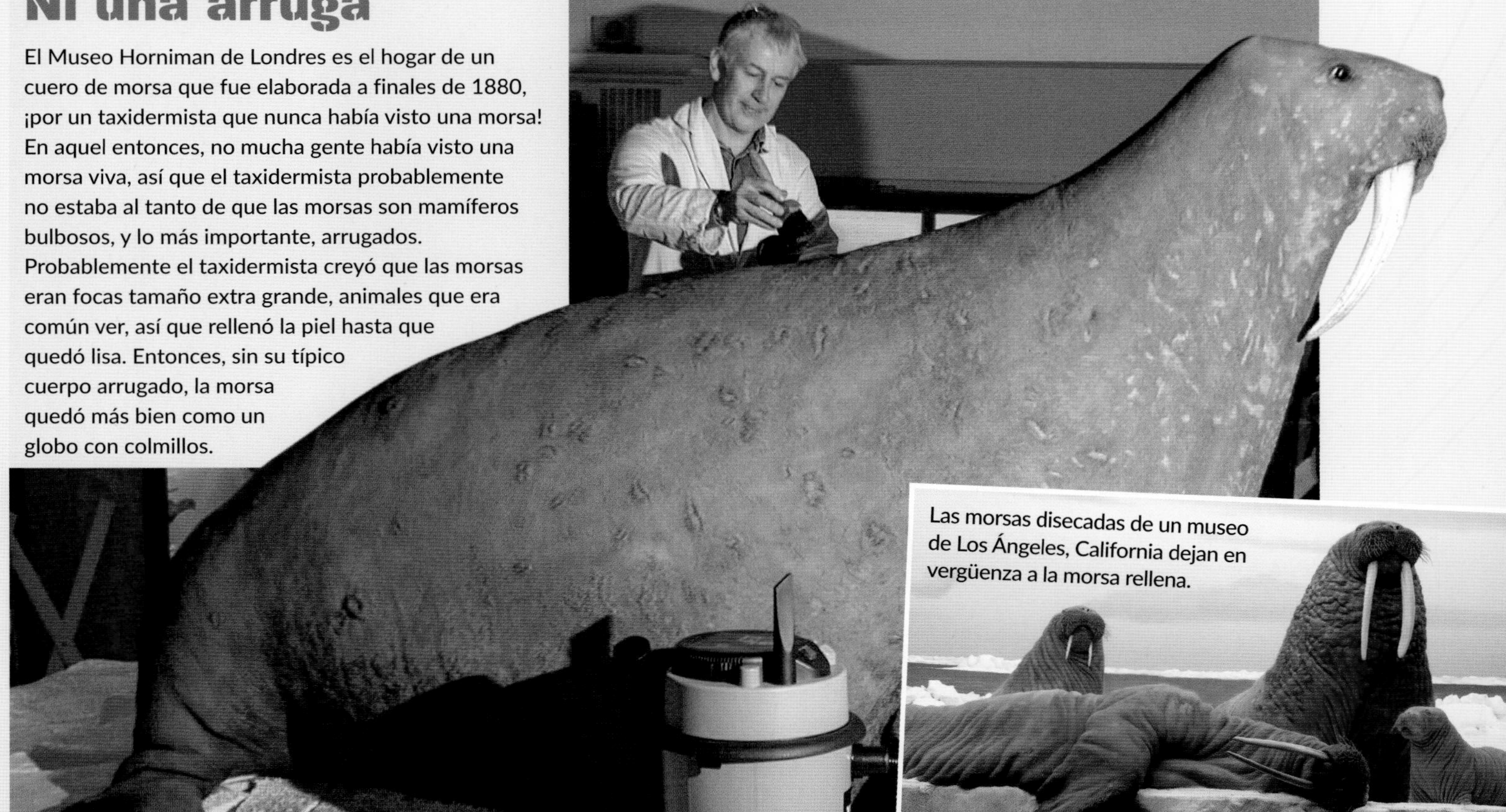

Las morsas disecadas de un museo de Los Ángeles, California dejan en vergüenza a la morsa rellena.

SOBREVIVIENTE CANTANTE

Kay Longstaff, de Cheltenham, Inglaterra, pasó 10 horas en el Mar Adriático cerca de la costa de Croacia después de que se cayó de la séptima borda de un crucero justo antes de medianoche. La encontraron la mañana siguiente y dijo que sobrevivió gracias a la yoga. Asimismo, dice que cantaba para mantenerse caliente mientras estaba en el agua.

CON EL SUDOR DE MI FRENTE

Sophie Dwyer, de Houston, Texas, tiene hiperhidrosis, enfermedad que la hace sudar 10 veces más que la persona promedio, por lo que tiene que beber 1.5 gal (5.7 litros) de agua al día para reemplazar el agua que pierde. Con ese sudor, moja la ropa tanto que en invierno a veces se le congela.

COMA ETERNA

En 2018, Munira Abdulla de los Emiratos Árabes Unidos finalmente se despertó después de pasar 27 años en coma, y poco después pudo hablar con su hijo. Sufrió varias lesiones cerebrales graves después de que tuvo un accidente automovilístico en 1991; los doctores habían perdido toda esperanza de que se recuperara.

PECES VOLADORES

Todos los 5 de mayo, los cometas japoneses con forma de carpas —o koinobori— aletean en el viento para celebrar el Día del Niño, pero la ciudad de Hōfu le dio un toque especial a la tradición poniendo a los cometas a nadar.

Si echamos un vistazo al Río Saba en la Prefectura de Yamaguchi, nos sorprenderemos con las coloridas mangas de viento o cometas adornando las aguas cada primavera. Estas variantes marinas de los *koinobori* que conmemoran el Día del Niño son del tamaño de botes pequeños, así que el río se llena de coloridas andanas. Son la personificación perfecta de las carpas, cuya vivacidad y valor se consideran características admirables que enseñarle a los hijos.

Autohemorragia

La mariquita cuenta con un mecanismo de defensa muy inusual para repeler a los posibles depredadores: ¡sangrar de las rodillas! Esto se conoce como "sangrado reflejo", táctica defensiva que estos insectos únicos comparten con solo algunos otros, como el escarabajo de nariz sangrante; ¡sí que le queda bien el nombre! ¿Cómo funciona la autohemorragia? Cuando las mariquitas se sienten amenazadas, secretan un líquido amargo por las articulaciones del exoesqueleto que contienen hemolinfa (el equivalente de la sangre) y sustancias nocivas.

MONEDITA DE ORO

Una rara moneda británica del año 1703 que se fabricó con el oro que se confiscó a un barco del tesoro español se vendió por más de $1 millón USD en 2019. Se acuñaron solo 20 de estas monedas, las cuales contienen oro capturado de un galeón español en la Batalla de la Bahía de Vigo. Las monedas se acuñaron para celebrar la victoria de la marina británica.

ANGUILAS CONTRABANDO

Dos surcoreanos fueron arrestados en el aeropuerto de Zagreb, Croacia, cuando intentaron sacar ilegalmente del país 252,000 anguilas vivas.

Los zapateros de la Inglaterra medieval usaban popó de perro como parte del proceso de curtido de la piel.

¡QUÉ AMPUTADA!

Kurt Kaser se tuvo que cortar la pierna con una navaja de bolsillo para liberarse de la maquinaria que lo había atrapado en su granja de Pender, Nebraska. Kaser se encontraba descargando maíz cuando accidentalmente se paró en la abertura de la tolva de granos, que le succionó y destrozó la pierna izquierda. Estaba solo y no se podía liberar, y no tenía teléfono a su alcance, así que decidió sacar su navaja de bolsillo y cortarse la pierna por debajo de la rodilla, todo esto sin perder la conciencia durante el periplo. Luego se arrastró 150 pies (46 m) para alcanzar un teléfono y llamar para que lo ayudaran.

COSPLAY BIÓNICO

La actriz Angel Giuffria y el escritor Trace Wilson comparten su amor por el cosplay. Ah, y también los dos tienen brazos prostéticos que incorporan a sus disfraces.

A Angel y Trace les falta un brazo, y siempre están buscando personajes con diferencias en los miembros para integrarlos a su cosplay, como por ejemplo, Finn, el Humano de *Hora de Aventuras* , o Arsenal (también conocido como Roy Harper) de la caricatura de superhéroes *Justicia Joven*. Para ellos, la representación de las diferencias en los miembros es radicalmente importante, y usan sus cosplays para expresar su amor y apoyo a los personajes que se sobreponen a su discapacidad.

Usan una variedad de herramientas y materiales, incluyendo espuma, pegamento, fibra de vidrio e impresión en 3D a fin de integrar sus partes prostéticas a sus disfraces y utilería.

Trace y Angel tienen brazos prostéticos mioeléctricos, que controlan los movimientos de los músculos del antebrazo.

¡Levántate y anda!

Mose, perro de rescate, se pone de pie, ¡literalmente! Nació con solo dos extremidades, y se enseñó a caminar y correr con las patas traseras. Sus propietarios, Bo Lechangeur y Carrie Olivera, nos lo trajeron al Museo de lo Extraño ¡Aunque usted no lo crea! de Ripley en St. Augustine, Florida, para nuestro Magno Desfile y Concurso de Talentos para Mascotas "Rarezas de Halloween", en el que Mose ganó el codiciado premio a la categoría "Mejor en Todo".

PERSECUCIÓN VACUNA

Jennifer Kaufman de Sanford, Florida, intentaba escapar de la policía, pero al final la detuvieron después de que la persiguiera y arrinconara… un rebaño de 16 vacas en una pastura.

MANO EN VENTA

La policía de Eslovenia dijo que una mujer de 21 años se cortó la mano deliberadamente con una sierra circular para cobrar casi $450,000 del seguro. Dijo que estaba cortando ramas de los árboles cuando se cortó la mano izquierda justo arriba de la muñeca, pero los oficiales sospecharon después de que se supo que la familia recién había contratado pólizas con cinco diferentes aseguradoras.

¡LINDOS CIRCUITOS!

Una asociación de robótica de Tokio, Japón, organizó un evento de "citas electrónicas" en el que gente tímida se sentaba en silencio en una mesa frente a frente mientras se hablaban entre sí por medio de robots en miniatura. Los robots se preprogramaron con información relevante acerca de las personas.

Una mujer de 55 años de edad de Manchester, Inglaterra, le pidió a un fabricante que le hiciera una bolsa de mano de diseñador con la piel de la pierna que le habían amputado.

DE TAL PALO, TAL ASTILLA

Pattharapol (también conocida como "Peepy") y Lee Puengboonpra, que son madre e hijo de Bangkok, Tailandia, han usado el mismo atuendo por más de seis años.

TWEETS BRAVOS

Decenas de fans de los Jefes de Kansas City enviaron tweets de enojo al apoyador Dee Ford, pero en realidad se los enviaron a otro Dee Ford, una mujer de 47 años que vive a 4,300 millas (6,920 km) de distancia en Kent, Inglaterra. El jugador de fútbol americano no tiene Twitter.

DEDO CORTADO

Pawan Kumar, de Uttar Pradesh, India, estaba tan enojado consigo mismo después de votar accidentalmente por el candidato incorrecto en la elección nacional de 2019 que se cortó el dedo índice con un cuchillo de carnicero.

CHAMARRA NUCLEAR

El expresidente Jimmy Carter una vez envió una chamarra a la tintorería en la que había códigos de detonación nuclear en el bolsillo.

¡QUEMAD LAS NAVES!

Hay pocas tradiciones folclóricas que contienen tanto júbilo inflamable como la Quema de Botes de Wang Yeh de Taiwán, tradición de más de 1,000 años de antigüedad.

Este festival es uno de los más importantes de Taiwán, ya que dura ocho días de exuberante celebración, que culmina en un intenso espectáculo en la playa. Los eventos que anteceden a la cataclísmica destrucción de naves incluyen rituales que invitan a festejar a los dioses de la Tierra. Después de las festividades, un bote desfila por toda la ciudad antes de prenderle fuego. En caso de que quieras asistir, ten en cuenta que el evento solo tiene lugar una vez cada tres años.

El bote se rodea con una gran pila de dinero falso que se quema a fin de que le llegue a los muertos.

NO ES DESPERDICIO

Puedes esquiar en la superficie de una planta de tratamiento de residuos en Copenhague, Dinamarca.

Al igual que otros países del mundo, Dinamarca ha tenido problemas con el incremento de los desperdicios en décadas recientes. Una planta de incineración de basura de Copenhague desarrolló un método único para resolver el problema al construir la primera pista de esquí "verde". Para esto, la planta de desperdicios revistió la superficie inclinada de 278 pies (85 m) de alto con una sustancia color esmeralda conocida como "neveplast" que es muy similar al de las pistas de esquí. La planta de basura espera mostrar a los residentes que vivir cerca de una planta de tratamiento de residuos tiene sus beneficios.

Popó Museo

Este desconcertante museo de Yokohama, Japón, se concentra en la popó con resultados bastante sorprendentes. Justo 30 minutos al sur de Tokio en tren, el Museo Unko ("popó" en japonés) te sumerge en un mundo de juegos sobre el tema que resultan ser bastante lindos. En vez de lo que esperarías de una institución dedicada al número 2, esta atracción turística se concentra en una variedad de colores pastel con formas suaves que nos recuerda al helado y no a lo que crees.

Los visitantes del museo ponen su mejor cara de cuando van al baño para ganarse un souvenir del inodoro.

¡PICOSITA!

Desarrollada por Steven Trim para su compañía en Kent, Inglaterra, la salsa picante Scientific Steve's Venom Chilli Sauce tiene un efecto similar a la picadura de una araña venenosa, la tarántula chaurón de Trinidad, que produce espasmos musculares temporales y ardor. La salsa no contiene toxina de tarántula real, pero los fabricantes crearon una versión sintética del veneno de la araña en su laboratorio.

FUENTE NATURAL

Una vieja morera de Dinoša, Montenegro, se convierte en fuente de agua natural cuando llueve mucho. Ya que el árbol se encuentra en una pastura con varios arroyos subterráneos, el área se inunda durante los periodos de lluvia prolongados. La presión hace que el agua suba por el tronco hueco del árbol y sale por un orificio que se encuentra a unos metros por encima del suelo.

EL ROCK DE LA CALLE

Friedberg, localidad alemana en donde Elvis Presley sirvió en el ejército de EE. UU. de 1958 a 1960, le rindió tributo en 2018 al colocar una silueta del cantante en las señales de los cruces peatonales. Una imagen de Elvis parado con un micrófono representa la señal roja de "Alto", y una imagen haciendo su conocido baile indica la señal verde de "Pase".

450,000,000 Las personas que viven dentro de la zona de peligro de un volcán activo, es decir, una de cada diez personas en el mundo.

TEMBLOR DE 50 DÍAS

Turquía sufrió un terremoto de 5.8 grados cerca de la ciudad de Estambul en el verano de 2016 que duró 50 días, pero nadie lo sintió. Este suceso es conocido como "desliz lento", que es un movimiento muy gradual sobre una falla que no produce bamboleo, así que los residentes ni se enteran de lo que está pasando debajo de sus pies.

ESTADO SOLITARIO

De los 56 condados de Montana, 45 tienen una población promedio de solo 15 personas o menos por kilómetro cuadrado.

TATUAJE QUIRÚRGICO

Nano Salguero, un agradecido paciente de un hospital en Alejo Ledesma, Argentina, se hizo tatuar la cara sonriente del Dr. Paul Lada, el cirujano que le salvó la vida.

AL NORTE

El punto de la República de Irlanda que está más al norte (Inishtrahull) está aún más al norte que el punto de Irlanda del Norte que está más al norte (Isla Rathlin).

MARTIRIO DE MATRIMONIO

Si una pareja se casa en la pintoresca Isla Bled en Eslovenia, el novio tiene que cargar a la novia 99 escalones.

NEVER USE ALONE
NEVER BURN A BOARD
NEVER ASK WHEN YOU WILL DIE
NEVER USE IN A GRAVEYARD
NEVER LEAVE THE PLANCHETTE ON THE BOARD
SALEM WITCH BOARD MUSEUM
NEW REPUBLIC
THIS SPACE FOR RENT
INQUIRE WITHIN
Bewitched In Salem
YES
OUIJA ZILLA
OUIJAZILLA.COM
GOOD BYE
MIDI SPACE
TRANS American
HOUSE OF 1000 TATTOOS MIDDLESEX
TALKING BOARD HISTORICAL SOCIETY EST. 2013

EXCLUSIVO DE RIPLEY

DESATAMOS LA OUIJA ZILLA

¡Aunque usted no lo crea! de Ripley presenta la Ouijazilla y su particular creador, Rick "Ormortis" Schreck, quien la construyó con 99 láminas de madera contrachapada que pesan aproximadamente 9,000 libras (4,082 kg) y miden 3,168 pies^2 (294 m^2).

Estos tableros parlantes han existido de una forma u otra desde el nacimiento del espiritualismo moderno, y los medios los consideran un objeto de lo oculto. La ouija es el tablero parlante más famoso del mundo. Empezó como un simple juego de mesa cuando la creó la Kennard Novelty Company en 1890.

El tablero se vendía en 1891 por $1.50 USD con el eslogan "La ouija, el maravilloso tablero parlante", porque se suponía que era un dispositivo mágico que contestaba preguntas por medio de una plancha de madera, que es un indicador con forma de lágrima con una orificio en medio que se mueve por el tablero que contiene las letras del alfabeto, los números del 0 al 9 y las palabras "sí", "no" y "adiós". La idea era que dos o más personas pusieran la punta de los dedos en la plancha, hacer una pregunta y ver como una fuerza oculta maniobraba la plancha para deletrear la respuesta. Aunque usted no lo crea, ¡la ouija se consideraba un juego para buscar pareja!

Rick "Ormortis" Schreck, Vicepresidente de la Sociedad Histórica de Tableros Parlantes y tatuador de Nueva Jersey, trabajó solo de junio de 2018 a octubre de 2019 sin importarle la nieve, la lluvia y el calor extremo para terminar este monstruoso proyecto. Rick trabajó exclusivamente con materiales donados en los que dejó sangre, sudor y lágrimas en su gigantesco tablero.

P: ¿De dónde surgió la idea de la Ouijazilla?

R: Comencé a hacer tableros de ouija de tamaño normal en 2004. Sin embargo, mi idea de una ouija más grande era pintar un tablero en un campo de fútbol, poner una plancha en mi camión, poner el camión en el campo y ponerlo en neutral para ver si se movía. Luego se me ocurrió construir el tablero más grande del mundo. Una vez que comencé a construirlo, dije de chiste que era como Godzilla, así que le puse "Ouijazilla".

P: ¿Dónde construiste la Ouijazilla?

R: El pequeño "calabozo" en la que construí la Ouijazilla es de hecho la cochera que está al lado de mi estudio de tatuajes. Trabajé en una pieza a la vez mientras veía películas de terror en VHS en mi tele. La cochera no está climatizada, así que trabajé con nieve y con calor de más de 100 °F (37 °C).

P: ¿Cuál fue el proceso del diseño?

R: Lo dividí en piezas de rompecabezas. Tomé una ouija de Parker Brothers de 1998 que brilla en la oscuridad, y dibuje una cuadrícula de 1 × 2 pulg. (2.5 × 5 cm) sobre la misma para graficarla. Usé un viejo proyector que tenía de la escuela de arte para agrandar cada pieza de la cuadrícula y convertirla en 99 hojas de triplay para dibujar los esténciles a mano.

P: ¿Armaste todo el tablero en algún momento del proceso?

R: No vi a la Ouijazilla completamente armada sino hasta el 12 de octubre de 2019. Armaba dos o tres filas a la vez en el estacionamiento, pero lo vi como un todo al mismo tiempo hasta que se develó al mundo.

P: ¿Habías construido un tablero grande antes del proyecto Ouijazilla?

R: Construí un tablero de 8 × 6 pies (2.4 × 1.8 m) inspirado en el programa *Stranger Things* para celebrar Halloween ese año. Le puse luz a cada letra y número, conecte cada luz a un teclado y colgué el tablero afuera de mi casa. Me sentaba detrás de la ventana y esperaba a que los niños me hicieran preguntas para que el tablero les contestara.

P: ¿Qué es la Sociedad Histórica de Tableros Parlantes?

R: La TBHS (sus siglas en inglés) comenzó como un grupo de coleccionistas que decidieron juntarse para hacer cosas buenas en vez de siempre pelear por ver quién compraba tableros ouija. Lo que realmente queríamos era develar la historia de estos tableros y compartirla con el mundo para que se pueda preservar.

EL CREADOR DE OUIJAZILLA, RICK SCHRECK, Y SU FAMILIA
La plancha es de aproximadamente el tamaño de una mano humana, pero en la de la Ouijazilla caben cuatro personas.
GOOD

PATINETA MÁGICA

El patinador Matt Tomasello de Boston, Massachusetts, hace trucos alucinantes en sus patinetas, las que modifica a su gusto.

Tomasello se inspiró en los videos de trucos complejos de su amigo, y busca hacer maniobras imposibles con tablas que se doblan, se desdoblan, giran y tienen compartimentos secretos. Su taller está lleno de varias patinetas viejas, que es donde diseña sus ideas antes de usar herramientas eléctricas, herrajes caseros y trozos y piezas de otras tablas para fabricar nuevas tablas diseñadas para hacer movimientos únicos.

Ripley visitó a Matt para documentar la creación de su patineta Frankenstein.

Pasto del tributo

Después de que la leyenda del básquetbol Kobe Bryant falleciera en enero de 2020, una pareja de Pleasanton, California, creó un enorme tributo en el pasto de un parque local. Kelli Pearson y Pete Davis usaron una especie de podadora equipada con GPS que "imprimió" la imagen al deprimir el pasto en diferentes direcciones para crear áreas de luz y sombra. La imagen duró varios días antes de que el pasto se volviera a levantar.

Exhibición de Ripley

Cat. No. 19676

El arte mortal

El símbolo del as de espadas realmente es una profecía de muerte. Adquirido en 1972 por Ripley.

Los soldados estadounidenses usaron el as de espadas como arma de guerra psicológica durante la Guerra de Vietnam, donde se forjó su nombre de "La carta de la muerte". Inclusive la United States Playing Card Company envió miles de barajas con 52 ases de espadas gratis para los soldados de Vietnam después de que dos de ellos las solicitaron en febrero de 1966.

Exhibición de Ripley

Cat. No. 5767

Dinero muerto

Las notas de la muerte de China, también conocidas como "las notas del infierno", fueron creadas por los deudos que no podían poner dinero real en la tumba de sus familiares muertos. Este dinero de papel se enterraba con los difuntos para que pudieran comprar bienes y satisfacer sus necesidades en el otro mundo.

Dentro de La Bóveda

Exhibición de Ripley

Cat. No. 166829

Mutilador de dedos de las viudas de Nueva Guinea

Cuchillo de piedra para mutilar los dedos de las viudas hecho de fibra trenzada. Aunque usted no lo crea, las viudas de la tribu dani de Nueva Guinea se amputaban la punta un dedo como señal de su duelo y para alejar a los posibles espíritus chocarreros.

ENVUELTA PARA REGALO

Después de abrir sus regalos, la mayoría de la gente desecha el papel para envolver, pero no Olivia Mears. La diseñadora de disfraces de 26 años reutiliza el colorido material para crear vestidos de princesa, con todo y lazos y brillantina.

Mears creó su primer diseño ecológico en 2013, y publicó fotos de un vestido rojo y dorado en sus redes sociales con el pseudónimo de avantgeek. Los vestidos se hacen con cinta y pegamento en vez de aguja e hilo, como es habitual. Todos los vestidos vienen con enaguas para que sean más cómodos y resistan el peso del papel. Para que no sea difícil ponérselos, los vestidos se amarran por detrás con la ayuda de varias capas de papel maché.

¡FELIZ NAVIDAD!

La reunión más grande de personas con suéteres navideños fue de 3,473, y tuvo lugar en la Universidad de Kansas el 19 de diciembre de 2015.

Desde 1974, en Japón es una tradición comer pollo de Kentucky Fried Chicken (KFC) en Navidad.

La exhibición de árboles de Navidad más grande del mundo se registró el 2 de noviembre de 2015, cuando el Hallmark Channel encendió 559 árboles de Navidad en Herald Square en la Ciudad de Nueva York.

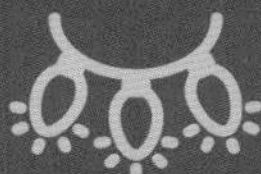

Si usas luces navideñas desde finales de noviembre hasta el Año Nuevo y las enciendes 7 horas al día, solo el árbol de Navidad te puede costar más de $15 USD al día.

En EE.UU. se dice que la gente gasta $5,000 millones USD en regalos navideños para sus mascotas.

"Jingle Bells" originalmente se escribió para el Día de Acción de Gracias, ¡no para Navidad!

PAGODA PRECARIA

Hay pocos paisajes tan maravillosos como la Pagoda de Kyauk Ka Lat, cerca del Monte Zwegabin de Hpa-An, Myanmar.

La pagoda se balancea de manera precaria sobre el pico de piedra caliza ubicado en un lago artificial en el que reinan las cigüeñas, las garcetas y las garzas. Si bien un pequeño santuario aproximadamente a la mitad de la cara de la roca ofrece asombrosas vistas del lago para los aventureros, la cima en sí está cerrada a las personas, afortunadamente.

Animales fantásticos

Hall Place en Bexley, Inglaterra, ostenta un jardín de arbustos artísticos llenos de los monstruos más dóciles del Reino Unido. Chris Riley, jardinero en jefe retirado, pasa una semana al año podando los famosos arbustos de las Bestias de la Reina. Esta colección de 10 criaturas míticas se plantó en 1953 para conmemorar la coronación de la Reina Isabel II. Cada uno de estos enormes arbustos representa una bestia heráldica diferente relacionada con la genealogía monárquica, como el grifo o el dragón.

PÉRDIDA DE PESO

Cillas Givens, de Fairview, Oklahoma, bajó 416 libras (189 kg) —más que el peso promedio de dos hombres— en aproximadamente dos años. Antes de despojarse de más de la mitad de su peso corporal, llegó a pesar casi 730 libras (331 kg), y era tan obeso que apenas pudo salir de la cama durante dos años y medio.

VUELO PRIVADO

Skirmantis Strimaitis fue el único pasajero a bordo del Boeing 737 que volaba de Vilna, Lituania, a Bérgamo, Italia, el 16 de marzo de 2019. En el avión pueden viajar hasta 188 personas, pero los únicos que iban a bordo aparte de él eran dos pilotos y cinco miembros de la tripulación.

AVENTURAS EN PAÑALES

A fin de celebrar el Día Internacional del Niño el 1 de junio, la capital lituana de Vilna organiza una carrera de gateo, en la que hasta 25 bebés gatean en la alfombra roja hasta la meta, alentados por sus familiares con juguetes y haciendo sonar latas de alimento para bebé.

A la deriva

La única fuente de alimento de las iguanas marinas de las Islas Galápagos es el océano; de modo que si su alimento desaparece, a veces se momifican y mueren de hambre de manera simultánea. Estos animales disfrutan de los placeres simples de la vida: la lava negra para tomar el sol y las algas marinas para comer. Sin embargo, durante el fenómeno de El Niño, estos períodos de calor pueden causar la muerte de las algas, y sin su fuente principal de alimento, las iguanas eventualmente sucumben al hambre, dejando momias desecadas sobre las rocas de lava negra.

Las iguanas pueden encogerse (incluyendo el esqueleto) hasta 20% para sobrevivir, pero a veces esto no es suficiente.

CUCHILLOS DE HUESO

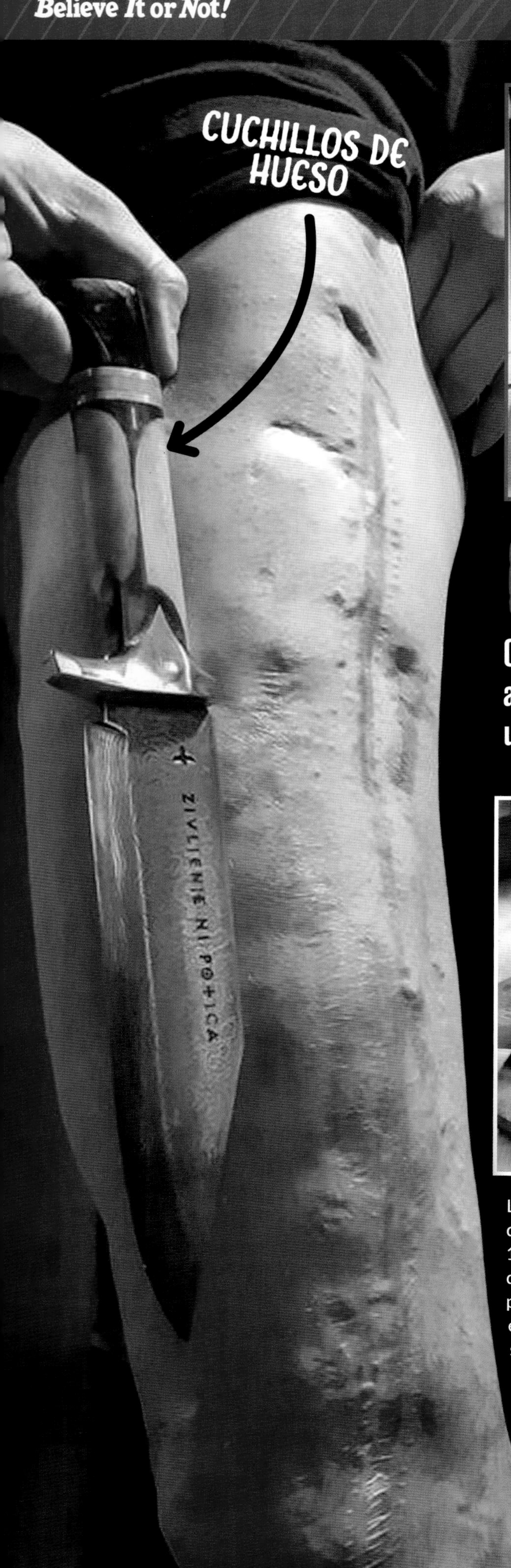

CUCHILLO ÓSEO

Cuando Moreno Skvarca se destrozó la pierna en un terrible accidente de motocicleta, trabajó con un amigo para crear un cuchillo del hueso de su pierna.

Los doctores le dijeron a Moreno que nunca caminaría otra vez, pero 10 meses, siete cirugías y una barra de metal después, desafió todas las probabilidades. Para conmemorar esta dolorosa experiencia, Moreno se hizo un cuchillo a la medida con dos fragmentos óseos grandes de su fémur. Su amigo herrero conocido como Emberborn, hizo la hoja del cuchillo a mano con una inscripción en esloveno que dice "La vida no es pan comido".

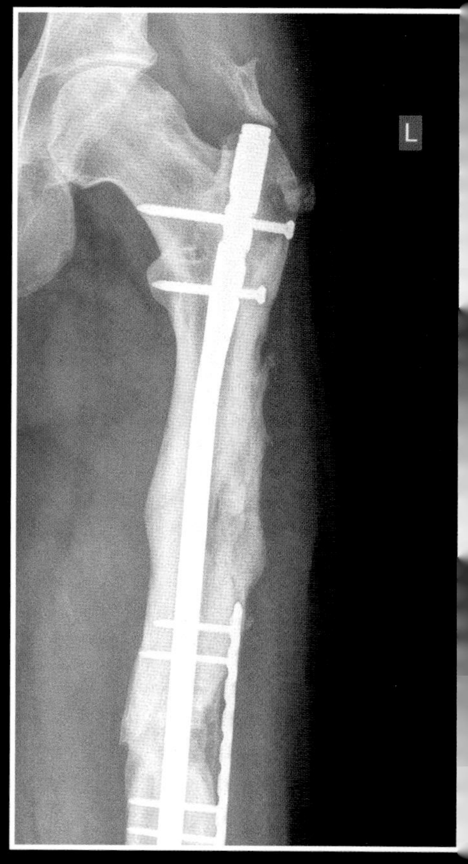

Moreno ahora trae una barra metálica en lugar de fémur, hueso que usó para crear el mango del cuchillo.

¿Quién es el burro?

Algunas veces los granjeros tienen que usar la creatividad al transportar ganado, sobre todo en Koudougou, Burkina Faso, en donde las bicicletas y motocicletas son los medios de transporte principales. Es de destacar que este burro luce bastante zen, a pesar de estar amarrado en una canasta improvisada. Algo nos dice que no es su primera vez.

VAYA TRATAMIENTO

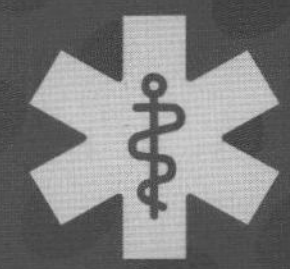

En 1973, un escocés obeso de 27 años se puso a dieta de la forma más extrema imaginable cuando ayunó 382 días bajo supervisión médica, bajando así 276 libras (125 kg) sin mermar su salud.

Los spas cerveceros son la onda en Europa, Japón e incluso partes de la costa oeste de Estados Unidos, ya que se cree que la levadura de esta bebida tiene propiedades de limpieza y alivian el dolor muscular y articular.

Para los que sufren de apnea del sueño, los investigadores en Suiza encontraron una nueva opción de tratamiento efectiva, aunque poco práctica: tocar el diyeridú.

El tratamiento conocido como bacterioterapia consiste en que una persona saludable done su excremento para que se licue y se le trasplante al intestino del paciente para recolonizar los intestinos de bacteria saludable.

Algunos autodenominados gurús de la salud pregonan los beneficios de ver directamente al sol, lo que deja a algunos oculistas con el ojo cuadrado, ya que en realidad es muy dañino para la vista, e inclusive puede causar ceguera.

La terapia en cámaras criogénicas le da un nuevo significado a eso de ponerse hielo en los golpes, ya que se trata de entrar a una cámara sin más que un traje de baño durante dos a cuatro minutos mientras el nitrógeno líquido hace bajar la temperatura a un promedio de –238 °F (–150 °C).

SUPERMAN DE LAS AGUAS

Clark Kent Apuada, de 10 años, nadó los 100 metros estilo mariposa en 1 minuto 9.38 segundos en el campeonato Far Western Long Course en California el 29 de julio de 2018, superando por más de un segundo el tiempo que Michael Payudas hizo también a los 10 años en 1995.

ALBAÑIL DEL KUNG FU

El maestro de kung fu chino Wang Hua rompió 100 ladrillos en 37 segundos solo con las manos.

MEJOR QUE EL ASILO

Betty Goedhart, de La Jolla, California, es trapecista a la edad de 86. Empezó la temeraria disciplina circense a los 78 años a fin de quitarse el miedo a las alturas.

CANASTA DE 10 PUNTOS

Will "Bull" Bullard, de los Harlem Globetrotters, logró meter el balón en la canasta haciendo una pirueta hacia atrás a una distancia de 58 pies 1 pulg. (17.7 m) en Atlanta, Georgia, el 21 de octubre de 2018. Dos meses antes, Bullard acertó la canasta lanzando el balón desde un avión que sobrevolaba Woodbine, Nueva Jersey.

MUY FAN

El 6 de abril de 2019, Dyson Labossiere, de 7 años, dejó que le decoraran el cuerpo con 436 tatuajes temporales de su equipo de hockey favorito, los Jets de Winnipeg.

DESPOSADOS Y ESPOSADOS

Rebecca y Nuno Cesar de Sa, marido y mujer de West Yorkshire, Inglaterra, corrieron las 26.2 millas (42 km) del Maratón de Londres de 2019 en 3 horas 43 minutos 17 segundos, pero esposados.

SANTO GUACAMOLE

El artista chileno Boris Toledo hace retratos de personajes emblemáticos, como Hulk, Homero Simpson y el Gato Gruñón usando guacamole.

Toledo dice que se come un aguacate todos los días, y un día quedó inspirado a usar la fruta verde y pulposa para dibujar. Su primera creación aguacatera le tomó 6 horas, pero con práctica ya solo se tarda de una a dos horas en cada dibujo. Después de tomarle foto al retrato, se lo come.

PINTORESCO PUEBLITO

Cada seis meses, los habitantes de un pueblito indonesio se pintan el cuerpo con colores vívidos y visitan un templo para neutralizar los efectos nocivos que la humanidad tiene en el medio ambiente.

Dos veces al año, los niños y hombres adultos del pueblo de Tegalalang en Bali se cubren el torso y la cara con pintura brillante y se ponen baratijas y chucherías durante el Festival Ngerebeg, en el que participan alrededor de 400 habitantes de siete aldeas. Cada aldea se representa con diferentes matices, razón por la cual los habitantes eligen cierto color. El festival representa una medida restaurativa para contrarrestar la huella negativa de la humanidad en el planeta.

¿Santa Claus?

El 28 de abril de 2019, un hombre en bicicleta fue visto en la población del Reino Unido de Leigh con una chimenea colgando del cuello. El ciclista inglés le da otro significado al viejo adagio de "si se quiere, se puede". Después de que lo vieran por Westleigh Lane llevando en hombros la gran chimenea, las fotos de su dedicación se volvieron virales, lo que lo convirtió en sensación de las redes sociales de la noche a la mañana.

CIRUGÍA DE CHISTE

La comediante Sarah-May Philo, de Glasgow, Escocia, contó chistes y cantó canciones mientras le operaban el cerebro en una cirugía que duró 9 horas. Para probar su función cerebral durante la operación, permaneció plenamente consciente mientras los cirujanos le retiraban un tumor.

BRAZALETE DE LA SUERTE

Como parte de su sentencia, el Juez de Distrito de EE. UU., Edward Lodge, le ordenó a Jennifer Fanopoulos, la demandada en un caso en Boise, Idaho, que usara un brazalete de la suerte con las fotos de sus hijos para que se abstuviera de volver a cometer delitos.

LAS PRIMERAS

Alya Juliette Mann, primer bebé que nació en el 2019 en Saskatoon, Saskatchewan, Canadá, es hermana de Emery, la segunda bebé que nació en el 2017 en Saskatoon. Ambas nacieron el 1 de enero, y sus padres son Graeme y Meagan Mann.

$100,000

El premio de la lotería que se ganó Christina LaBombard de Ashland, Virginia, usando los números de sus conductores de NASCAR favoritos.

ACENTO IRLANDÉS

Después de que los terapeutas y doctores del habla no pudieron encontrar una solución, Nick Prosser, de Rotorua, Nueva Zelanda, se curó del tartamudeo aprendiendo a hablar inglés con acento irlandés, aunque nunca había ido a Irlanda.

EQUINOFOBIA

El notorio asaltante de caminos de Inglaterra, Black Bart, quien robó al menos 28 diligencias de Wells Fargo en el norte de California entre 1875 y 1883, le tenía miedo a los caballos, por lo que robaba a pie.

UNA SIESTECITA

Rhoda Rodriguez-Diaz, alumna de Leicester, Inglaterra, sufre del raro síndrome de "La Bella Durmiente", enfermedad que afecta a uno en un millón y que puede hacerla dormir 22 horas al día hasta por tres semanas a la vez.

HOMBRE ARAÑAS

El artista noruego Dino Tomic recientemente creó un retrato del Hombre Araña con una infinidad de dibujos de arañitas.

Tomic usó conceptos del puntillismo para lograr este efecto. Cuando se ve a la distancia, el retrato del actor Tom Holland parece casi real, pero si lo vemos más de cerca, está hecho de miles de arañitas que crean sombras y contraste. El complicado retrato solo le tomó unos días, pero requirió bastante paciencia y pasión por los bichos de ocho patas.

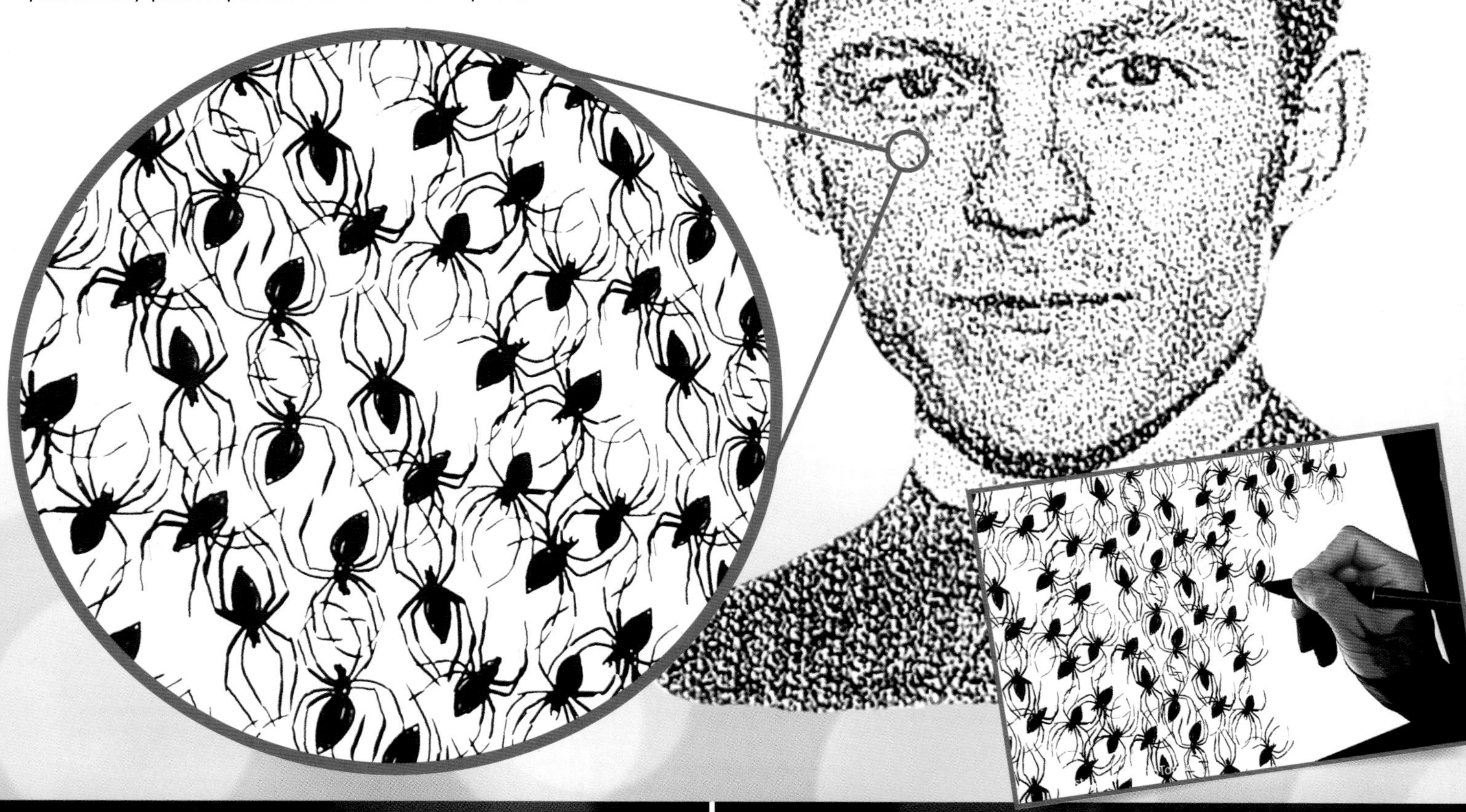

DISPARO CON LOS PIES

Un hombre de Detroit, Michigan, se disparó accidentalmente después de que le aventó el zapato a una cucaracha para matarla, pero una pistola que tenía escondida en el calzado se disparó y la bala le dio en el pie.

RUIDOS EXTRAÑOS

Pam Roberts, de Kent, Inglaterra, sufre de una rara enfermedad con la que puede oír el sonido de sus propios órganos internos. Pam se cayó y se le perforó parte del canal auditivo izquierdo, por lo que puede escuchar como fluye su sangre, como digiere el alimento y como le late el corazón, e incluso cuando mueve los ojos.

Un hombre que estaba cuidando la casa de sus padres en Fresno, California, trató de usar un soplete para matar unas peligrosas arañas viudas negras, pero lo único que logró fue incendiar la casa.

TESORO ESCONDIDO

La trabajadora voluntaria Cathy McAllister de Phoenix, Arizona, encontró $4,000 USD en un espacio hecho especialmente en un libro donado, *La decadencia y caída del imperio romano*. Ya lo iba a desechar para que lo reutilizaran en lugar de venderlo, pero antes de hacerlo, decidió hojear el viejo clásico. Con la ayuda de una carta de un familiar y el rótulo que contenía la dirección que venían con el libro, pudo ubicar al propietario y devolver el dinero.

TRABAJO PARA HOLGAZANES

La compaña Mattress Firm, cadena de colchones a nivel nacional de Texas, contrata personas para que prueben camas por hasta 30 horas a la semana.

Hongo sangriento

Nada más ver al hongo diente sangrante (*Hydnellum peckii*) es una experiencia que no olvidarás pronto. Este distintivo hongo de color blanco supura un espeso líquido rojo escarlata que parece sangre. La parte inferior del sombrero tiene espinas como dientes. Este hongo vive en el noroeste de EE. UU. y en Europa entre musgo y agujas de pino caídas, donde pasa el tiempo en silencio, perfeccionando su horrible aspecto.

EL METALERO

Rolf Buchholz de Alemania ostenta el récord por tener más perforaciones al mismo tiempo: 480 exactamente.

Solo alrededor de la boca y labios tiene 94. Por si no fuere suficiente, se acaba de implantar un par de cuernos de diablo en la frente de manera quirúrgica. Aún no sabemos cómo le va a Buchholz en los detectores de metal de los aeropuertos.

VACA BOL

Este deporte de Suiza es una cruza entre el cricket y el golf que usa la pezuña de la vaca, en vez de una pelota.

Suiza es conocida por sus escenarios alpinos, el sonido de los cencerros pastorales y Heidi, el libro infantil más vendido del mundo. Aunque es algo menos romántico, el aporreo de pezuñas de vaca también está en la lista. ¿Por qué? Porque los Alpes suizos son el lugar de nacimiento del Gilihuesine. Para jugar, un atleta lanza una pezuña desde un tronco al aire con un bat, mientras que los opositores la golpean con grandes paletas de madera. Los ganadores se llevan todo (toda la cerveza) cuando le atinan al hueso.

Algunos jugadores incluso lanzan las paletas a fin de atinarle a la pezuña.

¡PEZUÑAS DE VACA!

NINJA CAFÉ

Japón es bien conocido por sus cafeterías eclécticas, pero pocas como el Ninja Café and Bar, donde te puedes vestir, comer, beber y luchar como ninja.

Este establecimiento que se encuentra en el Distrito Asakusa de Tokio no deja fuera ningún detalle: la entrada asemeja un santuario Shinto y cuenta con 39 estatuas tanuki. En el interior, a los visitantes se les da la bienvenida con paredes llenas de armas ninja, como guadañas, lanzas y katanas. La comida se sirve en forma de shuriken, que son las típicas estrellas ninja. Incluso ofrece clases de katana, lanzamiento de dardos, lanzamiento de shuriken y la ceremonia ninja del té.

DOS GUSANOS CADA 8 HORAS

A Matthew Blurton, de Doncaster, Inglaterra, lo pico un bicho en el dedo del pie mientras trabajaba en Gambia, en África, que causó que su pie se hinchara a una velocidad espeluznante. El diagnóstico fue una peligrosa infección bacteriana, por lo que lo llevaron al Reino Unido, donde los doctores usaron 400 gusanos especialmente criados para que se comieran el tejido muerto del pie. El tratamiento fue exitoso, pero los enfermeros no le pudieron quitar todos los gusanos, y dejaron que los 20 restantes se descompusieran en su pie.

¿ME INVITAS UN TRAGO?

En Gran Bretaña durante la Primera Guerra Mundial era ilegal invitarle a alguien un trago en el bar.

TÚ CABELLO ES... DELICIOSO

Feifei, de ocho años de edad de Guangdong, China, sufría de retortijones, y los doctores le extirparon una bola de pelo de 3 libras (1.4 kg) del estómago. Desde los dos años había sufrido de tricofagia, enfermedad que hace que la gente sienta el impulso de comerse su cabello.

LA LETRA PEQUEÑA

Donelan Andrews, maestro de preparatoria de Thomaston, Georgia, ganó $10,000 USD de una compañía de seguros de viaje de Florida porque se tomó la molestia de leer la letra pequeña de la póliza que acababa de comprar. La compañía Squaremouth de San Petersburgo organizó un concurso que estaba escondido en lo profundo del contrato en el que prometía $10,000 USD a la primera persona que mandara un correo electrónico a cierta dirección.

QUÉ LIMONES

Brent Ribnik de Florida escribió a Ripley acerca de su "gran sorpresa agria", que es un limonero Meyer enano de 12 años que por lo general produce limones del tamaño de pelotas de ping pong. Aproximadamente hace un año cambió la rutina y le dio "agua especial" y pasó algo extraordinario. Apareció un limón del tamaño de una toronja, que es solo el primero de varios.

MARCHA DE LAS VOCALES

La única palabra de seis letras en inglés que contiene las cinco vocales es "eunoia", término médico que se usa muy poco y que describe que el estado de salud mental es normal.

MANO SANTA

El 18 de agosto de 2018, la Hermana Mary Jo Sobieck de Chicago hizo el primer lanzamiento en la ceremonia inicial del juego entre los Medias Blancas de Chicago y los Reales de Kansas City, logrando un strike.

CABALLO ROMANO

En 2018, los arqueólogos de un pueblo cercano a Pompeya en Italia descubrieron los restos de un caballo de 2,000 años de antigüedad, todavía con su arnés. El Monte Vesubio enterró a la antigua ciudad romana de Pompeya cuando hizo erupción en el año 79 D.C.

LIMÓN LIMONAZO

En el condado de Riverside, California, arrestaron a un hombre con 800 libras (363 kg) de limones robados en su auto.

ZAPATERO A TUS ZAPATOS

Vito Artioli, zapatero de Milán, Italia, le hizo zapatos a mano tanto a George W. Bush como a Saddam Hussein, los cuales costaron mil dólares.

TÁRDATE LO QUE QUIERAS

A fin de atraer a las mujeres a sus tiendas, algunos centro comerciales de China ofrecen guapos "novios" para alquilarlos por hora y las acompañen mientras hacen sus compras.

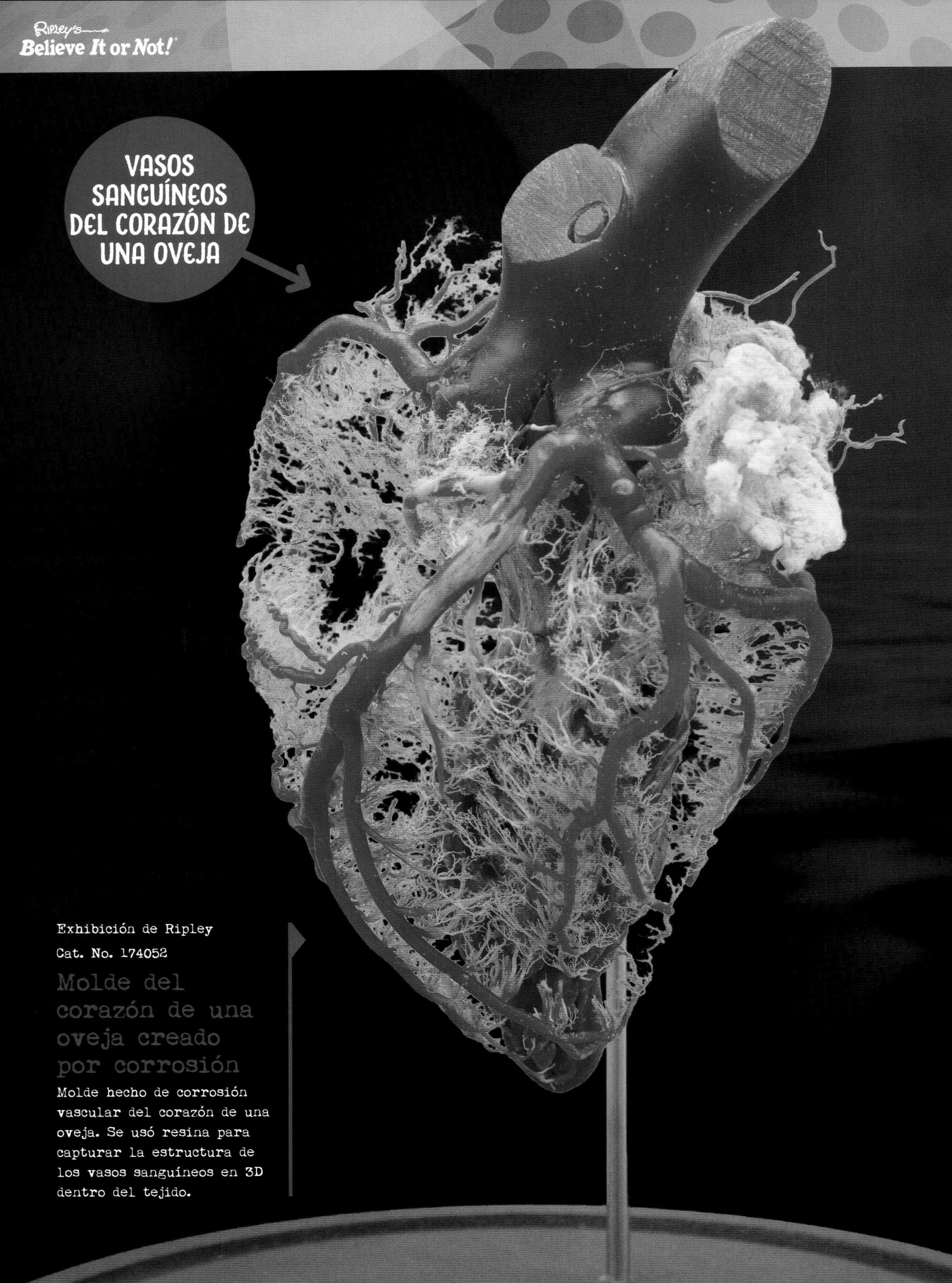

Exhibición de Ripley
Cat. No. 174052

Molde del corazón de una oveja creado por corrosión

Molde hecho de corrosión vascular del corazón de una oveja. Se usó resina para capturar la estructura de los vasos sanguíneos en 3D dentro del tejido.

Dentro de La Bóveda

Exhibición de Ripley
Cat. No. 173727

Retrato a ceniza de cigarro

Retrato de Taylor Swift hecho de ceniza de cigarro. Creado por Miguel Montero.

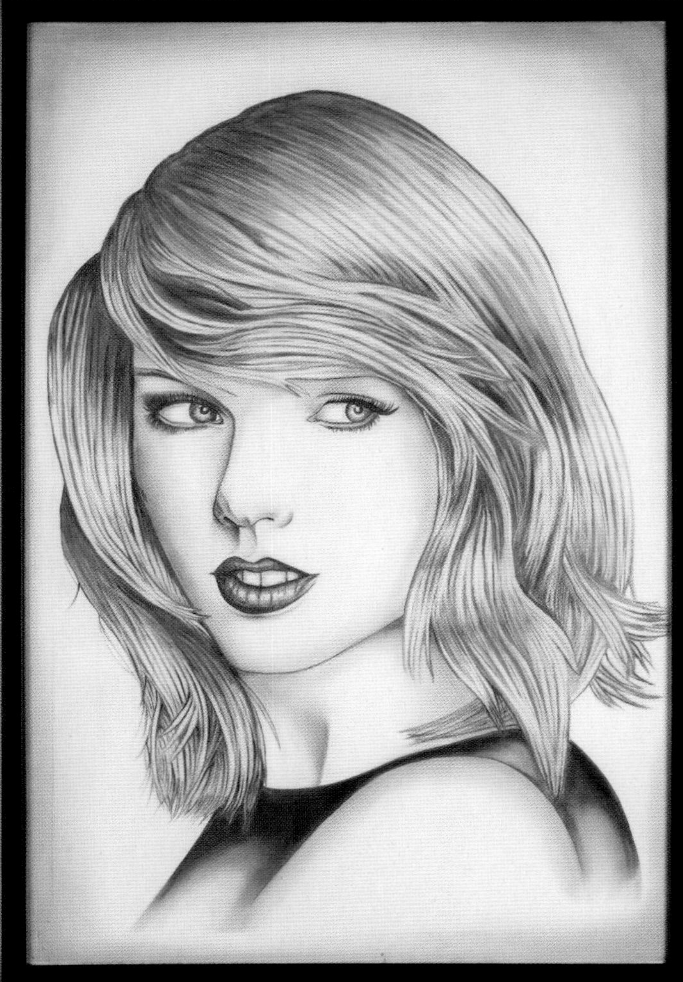

Exhibición de Ripley
Cat. No. 14922

Joyero de tortuga

Joyero de madera con chapa de caparazón de tortuga y celosía y patas de marfil tallado. Una imagen de un venado en el centro.

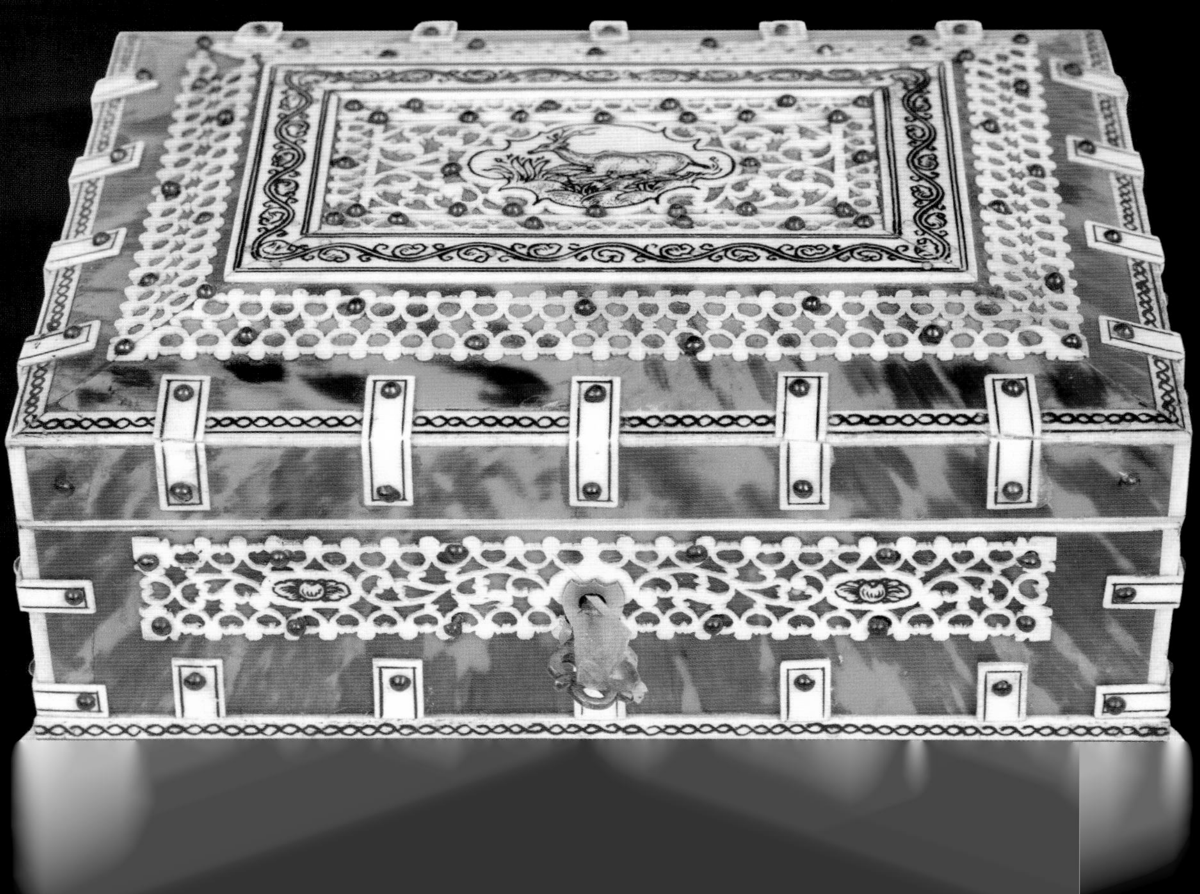

¡ESQUELETO DE 65 MILLONES DE AÑOS!

POPPY Y SAM ESTÁN ORGULLOSOS DE SU IMPRESIONANTE DESCUBRIMIENTO.

A Otro Perro Con Ese Hueso

Dos alegres cachorros llamados Poppy y Sam le acaban de dar un significado nuevo a eso de desenterrar huesos. Al tomar una caminata en la playa de Somerset, Inglaterra con su dueño, Jon Gopsill, desenterraron un esqueleto de 65 millones de años de antigüedad, que data del periodo jurásico y los científicos identificaron como un ictiosaurio, que es como una marsopa dientona que una vez reinó en las profundidades.

Por una tenaza

El 2 de noviembre de 2019, espectadores en Wuhan, China, se reunieron para ver una carrera que no salió del todo bien. Por supuesto que era algo que ya se esperaba, ya que los competidores eran cangrejos. Los observadores humanos mantuvieron a los crustáceos moviéndose en la dirección correcta con las manos, lo que alteró algunos de los resultados finales.

MOSCAS BUZO

La mosca del lago Mono (*Ephydra hians*) se envuelve el cuerpo con una burbuja de aire protectora para sumergirse en el agua sin mojarse.

¿Ya conocías los buzos de seis patas? En caso de que no, te presentamos a la mosca del lago Mono, conocida por su particular capacidad de navegar en las profundidades de lo que algunos científicos dicen es "el agua más mojada del mundo", ya que el lago Mono de California tiene un pH más alto que el promedio, lo que la hace resbalosa y capaz de empapar a los insectos. No obstante la mosca del mismo nombre encontró la mejor forma de explorar el mundo submarino del lago sin mojarse ni un pelo.

CULTURA DE

VIAJE ETERNO

Para la gente que busca ataúdes únicos, Ataúdes Locos tiene la respuesta perfecta.

Han pasado 20 años diseñando ataúdes personalizados con conceptos locos, como zapatillas de ballet o equipaje. Esto les ha ganado reconocimiento internacional, e incluso una exhibición en el centro Southbank de Londres. Han elaborado sarcófagos inspirados por el Volkswagen Golf y los microbuses Mercedes. Asimismo, han "traído a la vida" símbolos de la cultura pop, como el USS Enterprise, para los fans de Star Trek que han pasado a otro mundo.

¡ME MUERO POR BAILAR!

¡RESERVADO PARA SIEMPRE!

SPECIAL SCENTED RESERVE

CONSTRUYENDO MUERTE

Los prisioneros de los *gulags* rusos trabajaron duro de 1931 a 1933 para construir el canal que conectaba el Mar Blanco con el Mar Báltico, donde al menos 12,000 personas murieron, aunque algunos estiman que fueron 25,000, debido a que las condiciones de trabajo eran peligrosas e inhumanas.

Los trabajadores laboraron sin cesar para construir la Presa Hoover (1931–1935), aprovechando la energía del Río Colorado. Durante la construcción, se registraron 96 "fatalidades industriales" por caída de rocas, ahogamientos y explosiones.

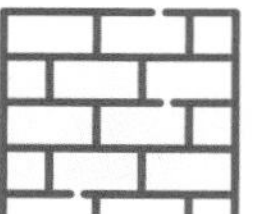

Los trabajadores tardaron dos milenios en terminar de construir las 13,000 millas (20,921 km) de longitud de la ambiciosa Gran Muralla China. Se rumora que 400,000 trabajadores perdieron la vida en esta empresa; a varios los enterraron dentro de esta maravilla de la ingeniería.

LA MUERTE RIP

QUE EN PAZ DESPEGUE

¡ÚLTIMAS NOTAS!

¡SE LE ACABÓ EL VEINTE!

El Canal de Panamá (1880–1914) sigue siendo uno de los proyectos de construcción más ambiciosos y mortales de la historia moderna. El conteo de víctimas final fue superior a 25,000 trabajadores, muchos de los cuales murieron de malaria y fiebre amarilla.

Las fuerzas japonesas obligaron a los prisioneros de guerra birmanos y aliados a construir la vía ferroviaria Birmania–Siam (1942–1943) durante la Segunda Guerra Mundial. Se estima que durante la construcción perecieron 100,000 prisioneros birmanos y más de 12,000 aliados, junto con varios miles de otros prisioneros de trabajo forzado.

Entre los proyectos de construcción más mortales de Estados Unidos está el túnel Hawks Nest (1933–1935) de Virginia Occidental, ya que causó más de 400 muertes directas, aunque es posible que haya causado otras 1,000 indirectamente por la exposición prolongada al polvo de sílice, derivado de la construcción del túnel.

PUERQUITO CÍCLOPE

En Indonesia hay un puerquito cíclope que se convirtió en la sensación nacional por sus deformidades físicas, que se consideran sorprendentes pero una bendición para su amo granjero.

Cuando Novli Rumondor decidió ver la familia de su cochinita compuesta de 13 crías, lo que descubrió lo dejó anonadado. Uno de los puerquitos macho tenía deformidades faciales y un solo ojo, características de una enfermedad congénita conocida como holoprosencefalia o el síndrome del cíclope. Rumondor interpreta el nacimiento del puerquito como una bendición. La gente de toda Indonesia visita su granja para ver a este puerquito tan especial.

Zzzzzzzz

Las abejitas también necesitan descansar. Algunas especies se duermen en la colmena, pero otras se acuestan en las flores o muerden los tallos para no caerse mientras toman la siesta. Cuando se quedan bien dormidas, dejan caer las antenas, relajan las patas y no se despiertan tan fácilmente. En caso de que te topes con una abeja en sus sueños, obsérvela a la distancia y déjala descansar, se lo tiene bien ganado.

¡TÓMATE ALGO!

Los elefantes beben hasta 50 galones (189 l) de agua al día, lo cual es suficiente para llenar una tina de baño o más de 900 vasos de agua.

TÍPICO POLÍTICO

Una cabra nubia de tres años de edad llamada Lincoln fue elegida alcalde de Fair Haven, Vermont, en 2019, venciendo a sus opositores que incluían perros, gatos y un jerbo llamado Crystal.

¡AHÍ VA LA MIEL!

Los fuertes vientos de Phoenix, Arizona, arrancaron una colmena de un árbol la cual aterrizó en la cabeza de una mujer que caminaba por ahí, y quien terminó picada más de 20 veces en la cabeza.

¡PÁSAME EL INSECTICIDA!

El *pulmonoscorpius kirktonensis*, especie de escorpión gigante ya extinta, tenía casi 2.3 pies (0.7 m) de longitud, más que un gato doméstico.

PERRITO TRAGÓN

Hoshi, perro Sharpei de seis años y que pertenece a Sandra Kin de Glasgow, Escocia, tuvo una cirugía de emergencia después de que en una carne asada se tragó toda una brocheta de pollo, ¡con todo y el espetón de 8 pulgadas (20 cm) de longitud!

BEBEDOR NO INVITADO

La *gorgone macarea*, especie de polilla brasileña, se bebe las lágrimas de las aves mientras duermen. Se posa en el cuello de aves, como el hormiguero barbinegro, e inserta su larga probóscide en el ojo del ave para succionar el líquido como si usara una pajita. Se cree que este extraño comportamiento es una forma de obtener sal, que es un nutriente vital que el néctar de las flores carece.

ESCARABAJO EMBALSAMADOR

Los escarabajos de la especie *nicrophorus vespilloides* ponen sus huevos en el cadáver enterrado de pequeñas aves o roedores, y para asegurarse de que el cadáver permanezca fresco y libre de bacterias más tiempo, usan las secreciones de sus glándulas anales para recubrir el pelo o las plumas con una especie de desinfectante.

BUENAS TARDES

El perro de Greg Basel, Marshall, usa la nariz para tocar el timbre de la puerta de su casa en Liberty Lake, Washington, para avisar que quiere entrar.

TIBURÓN A LA VISTA

Un tiburón toro de 330 lb (150 kg) de peso y 7 pies (2.1 m) de longitud de repente saltó a la lancha de la familia Chapman cuando andaban de pesca en el Río Proserpine en Queensland, Australia, el 12 de octubre de 2018. En ese momento, los Chapman se concentraban en mantenerse a buena distancia de un enorme cocodrilo que vieron en la orilla del río.

Visión doble

Hazel, cachorro beagle de Yorkshire, Reino Unido, puso a la internet de cabeza por las extrañas marcas de su pelo que parecían revelar un autorretrato. El 3 de julio de 2019, Shannon Austin hizo una toma doble después de ver una imagen familiar en el pelo del cachorro de nueve semanas de edad. Vio el contorno distintivo de los beagle en el lomo de Hazel con un hocico de color diferente, muy parecido al del cachorro mismo.

HAMBURGUESA DE GUSANOS

En el Reino Unido ya puedes encontrar hamburguesas de lombriz; su creador, Horizon Edible Insects, dice que "son más ricas que la res".

La compañía busca que sus lombricientas hamburguesas promuevan formas de alimentarse más sustentables y ecológicas. Si bien esta nueva alternativa a la carne no es apta para cardiacos, contiene bastante proteína, vitamina B12 y omega 3, además de pocas calorías. ¡Deliciosa y nutritiva!

ME VENADEARON
Christina Sánchez terminó de correr el medio maratón de Jersey Shore 2018 en Sandy Hook, Nueva Jersey, a pesar de que un venado adulto la sacara del camino. Un venado macho salió del bosque y chocó contra ella, pero después de recibir atención médica, pudo continuar.

BURBUJAS DE JABÓN
En noviembre de 2018, Steven Langley, de Huntersville, Carolina del Norte, metió a 13 personas a burbujas de jabón en 30 segundos. Langley es parte de El circo de las burbujas de jabón, y también creó una cadena colgante compuesta de 35 burbujas de jabón.

ESCALADA DIARIA
Rebecca Dooley, de Cumbria, Inglaterra, subió una colina de 1,400 pies (427 m) de alto en el Distrito Lake todos los días durante 2018. Sus 365 caminatas consecutivas son equivalentes a escalar la altura del Monte Everest 17 veces.

UN BUEN DÍA
Ali Gibb, golfista amateur de 51 años, hizo tres hoyos en uno en un solo día. En la competencia de 36 hoyos del Club de Golf Croham Hurst de Surrey, Inglaterra, el 14 de agosto de 2018, hizo hoyo en uno en el hoyo cinco dos veces, y también en el hoyo 11 en la segunda ronda.

Coleccionista de tarjetas

El exingeniero de tuberías George Crupenschi ha pasado 15 años coleccionando tarjetas usadas del sistema de transporte Oyster, en lo que ha invertido más de $12,922 USD (£10,000). Las tarjetas de color blanco y azul se usan para pagar el transporte en Londres, y a simple vista parecen muy similares entre ellas. Sin embargo, Crupenschi se ha vuelto un experto en destacar las sutiles diferencias de su colección de más de 1,000 tarjetas.

ESCALADOR
A pesar de haber nacido sin el brazo izquierdo, Maureen Beck de Arvada, Colorado, es un hábil escalador de rocas. En 2018 escaló la Torre Flor de Loto, pico de granito de 8,470 pies (2,582 m) de alto en los Territorios del Noroeste de Canadá.

CUBO DE AGUA
Vako Marchelashvili resolvió seis cubos Rubik bajo el agua sin salir a tomar aire en Tiflis, Georgia. Se sumergió en un tanque de vidrio durante 1 minuto 44 segundos después de prepararse por seis meses para el reto.

ENTRENADOR VITALICIO
Larry Barilli, bisabuelo de 83 años, ha sido director técnico de un equipo de fútbol soccer durante 66 años y aproximadamente 2,000 juegos. Comenzó en 1953 y desde entonces ha dirigido equipos amateur en el área de Greenock, Escocia. Nos dice que en todo ese tiempo solo ha faltado a siete juegos (todos por enfermedad).

CAMINANTE
En 2018, Heather "Anish" Anderson, de Michigan, caminó 7,944 millas (12,710 km) por 22 estados de EE. UU. en 251 días: un promedio diario de 31 millas (50 km), además de que gastó un par de zapatos cada 20 días. Desde 2013, ha hecho caminata por un equivalente a 28,000 millas (45,000 km), que equivale a una distancia superior a la longitud del Ecuador.

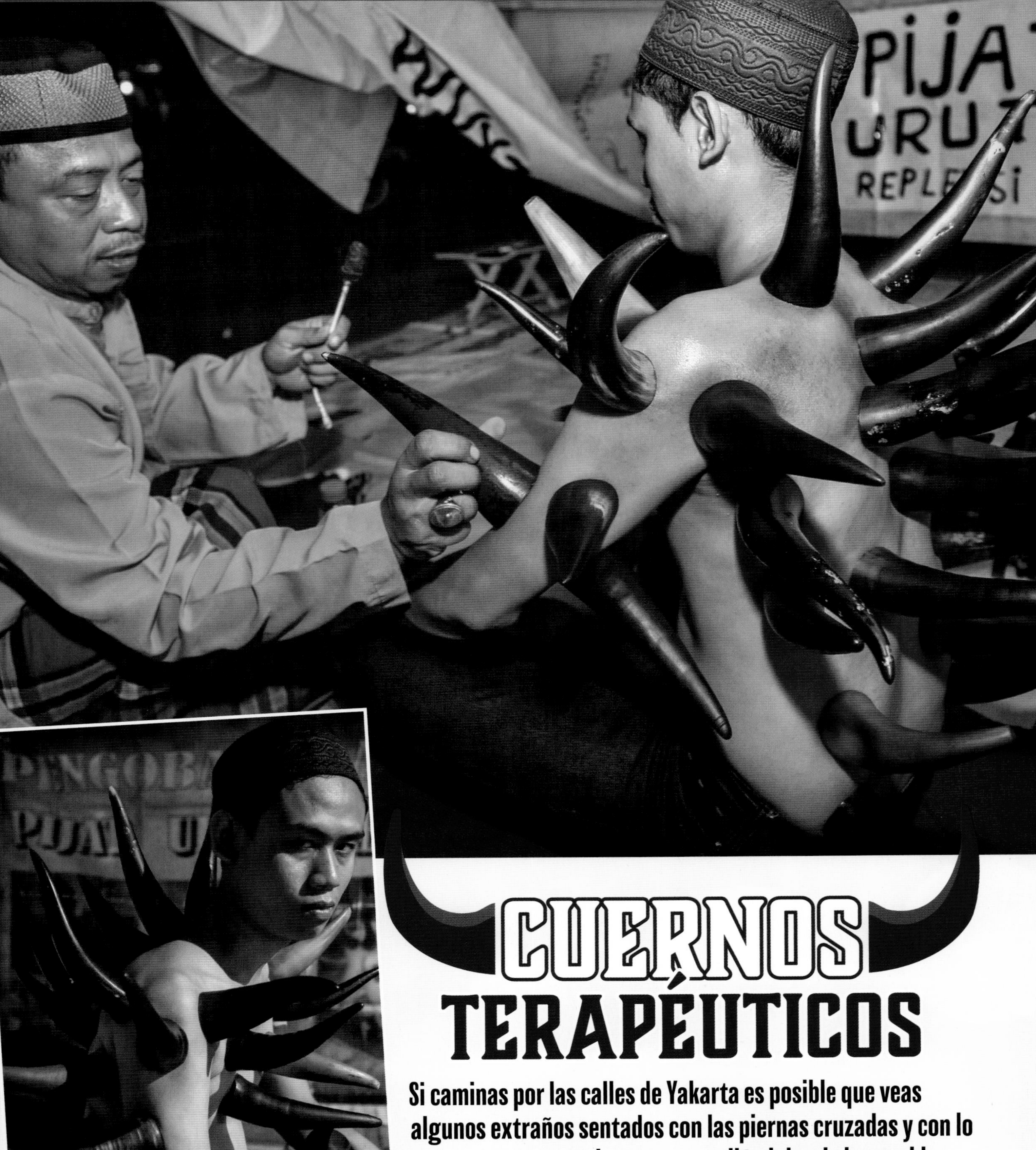

CUERNOS TERAPÉUTICOS

Si caminas por las calles de Yakarta es posible que veas algunos extraños sentados con las piernas cruzadas y con lo que parecen ser varios cuernos saliéndoles de la espalda.

Estas personas se someten a una ventosaterapia milenaria que mejora la circulación y alivian el dolor. En vez de colocarles vasos con calor, los curanderos callejeros de Indonesia usan cuernos de búfalo para estimular el flujo de la energía interior del cuerpo.

ENGANCHADO

Un grupo de buscadores de emociones sobrevolaron Tailandia con paracaídas en la espalda suspendidos de enormes ganchos.

Por lo general, el parapente se practica con una cuerda atada a una lancha en un extremo y el otro a un arnés conectado a un pequeño paracaídas, pero estos entusiastas de la suspensión se ahorraron parte del equipo y se ataron el paracaídas directamente en la piel; se perforaron con varillas metálicas en la espalda, a las que afianzaron ganchos y estos a los paracaídas. Resulta sorprendente que pudieran sobrevolar el agua como si hicieran parapente normal.

¡Agua-cate!

La australiana Marissa Hush se describe como guerrera de la ecología, y decidió luchar contra el cambio climático cultivando árboles de aguacate usando las semillas que rescata de las cafeterías y los restaurantes. Hush siembra las semillas en vasos de plástico que encuentra en las playas y en la calle. Se embarcó en esta misión después de mudarse a Vietnam. Comenzó guardando todas las semillas de los aguacates que se comía, pero al final el objetivo cambió a cultivar 500 árboles de esta fruta. A pesar de que este árbol tarda hasta 15 años en madurar, Hush sigue dedicada a la misión y planea plantar cada uno de ellos en el bosque.

¡RESCATE ECOLÓGICO!

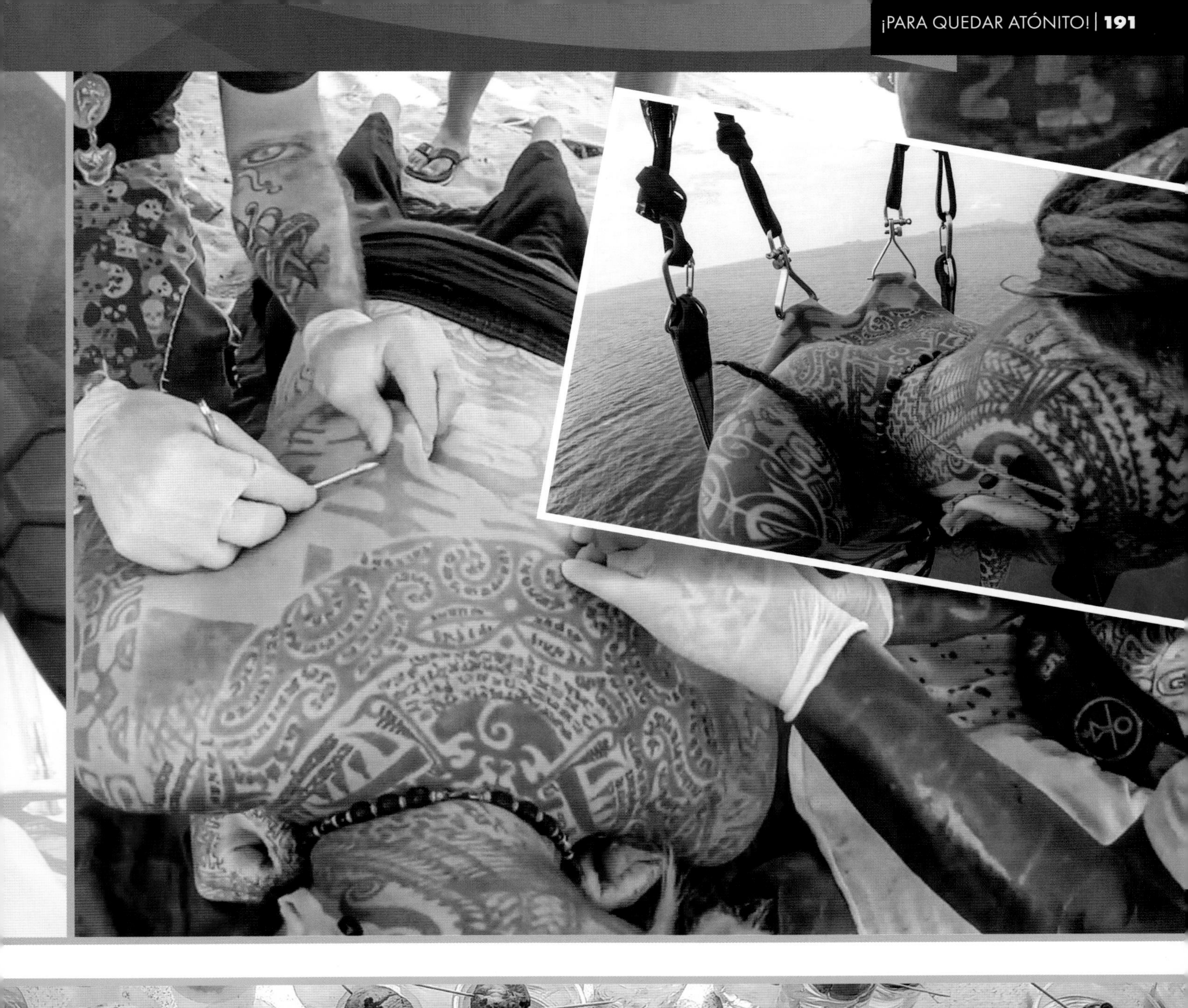

EXCLUSIVO DE RIPLEY

ATLETAS AMPUTADOS

Sin importar la edad o el lugar, a las personas que carecen de un miembro les dicen que no van a poder seguir haciendo lo que les gusta. La dedicación, la perseverancia y el profundo deseo de emociones son lo que impulsan a competir a cualquier atleta. Estos atletas amputados no dejan que el miedo les impida practicar su pasión para convertirse en los mejores en su deporte.

MP

¡AL AGUA PATOS!

Rudy García-Tolson, de 31 años y originario de Bloomington, California, nació con una enfermedad congénita llamada síndrome de pterigión poplíteo.

García-Tolson quedó postrado a una silla de ruedas a la edad de cinco años. Tras 15 cirugías, finalmente le amputaron ambas piernas por arriba de las rodillas. Lo que puede parecer una decisión difícil realmente le dio a García-Tolson mayor movilidad y la oportunidad de vivir una vida plena y activa con la ayuda de prótesis.

García-Tolson comenzó a nadar y luego a correr a la edad de solo seis años. Es cuatro veces ganador de nado en Juegos Paralímpicos y ha participado en el triatlón Ironman.

P: ¿CÓMO LLEGASTE A LOS DEPORTES?

R: Siempre fui fan del agua, aunque me daba terror ahogarme y no sabía nadar. Mi papá me sugirió que tomara clases de nado tres veces por semana durante unos meses para aprender lo básico y a nadar sin piernas. Mi instructor me sugirió que me inscribiera en un club o equipo de nado e intentara participar en algunas competencias.

P: ¿CÓMO ENTRENABAS Y TE PREPARABAS PARA UN EVENTO?

R: En la secundaria nadaba durante dos horas seis veces a la semana en una piscina, mientras que en bachillerato ya entrenaba de siete a ocho veces por semana. Durante las Olimpiadas aumenté a nueve veces por semana, además del gimnasio tres días a la semana; nadaba 50 a 60 km (31 a 38 millas) a la semana. Algunas veces me daban masaje o hacía yoga para aliviar el estrés del cuerpo.

P: ¿CUÁL ES TU MAYOR MOTIVACIÓN?

R: Cuando era más joven, mi objetivo era solo nadar más rápido que los chicos con piernas. Me involucré en la Fundación de Atletas Desafiados y realmente me motivaron a desarrollar mi seguridad propia. Ya de adulto, es divertido entrenar a otros niños por medio de esta fundación y ser un modelo a seguir.

P: CUANDO ENTRENABAS, ¿CUÁL ERA TU ANTOJO FAVORITO?

R: Tengo una relación especial con los Flamin' Hot Cheetos. También me gusta mucho la pizza. No era el atleta modelo cuando se trataba de mi dieta.

P: ¿QUÉ RETO NO ESPERABAS ENFRENTAR?

R: Siendo un niño con discapacidad, me costó trabajo sentirme bien con quien era. Usaba pantalones todo el tiempo, no quería salir en la televisión, y me daba pena que me vieran mis amigos. Hoy día, vivir en la Ciudad de Nueva York es mi único reto: las multitudes y las escaleras que a veces no tienen barandales dificultan moverte por la ciudad. Sin embargo, me siento bien adaptándome a mi entorno.

P: ¿CUÁL ES EL MEJOR RECUERDO QUE TIENES DE TU CARRERA?

R: Nada supera mi primera experiencia en los Juegos Paralímpicos. Era el sueño que tenía desde niño, y se volvió realidad. Quería subir alpodio y no cesé en mi objetivo. En mi primer evento, le bajé como 10 segundos a mi mejor tiempo. No me la creía, había ganado mi primera medalla de oro, y me dormí con ella bajó la almohada toda la semana.

P: ¿QUÉ HACES AHORA?

R: Trabajo con una organización de corredores que se llama los Correcaminos de Nueva York. Soy parte del Programa de Jóvenes en Silla de Ruedas, que está dirigido a los niños con discapacidad física y les suministramos el equipo deportivo que necesitan para sus prácticas semanales. Soy firme creyente de que los deportes son un vehículo para que los niños con discapacidad fortalezcan su seguridad propia y vean que pueden lograr lo que sea sin importar su nivel de capacidad.

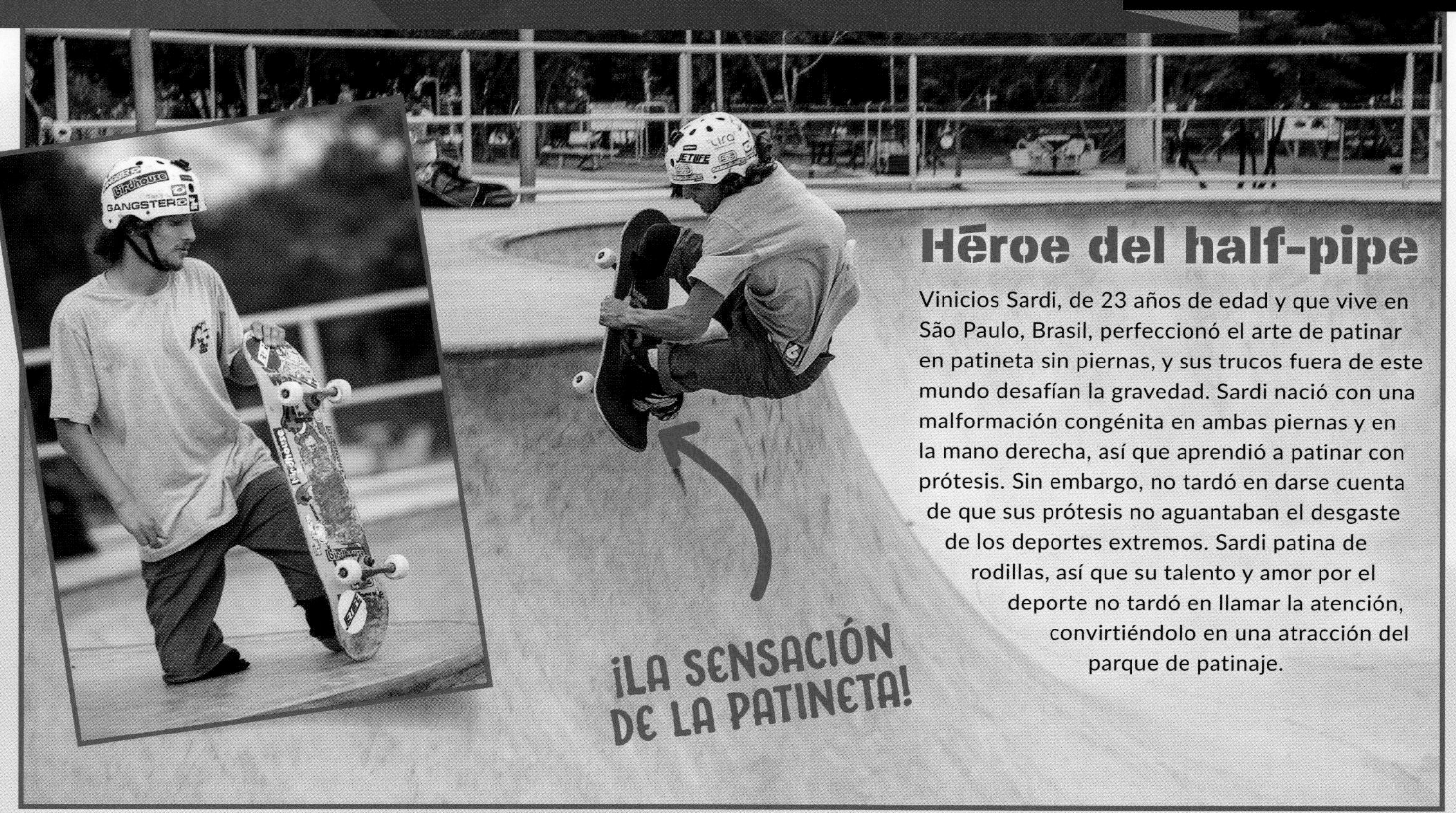

Héroe del half-pipe

Vinicios Sardi, de 23 años de edad y que vive en São Paulo, Brasil, perfeccionó el arte de patinar en patineta sin piernas, y sus trucos fuera de este mundo desafían la gravedad. Sardi nació con una malformación congénita en ambas piernas y en la mano derecha, así que aprendió a patinar con prótesis. Sin embargo, no tardó en darse cuenta de que sus prótesis no aguantaban el desgaste de los deportes extremos. Sardi patina de rodillas, así que su talento y amor por el deporte no tardó en llamar la atención, convirtiéndolo en una atracción del parque de patinaje.

¡LA SENSACIÓN DE LA PATINETA!

Contra todos los pronósticos

Chris Young, de 27 años del Reino Unido, nació con una amputación congénita justo debajo del codo derecho, pero esto no ha evitado que juegue rugby e incluso que lidere el equipo, ya que, como capitán del equipo de rugby de North Yorkshire, los Selby Fours, llevó a sus compañeros al tercer lugar de la liga.

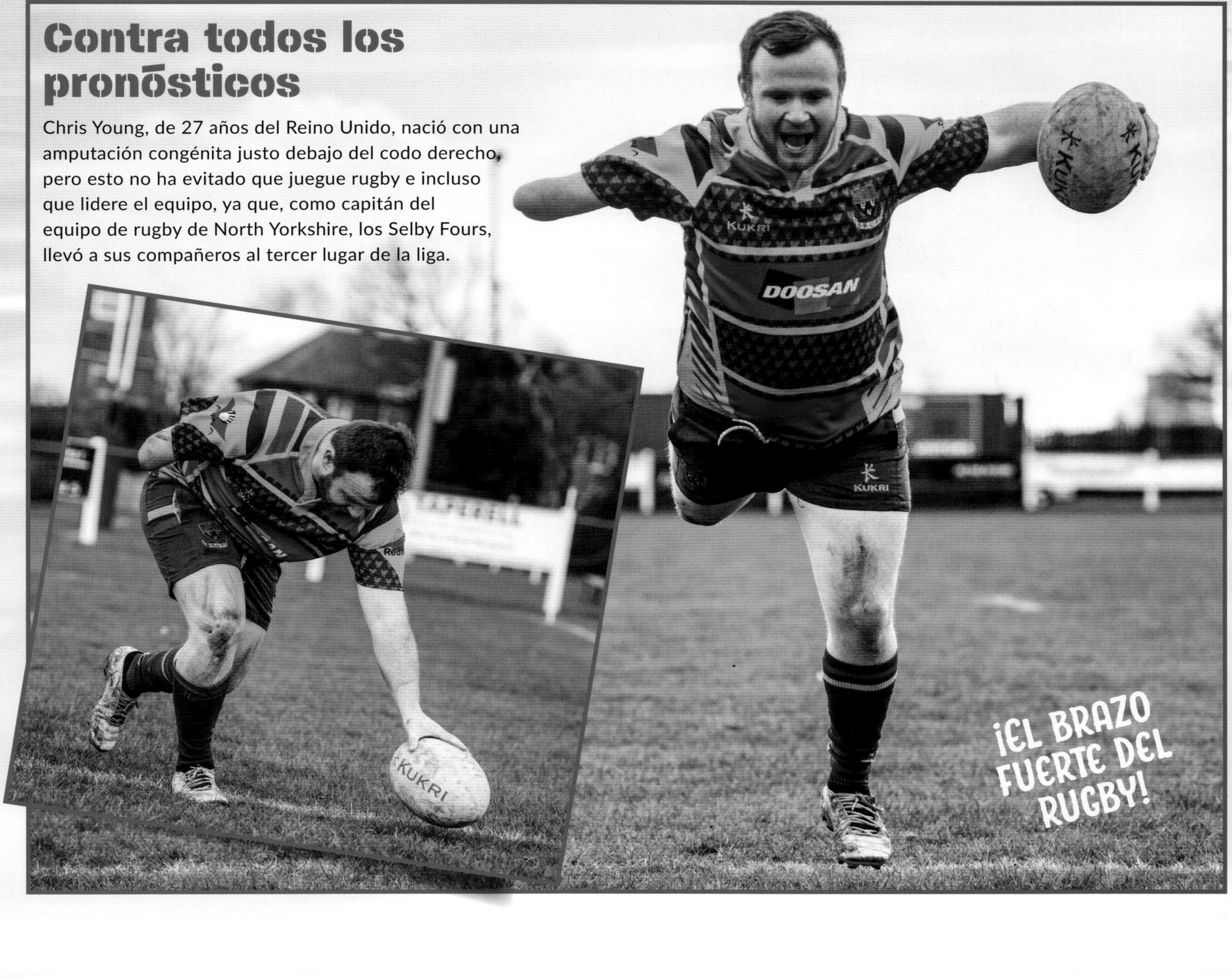

¡EL BRAZO FUERTE DEL RUGBY!

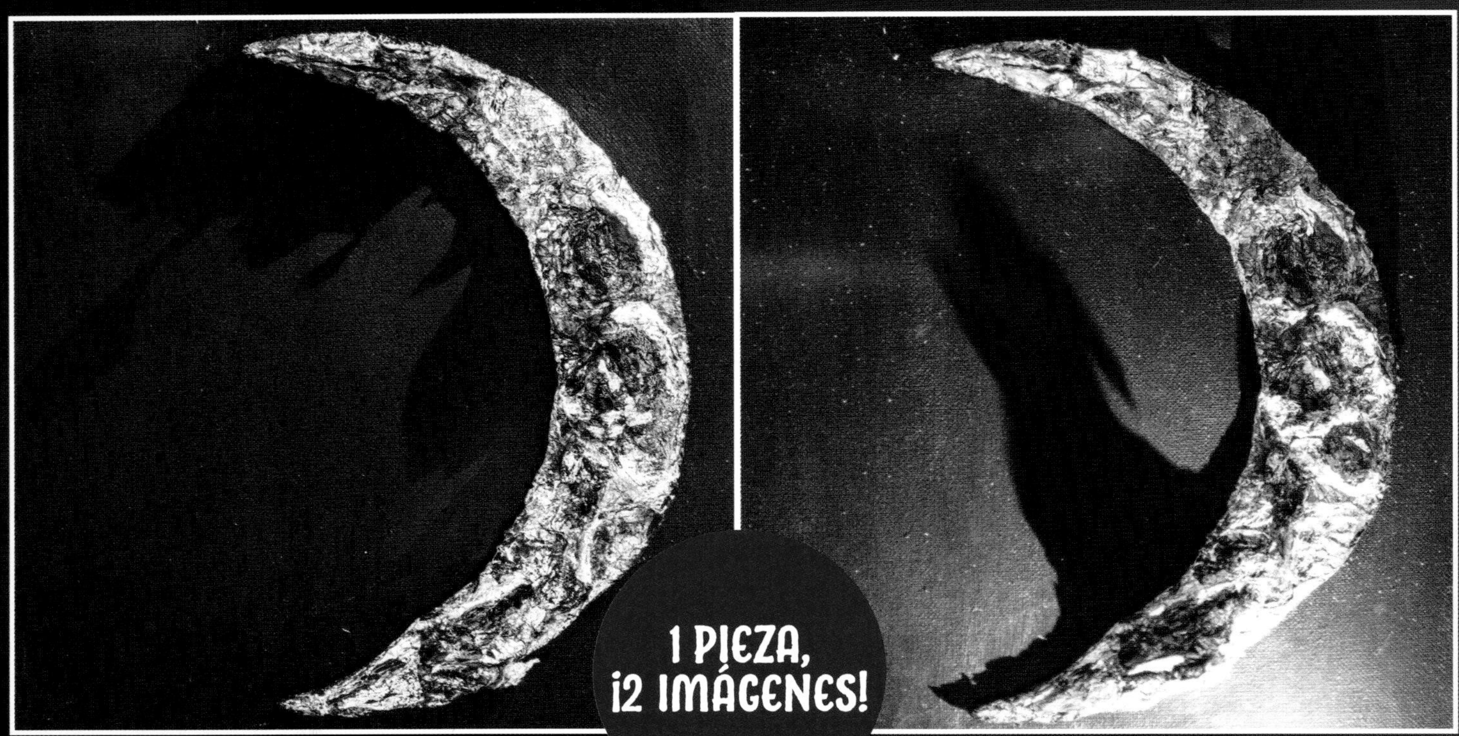

1 PIEZA, ¡2 IMÁGENES!

Exhibición de Ripley
Cat. No. 174015

Los lobos salen de noche

Papel aluminio en forma de luna creciente. Las crestas y valles crean una sombra o delinean un lobo qué aulla, dependiendo dél angulo de la fuente de luz. Creado por Pam Hage, ganadora del Concurso de Arte No Convencional de Ripley con DeviantArt del año 2018.

Exhibición de Ripley
Cat. No. 173912

Cráneo de rinoceronte lanudo

Cráneo de rinoceronte lanudo siberiano de la era prehistórica de la especie *coelodonta antiquitatis*. La especie se extinguió hacia el año 8000 A.C.

Dentro de La Bóveda

Exhibición de Ripley

Cat. No. 173956

Carrusel de bichos

Carrusel **móvil** en **miniatura** con insectos y una lagartija disecados, en vez de caballos. Hay varios bichos, como un bicho palo, escarabajo jirafa, polillas crepusculares y hasta una tarántula. Creado por Brian y Stephanie Magby.

TREMENDOS TRAILEROS

Esta exhibición automotriz italiana llevó los trucos de acrobacias en vehículos al siguiente nivel con un tráiler que hizo su aparición para reescribir las leyes de la física.

Hay acrobacias de manejo, como hacer "caballitos" y balancear el vehículo en dos ruedas, que se han vuelto cada vez más populares en las exhibiciones automotrices. Estos trucos ya son algo común gracias a películas como Rápido y Furioso y sus varias secuelas, pero ver tráileres haciendo estas acrobacias es simplemente alucinante. Nada más pregúntale a los suertudos que asistieron a la Exhibición Automotriz de Bolonia, Italia de 2010.

tiscali:
tiscali:
SCANIA
Findomestic
GRUPPO BNP PARIBAS
S.T.C.
BERGAMO
MARCO
GIONY

¡SUJÉTATE!

CAFÉ CARICATURA

El Café Yeonnam-dong 239-20 de Seúl, Corea del Sur, está diseñado para que los clientes se sientan como si estuvieran en una serie de fantasía animada.

La decoración tipo caricatura fue inspirada por el popular programa de televisión de fantasía W: Two Worlds, sobre la hija de un caricaturista que queda atrapada en el mundo animado de su papá. El café resultó ser muy popular, en parte por las fotos que la gente puede tomar en este escenario único.

COMIDA TEJIDA

Pon tu plato en la mesa y mira con más detenimiento; estos deliciosos platillos en realidad están bordados. El artista de bordado japonés Ipnot reemplaza el pincel con aguja e hilo para crear obras maestras en miniatura, puntada por puntada. Ipnot combina y elige de entre 500 diferentes colores de estambre, y pasa entre tres y diez horas para hacer cada "platillo".

Para su serie "People", el artista italiano Stefano Bolcato recreó famosas pinturas de gente como Botticelli, Leonardo da Vinci y Andy Warhol al pintar a los personajes como minifiguras de LEGO.

RETRATO DE TABACO

El artista egipcio Abdelrahman al-Habrouk crea retratos de gente famosa, como Johnny Depp, con tabaco quemado. Para crear sus imágenes, dispone las hojuelas de tabaco sobre papel blanco y luego les esparce pólvora y les prende fuego, de esta manera, el papel se quema para formar el retrato.

CÓDIGO SECRETO

Entre 1881 y 1887, la escritora de literatura infantil inglesa Beatrix Potter llevó un diario en el que escribió sus pensamientos en un código secreto que era tan complejo que no se descifró hasta 1958.

ESCRITORA DE TV

Suzanne Collins, escritora de la trilogía de novelas *Los juegos del hambre* fue una de las autoras del programa infantil de 1990 *Clarissa lo explica todo*.

MONSTRUOS DE CAFÉ

El diseñador alemán Stefan Kuhnigk convierte en monstruos de caricatura las manchas que deja el café. Creó su primer monstruo de café después de ver la mancha que dejó su taza de espresso oscuro en un trozo de papel. Ahora usa una cuchara para derramar café en hojas de papel todos los días, y ha realizado más de 600 imágenes.

SANTUARIO DE BARBIE

La japonesa Azusa Sakamoto convirtió su casa de Los Ángeles en un santuario para Barbie. Ha gastado más de $70,000 USD para convertir su casa en una casota de Barbie con todo detalle, hasta vasos de Barbie o de color rosa. Sakamoto también se tiñó el cabello de rosa y solo usa ropa que sea rosa o que tenga el logotipo de Barbie.

CANCIONES DE ELVIS

Lilo & Stitch, película de Disney de 2002, contiene más canciones de Elvis Presley que cualquiera de las películas de Presley mismo.

ARTE CON SABOR

Los plátanos cobran nueva vida para formar complicadas figuras talladas con el cuchillo —o el picadientes— del artista japonés Keisuke Yamada.

El tallado de plátano puede no ser tu idea de cómo pasar un sábado por la noche, pero para Yamada, electricista de profesión, la alargada fruta es el lienzo perfecto para sus esculturas de animales y figuras de la cultura pop. Yamada comenzó tallando la fruta en 2011 para matar el aburrimiento. Hoy día, ya ha creado innumerables obras maestras y sensaciones de internet. El modesto artista atribuye la naturaleza realista de su obra a la textura del plátano, pero es difícil negar el talento de este Miguel Ángel de la fruta tropical.

HECHOS PLATANEROS

Dependiendo de cada estado, los artículos que más vende Walmart pueden ser desde anticongelante hasta golosinas para perro. Sin embargo, a nivel nacional, el artículo que más se vende en Estados Unidos son los plátanos.

Los plátanos no son árboles, si no la hierba más grande del mundo. Resulta extraño, pero los plátanos son técnicamente bayas —honor que ni siquiera las frambuesas ni las fresas tienen.

Los humanos y los plátanos comparten una similitud genética de 60%. Si imprimieran tu código genético, ocuparía 262,000 páginas, pero solo 500 serían exclusivas de los humanos.

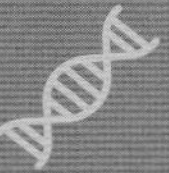

¿Qué es amarillo y negro y pesa 28 libras (13 kg)? La cantidad promedio de plátanos que cada estadounidense consume al año.

Existen más de 1,000 diferentes tipos de plátanos. El malayo es el más común y el que más se exporta en todo el mundo.

Los plátanos crecen en racimos, y a la fruta individual se le conoce como dedo. El conjunto de racimos componen un tallo más grande que se llama penca y que contiene hasta 170 plátanos.

PRIMERAS LETRAS

Mientras que los norteamericanos celebran la educación con ofertas para el regreso a clases y las graduaciones de kínder, los alumnos de primer grado de China asisten a una ceremonia para abrir "el ojo de la sabiduría".

Los grupos de niños cerca del Lago Hancheng en Xi'an se visten con trajes tradicionales chinos para participar en la antigua "ceremonia del primer escrito". Durante el evento, se les pinta a cada uno un punto rojo en la frente como símbolo para "abrir el ojo de la sabiduría". Con esta ceremonia, a los niños se los introduce a la búsqueda incesante de aprender.

Rey de la Guirnalda

Todos los 29 de mayo, un pintoresco pueblo del Distrito Derbyshire Peak, Inglaterra, celebra el Día de la Guirnalda con rey a caballo cubierto de flores. La Ceremonia de las Guirnaldas del pueblo de Castleton es un extraño evento de orígenes misteriosos en el que el "Rey de la Guirnalda", la estrella del desfile, debe usar un pesado bastidor en forma de campana cubierto completamente con flores y follaje. Si bien algunos creen que el evento conmemora la restauración de Carlos II en 1660 después de que lo obligaron a esconderse dentro de un roble, no todos están de acuerdo, ya que otros afirman que es una representación de la todavía más antigua celebración de la llegada del verano. Hoy día, los orígenes de la procesión siguen siendo tan misteriosos como la identidad del "Rey de la Guirnalda".

PALABRA SECRETA

RUN

"Run" es una de las palabras más complejas en el idioma inglés. Solamente en su forma de verbo tiene 645 diferentes significados según el diccionario de inglés Oxford.

COLOR

En todos los idiomas, el azul fue el último en recibir su palabra. El negro y el blanco, o el claro y el oscuro, son las primeros que aparecen, y el rojo siempre es el siguiente, que por lo general va seguido del amarillo. Se teoriza que el azul es el último porque rara vez aparece en la naturaleza y a que conocer el color no es necesario para sobrevivir.

DIRECCIÓN

Kuuk Thaayorre, idioma que habla una comunidad aborigen del norte Australia, no tiene palabras equivalentes a direcciones relativas como "izquierda", "derecha" "adelante" o "atrás". En vez de eso, los hablantes usan direcciones cardinales como norte, sur, este y oeste para orientarse y para señalar lo que les rodea.

Trasplante de ala

Aunque usted no lo crea, Katie VanBlaricum de Kansas pudo reemplazar el ala lesionada de una mariposa monarca para que volviera a su hábitat. Para esto usó el ala de una mariposa muerta, un plato de vidrio, un poco de superpegamento y movimientos muy delicados y cuidadosos.

Durante la cirugía

Después de la cirugía

SERPIENTE VOLADORA
Los torcecuellos asiáticos —pequeño pájaro carpintero de color café— imitan a una serpiente al doblar y torcer la cabeza de lado a lado y al hacer el típico siseo de los reptiles.

LARGA VIDA DEL PEZ
George, pez dorado que Keith Allies de Worcester, Inglaterra, que se ganó en una feria en 1974 vivió hasta la edad de 44 años, ¡cuando la expectativa de vida promedio del pez dorado es 10 años!

LENTO CORAZÓN
El corazón de la ballena azul late solamente dos veces por minuto cuando está bajo el agua, que es de 30 a 50% menos de lo que pensaban los científicos.

QUÉ OSO
Un oso subió hasta el patio trasero de Mark Hough en Altadena, California, se metió al jacuzzi un rato y se bebió la margarita que había dejado, para luego irse a dormir cerca de un árbol.

SALTADOR DE VELOCIDAD
Daifuku, un terrier Jack Russell, saltó sobre la pierna de su amo, el japonés Hiroaki Uchida, 37 veces en 30 segundos en un concurso de talento en Hong Kong.

CAMBIO DE PIEL
Elli, gato de Alemania, tiene vitiligo, rara enfermedad que hace que su pelaje vaya de negro a casi completamente blanco en solamente un año.

SUS CARGAS

El cotorro pintor

Gina Keller de Ontario, Canadá, se comunicó con Ripley para compartir a su cotorro pintor. Keller adoptó a Koa, cotorro de sol macho de tres años de edad, a quien le enseñó varios trucos, como pintar en un pequeño lienzo — que coloca en un caballete — usando pinceles miniatura de 2 pulg. (0.39 cm) que agarra con el pico. Algunas de las ganancias derivadas de la venta de las pinturas de Koa van a caridad. Koa entretiene y asombra a los fans de todo el mundo en Instagram: @koa_tiko.

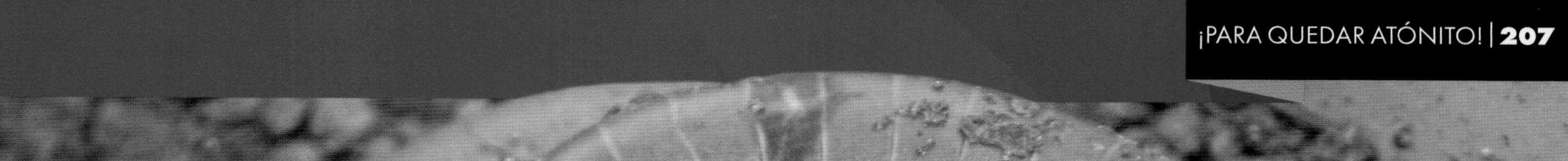

GUSANOTE

Aunque usted no lo crea, esta no es una lombriz ni una serpiente, es un anfibio sin patas llamado cecilia, cuya apariencia exterior, que es suave y resbalosa, esconde una boca llena de afilados dientes. Algunas especies incluso dejan que sus bebés se coman la carne de su madre.

UNA SONRISITA

Hay más de 200 especies de cecilias: algunas crecen solo 3.5 pulg. (8.9 cm) y otros hasta casi 5 pies (1.5 m), lo mismo que un humano. Vienen en todo tipo de colores: naranja, negro, púrpura, amarillo, verde y azul, y a veces no necesitan sus ojos ya que por lo general viven en la tierra. Sin embargo, ya que estos carnívoros también comen una variedad de animales, como lagartijas, serpientes, ranas, termitas, escarabajos, e incluso otras cecilias, tienen bocadillos de dónde elegir, presas que capturan y tragan enteros, como las serpientes. Sin embargo, la especie boulengerula taitana de Kenia se lleva el trofeo a la mejor madre, ya que tiene una gruesa capa piel que sus bebés arrancan y comen. Este curioso comportamiento se llama dermatotrofia y solo la exhiben las cecilias.

BAILE A LA FLAMA

En una de las exhibiciones tribales más dramáticas del mundo, el Baile de Fuego de los baining de Kokopo, Papua Nueva Guinea, los bailarines deben usar máscaras y correr sobre el fuego.

Este baile tiene lugar en la isla de Nueva Bretaña. Los ejecutantes usan máscaras abstractas y algunas que representan a distintos animales. Se dice que las máscaras les ayudan a comunicarse con el reino espiritual. Después de entrar en una especie de trance, los bailarines se turnan para correr sobre el fuego, levantando nubes de brasas.

AL REVÉS

Las violentas tormentas y fuertes vientos constantemente invierten la corriente de las cataratas de Cumbria, Inglaterra, así que fluyen hacía arriba.

ÁRBOLES DE LANGOSTA

Las comunidades de Nueva Inglaterra y a lo largo de la costa este de Canadá construyen enormes árboles de Navidad con jaulas para langostas apiladas. Al terminar las torres, se decoran con boyas de colores en vez de luces navideñas.

NIEVE NEGRA

En febrero de 2019 cayó nieve negra en las ciudades rusas de Kiseliovsk y Prokopievsk. La fuerte nevada se pintó de negro durante la noche por la severa contaminación de las minas carboneras de la región.

CIENCIA SENCILLA

El único artículo científico que ha publicado Bill Gates fue la posible solución a un problema matemático en la década de los 70 acerca de cómo voltear los hotcakes.

LEJOS DE CASA

A más de 7,000 millas (11,200 km) de Gales, hay un asentamiento en la Patagonia argentina, llamado Y Wladfa, cuyos habitantes hablan su muy particular dialecto galés.

ABUELITAS BOXEADORAS

Algunas abuelas de setenta y tantos que viven en Korogocho, un peligroso distrito de Nairobi, Kenia, están tomando clases de kickboxing para defenderse.

Religión y deporte

La Catedral de Rochester, en las afueras de Londres, le dio otro significado a la palabra "multipropósito" al instalar un campo de golf miniatura, el cual se anunció estaría abierto solo por un mes. Sin embargo, esto no calmó la ira de algunas personas que lo llamaron un "acto de profanación". ¿Qué motivó la improbable instalación de este campo de golf? La esperanza de atraer a más personas a la catedral que de otra forma no la visitarían. A fin de evitar alejar a los feligreses, el campo no se abrió durante los servicios religiosos.

¡NO INTENTES ESTO EN CASA!

Exhibición de Ripley

Cat. No. 5557

Dinero de plumas en rollo

Dinero de plumas en rollo de las Islas Santa Cruz. El dinero con plumas de ave se fabricaba con las plumas de la cabeza del mielero cardenal y se usaba prácticamente en todas las operaciones financieras. Ripley recogió esta muestra en 1932, que se fabricó traslapando 50,000 plumas rojas de cientos de aves.

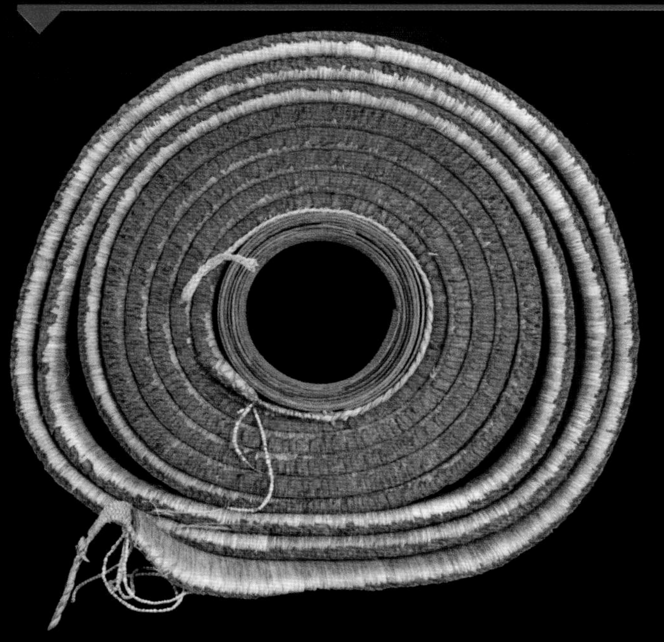

Exhibición de Ripley

Cat. No. 5731

Dinero en té

Dinero en té chino. En Mongolia, Tíbet y muchas otras provincias de China, el té se comprimía para formar ladrillos con los que se pagaban los salarios.

Dentro de La Bóveda

Exhibición de Ripley

Cat. No. 168260

Billete de $100 con clavos

Billete de $100 recreado en una pieza de madera de 7 x 3 pies (2.1 x 0.9 m) y más de 20,000 clavos. Martillado a un clavo a la vez por el artista Gary A. Winter de Pleasanton, California.

Exhibición de Ripley

Cat. No. 166176

Almohada monedero

Almohada y monedero grande laqueado. Un habitante de China almacenaba sus artículos de valor en esta caja que usaba como almohada para que no se los robaran cuando dormía.

COSAS EN COSAS

En 2013, el artista Ripplin, de Ontario, Canadá, encontró una nuez que se parece a Chewbacca, el de La guerra de las galaxias.

¡En 2017, un Cheeto que tenía la forma del gorila Harambe se vendió en eBay por $99,900!

¡Wesley Hosie de Somerset, Inglaterra, encontró un frijol confitado que se parecía a Kate Middleton, e intentó venderlo en eBay por más de $600!

En 2004, un casino de internet compró un queso de 10 años con la cara de la Virgen María por $28,000.

En 2019, Derek Simms de Blackpool, Inglaterra, cocinó una chuleta de cerdo que parecía la cara de Freddie Mercury, la cual procedió a comerse.

Rebekah Speight de Dakota City, Nebraska, vendió por $8,100 USD un nugget de pollo de tres años que parecía la cara de George Washington.

Carcacha de pasto

Este auto lleva los vehículos ecológicos al siguiente nivel. El japonés Nobuya Ushio, propietario de un negocio de paisajismo, creó este Nissan 350 Z para innovar en materia de marketing. Ushio pasó más de un mes construyendo este jardín publicitario sobre ruedas, con pasto artificial.

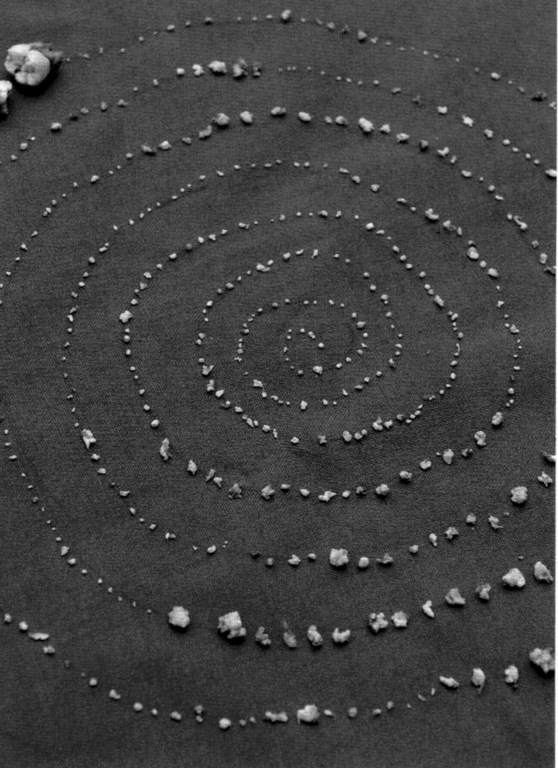

Niño dientón

Un niño de siete años de la India se sometió a cirugía para que le quitaran 526 dientes de la mandíbula inferior. Antes de hacer el descubrimiento, el niño se quejaba de dolor, y tenía hinchazón en los molares inferiores derechos. Las radiografías revelaron un extraño saco incrustado en la mandíbula, que es una enfermedad poco común conocida como odontoma compuesto. Dos cirujanos y un equipo de personal médico le retiraron el saco y confirmaron su contenido: un total de 526 dientes de entre 0.004 y 0.6 pulg. (0.1 a 1.5 cm) de tamaño. Si bien eran increíblemente pequeños, cada diente tenía raíz, corona y esmalte.

A pesar de perder brazos y piernas por una infección en la sangre a la edad de 19 años, este innovador DJ inspira a innumerables fans.

Tom Nash, de 36 años y también conocido como DJ Hookie, no ha dejado que el miedo al fracaso ni la pérdida de los cuatro miembros le impidan alcanzar el éxito. El talentoso oriundo de Sídney, Australia, no solo ha llegado a la prominencia en el mundo de la música electrónica, sino que también es un gran ponente motivacional por quien la gente viaja de todas partes del mundo para verlo. ¿Cuál es el secreto de su éxito? Según Nash, los garfios que usa (en vez de brazos prostéticos) le permiten mezclar música como nadie.

MONEDA DE LA SUERTE

Una moneda dentada de 1889 que le salvó la vida al soldado británico John Trickett cuando desvió una bala enemiga durante la Primera Guerra Mundial se vendió en una subasta en 2019 por $5,000. Le habría dado en el corazón, pero la moneda que llevaba en el bolsillo del pecho desvió la bala a su nariz y luego salió por la parte posterior de su oreja izquierda, dejándolo sordo de ese oído pero vivo.

COMO DOS GOTAS DE AGUA

Los gemelos Dave y Paul Dooley, ambos exmilitares e instructores de manejo, recibieron una multa por exceso de velocidad en el mismo camino, en la misma mañana y por ir a la misma velocidad. Ambos iban a 35 mph (56 km/h), donde el límite es 30 mph (48 km/h), en Winwick Road, Warrington, Inglaterra, el 1 de julio de 2014. Esta es la segunda vez que a los gemelos los detectan yendo a exceso de velocidad el mismo día.

44 HIJOS

Mariam Nabatanzi Babirye, del Distrito Mukono de Uganda, había tenido 44 hijos a los 40 años: ocho nacimientos sencillos, seis veces gemelos, cuatro veces triates y tres veces cuatrillizos.

CARNE EN CONSERVA

Una lata de pastel de carne perfectamente conservado de la Segunda Guerra Mundial se exhibió en un museo en 2018 después de que se descubrió debajo del piso del Loch Hotel en Douglas, Isla de Man, frente a la costa noroeste de Inglaterra. Las condiciones herméticas que había debajo del piso del hotel habían ayudado a conservar la carne durante más de 70 años.

BOLETOS AGOTADOS

Desde 1995 hasta 2001, se agotaron las entradas del Jacobs Field, que ahora se llama Progressive Field (casa del equipo de beisbol Indios de Cleveland), es decir 455 juegos al hilo.

RESCATE TARDÍO

En 1784, Chunosuke Matsuyama, náufrago japonés, talló un mensaje en delgadas piezas de madera de un cocotero, lo puso en una botella y lo tiró al océano con la esperanza de que alguien lo encontrara en la isla del Pacífico en la que estaban varados él y su tripulación. Eventualmente, la botella llegó 151 años después en 1935 a la playa de Hiraturemura, pueblo natal de Matsuyama.

MATRIZ DOBLE

La orgullosa madre Arifa Sultana tiene dos matrices funcionales; en 2019 tuvo gemelos en un hospital de Dhaka, Bangladesh, justo 26 días después de dar a luz a un niño. Esta enfermedad poco común, llamada útero didelfo, afecta a aproximadamente una mujer en un millón. Los doctores no descubrieron su enfermedad sino hasta que dio a luz por segunda vez.

DUELO DE LAS GALAXIAS

Francia, la tierra de *Los tres mosqueteros*, hace mucho perfeccionó el arte de la esgrima, y vuelve a innovar con el deporte de las luchas con sables de luz.

¿Alguna vez te has encontrado fantaseando sobre actuar tu escena favorita de pelea de sables de luz de La guerra de las galaxias? En caso de que así sea, compra un boleto de avión a Francia, donde los duelos de sables de luz se acaban de añadir al manual oficial de la Federación de Esgrima Francesa. La Federación incluso comenzó a equipar a los clubes de esgrima locales con sables de luz, y creó un programa de entrenamiento para los instructores, todo con miras a que los niños se levanten del sillón y practiquen esgrima.

COMPETIDORES DEL CAMPEONATO MUNDIAL DE ESGRIMA ARTÍSTICA DE 2016.

MARATONEANDO

Sin antes haber visto un solo episodio, Andrei Akimov pasó una semana encerrado en un cubo de vidrio en un teatro de Moscú, Rusia, para ver las primeras siete temporadas de *Juego de Tronos*. Vio la tele 10 horas al día y se le permitió salir del cubo solamente para ir al baño.

PANDEMIA VIRTUAL

En 2005, un error informático en *World of Warcraft* permitió que se esparciera una plaga en el videojuego, así que los jugadores que no estaban infectados tuvieron que abandonar su ciudad, mientras que los jugadores infectados fueron puestos en cuarentena. Los científicos estudiaron la situación de fantasía para determinar la forma en la que la gente reaccionaría a una pandemia real.

ARTISTA DESCONOCIDO

Una exhibición de arte de 1964 en Gotemburgo, Suecia, exhibió las pinturas de un artista abstracto francés desconocido llamado Pierre Brassau. Los críticos quedaron impresionados; uno dijo: "Pierre es un artista que pinta con la delicadeza de una bailarina de ballet". Luego se revelaría que Pierre era un chimpancé del zoológico local.

EL MINIONZOTE

Los hermanos Richard y Preston Roy de Weyburn, de Saskatchewan, Canadá, compartieron con nosotros este disfraz de Minion de 13 pies (4 m) de altura que diseñaron con 1,300 globos. Estos hermanos tejieron globos de látex de distintos tamaños con elaborados patrones cruzados para crear el producto terminado. Tardaron casi 50 horas en terminarlo y lo deben manejar dos personas. La creación se exhibió en un desfile local que celebraba la creatividad de la ciudad.

RESERVA FANTASMA

En el Palace Theatre de Londres, Inglaterra, están reservados dos asientos de manera permanente para los fantasmas que merodean el lugar.

DEMASIADO JOVEN

Dick Van Dyke necesitó usar maquillaje para su papel en *Mary Poppins Regresa*, ya que se veía más joven que su edad de 93 años.

A LA VUELTA DE LA ESQUINA

Frank Sinatra usó su jet privado para viajar de Los Ángeles a Palm Springs, vuelo que duró menos de 30 minutos.

PROHIBIDAS LAS ARMAS

El contrato de usuario de iTunes establece que iTunes no debe usarse para desarrollar, diseñar o fabricar armas nucleares.

CATADOR DE CHOCOLATE

De niño, Roald Dahl, escritor de Derbyshire, Inglaterra, y autor de *Charlie y la fábrica de chocolate*, era un entusiasta catador de chocolate de Cadbury. Cada año, él y sus amigos de la escuela Repton recibían una variedad de productos Cadbury nuevos para que los probaran antes de lanzarlos al mercado.

Moto voladora

Para el motociclista que lo tiene todo, le presentamos el regalo perfecto: La Moto Volante Lazareth LMV 496. Esta "motocicleta voladora" parece de una película de ciencia ficción. Cuando las ruedas cambian de la posición vertical a la horizontal para alzar el vuelo, la motocicleta podría ser el hermanito de Optimus Prime.

PATINANTE, HAY CAMINO

Ross Pollock, de Portsmouth, Inglaterra, viajó en patines 874 millas (1,398 km), que es equivalente a la longitud de Gran Bretaña. Tardó 86 días, se gastó cuatro juegos de ruedas y bajó 56 libras (25 kg) de peso.

GIRA DISNEY

El 17 de octubre de 2018, Heather y Clark Ensminger, de Kingsport, Tennessee, visitaron todos los parques de Disney de Estados Unidos en 20 horas. Después de visitar los cuatro parques de la costa este en el área de Orlando, Florida, volaron 2,500 millas (4,000 km) por dos husos horarios para visitar los dos parques restantes de la costa oeste en el área de Anaheim, California.

AJUSTE AJUSTADO

El 17 de febrero de 2019, el padre de dos niños, Ted Hastings, se puso 260 camisetas de manera simultánea en Kitchener, Ontario, Canadá, de todas las tallas hasta llegar a la 20XL. Se logró poner las primeras 20 sin ayuda, pero la necesitó con el resto.

MARATÓN DE LA PODADORA

Andy Maxfield, de Lancashire, Inglaterra, viajó en una podadora normal toda Gran Bretaña, desde John O'Groats, Escocia, hasta Land's End, Cornwall. Recorrió las 874 millas (1,398 km) en 5 días, 8 horas y 36 minutos a una velocidad máxima de scasi 10 mph (16 km/h).

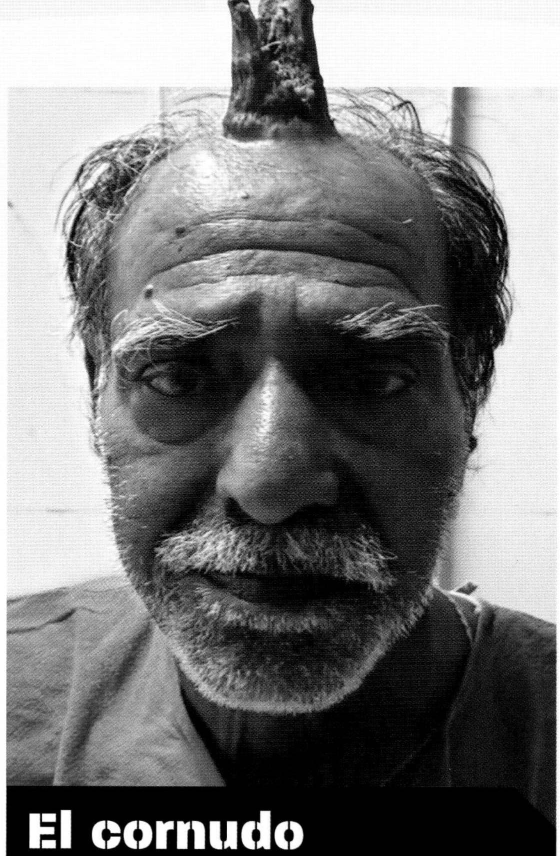

El cornudo

Shyam Lal Yadav compró tiempo de vida gracias a una cirugía que le realizaron en la Ciudad de Sagar, India, en la que le retiraron un cuerno de 4 pulg. (10.16 cm) de la coronilla. Según el cirujano, el Dr. Vishal Gajbhiye, el grueso bulto comenzó a crecer hace unos cinco años después de que se lastimara la cabeza. El cuerno sebáceo se compone de queratina, que es el mismo material que las uñas de los pies o el cabello.

MODELO MODELO

En 2019, Iris Apfel, de la Ciudad de Nueva York, firmó un importante contrato de modelaje a la edad de 97 años con la misma agencia que representa a Gigi Hadid, Karlie Kloss y Miranda Kerr.

TORRE JENGA

En enero de 2019, Tai Star Valianti, de Pima, Arizona, apiló 353 bloques de Jenga encima de solamente un bloque vertical.

MINIFISICOCULTURISTA

Rakhim Kurayev, niño de seis años de Chechenia, Rusia, hizo 4,618 lagartijas consecutivas en solo un poco más de dos horas. Su asombrosa exhibición de fuerza ya le había merecido ganar un Mercedes real de $30,000 USD y un viaje a una juguetería en la que podía comprar todo lo que quisiera.

VETERANO DEL FÚTBOL

Colin Lee, de Northampton, Inglaterra, sigue jugando de portero en un equipo de fútbol amateur local a la edad de 80 años. Su carrera futbolística comenzó cuando tenía seis años; ha sido portero desde 1949, a pesar de que ahora tiene artritis en las manos y las rodillas.

METALERO

El forzudo profesional Bill Clark partió a la mitad 23 placas metálicas de automóvil solo con las manos en un minuto en Binghamton, Nueva York.

Después de un show en Montreal, un niño le preguntó a Mama Lou si podía romper lápices con las nalgas. "Lo miré con los ojos llenos de decisión y le dije: 'Probablemente. Sí'. Me fui a mi casa esa noche; me metí a mi habitación con una caja de lápices y cerré la puerta. No salí hasta que pudiera romperlos con los músculos de los glúteos".

FUERZA FEMENINA

Linsey Lindberg de Kansas City, Kansas, se mudó a la Ciudad de Nueva York con una compañía de payasos, y luego entrenó como trapecista antes de darse cuenta de que su cuerpo era increíblemente fuerte y resistente (más que flexible). Y así nació Mama Lou, la Forzuda Americana.

Mama Lou rompe directorios telefónicos a la mitad, aplasta manzanas con los bíceps, enrolla sartenes de metal como tubos, inserta clavos en la madera con las manos e incluso rompe lápices con las nalgas. Su truco favorito es uno que ella misma inventó: levantar bolsas de papas con la lengua. Dice que puede levantar 10 libras (4.5 kg) de papas solo con la lengua, que es posiblemente el músculo más versátil del cuerpo humano.

Aunque usted no lo crea, Mama Lou no entrena con peso ni con máquinas, sino que simplemente practica lo que quiere hacer. "La mejor forma de aplastar una manzana con los bíceps es ponerla ahí y hacerlo.", afirma.

NOTAS OCULTAS

¿Eres arqueólogo amateur que en secreto añora descubrir ciudades perdidas en espesas junglas y dunas desérticas? ¡Entonces este cuaderno es para ti! El cubo cuadrado de tarjetas para notas de papel no parece tener mayor pretensión, pero conforme arrancas las páginas, emerge una pequeña ciudad cortada con láser. Para excavar toda la escultura, tienes que acabarte el cuaderno para así revelar un complejo mundo oculto.

ESTACIONADO CORRECTAMENTE

Cuando el huracán Dorian amenazó con tocar tierra en Florida en septiembre de 2019, un residente de Jacksonville tomó medidas extremas para que el viento no se llevara su auto: lo estacionó en la cocina. Patrick Eldridge eligió la cocina porque el vehículo de su esposa ya ocupaba la cochera.

SOBREVIVIENTE DE LA LANZA

¡MUY CERCA DEL CEREBRO Y OJOS!

A pesar de clavarse una lanza en la cara, el Reverendo Connie Hallowell vivió para contarlo.

Mientras pescaba con lanza en la costa de Scottburgh Beach al sur de Durban, el sacerdote sudafricano accidentalmente se lanzó el instrumento de 3 pies (0.9 m) en la cara al intentar retirar los plomos de las rocas. El proyectil penetró por la mejilla derecha y salió por el oído izquierdo. Sorprendentemente, la lanza no le tocó ni el cerebro ni los ojos. A pesar de la espeluznante lesión, caminó hasta la orilla, en donde los salvavidas lo atendieron. Un pescador usó una amoladora angular para acortar la lanza y así Connie pudiera ser llevado al hospital en helicóptero. Allí los doctores le retiraron la lanza.

SUS CARGAS

Dentaduras mortales

Michael Foley, un dentista de Tampa, Florida, ha coleccionado dientes de tiburón desde que tenía seis años. Ahora, a los 33 años, decidió combinar sus dos pasiones. Foley creó un par de dentaduras con dos hileras de afilados dientes de fósil de tiburón. Esta serie de dientes inferiores y superiores te puede arrancar hasta el apellido.

SAMOYEDO CANTANTE

Ghost, perro samoyedo propiedad de los noruegos Aline Tøllefsen Søndrol y Kristoffer Rosenberg, "canta" tan bien las canciones de artistas como Beyoncé, Gwen Stefani e Imagine Dragons que tiene más de 370,000 fans en su página de Instagram, e incluso tiene a su propio representante en Estados Unidos.

BOMBA DE ALCE

Los inspectores de vida silvestre del Bosque Nacional Bridger-Teton en Wyoming, usaron 100 libras (45.4 kg) de explosivos para destruir el cadáver de un alce para que dejara de atraer a lobos y pumas al área popular entre excursionistas.

PELOTAS DE GOLF

Los cirujanos veterinarios retiraron cinco pelotas de golf del estómago de Louis, una mezcla de springer spaniel y labrador, quien se las había tragado durante varios meses mientras paseaba por un campo de golf cerca de su casa en Birmingham, Inglaterra, con su propietaria Rebecca Miles.

VAMPIRO SUBMARINO

El calamar vampiro vive hasta 10,000 pies (3,050 m) por debajo de la superficie del océano, y toma su nombre de sus brazos oscuros y palmeados con los que se puede envolver a sí mismo, como si fuera la capa de Drácula.

CEBRAS RAYADAS

Es posible que una de las razones por la que las cebras tienen rayas es para evita a las moscas chupasangre. Los científicos vistieron a los caballos con pelaje a rayas negras y blanca, y descubrieron que atra menos moscas que los caballos que no traían tal pelaje.

¿HAMBRE?

Los tardígrados — también conocidos co osos de agua — son criaturas microscópi que pueden sobrevivir sin comida durant una década, y en ambientes tan diversos como estanques de agua tibia, glaciares antárticos y el fondo del océano.

COLORÍN COLORADO

Un felino de tres años llamado Olive de Derbyshire, Inglaterra, no se anda con medias tintas cuando se trata de los ojos multicolor.

Esta peculiaridad física le sucede a los gatos, perros e incluso a las personas, y se caracteriza por tener los ojos de varios colores. Sin embargo, Olive es realmente única, ya que tiene heterocromia sectorial, lo que significa que el iris de cada ojo se divide en dos colores. En el caso de Olive, sus ojos azul y amarillo son tan asombrosos que sus fotos ya se volvieron virales.

¡EL CARACOL ZOMBIE!

LOS MUERTOS VIVIENTES

El platelminto parasitario *leucochloridium* invade el cuerpo de los caracoles y los convierte en zombies, obligándolo a moverse a las áreas abiertas donde se los comen las aves.

El retorcido ciclo de vida del platelminto comienza con un huevo dentro de los excrementos de las aves. Cuando el caracol se come este excremento, el platelminto eclosiona y obliga al caracol a moverse a un área abierta. Luego la lombriz se arrastra al tallo ocular del caracol y empieza a pulsar y parpadear con colores brillantes para atraer a las aves. Cuando un ave finalmente se come el combo de lombriz y caracol, la lombriz libera sus huevos en los intestinos del ave que salen con el excremento para empezar el ciclo otra vez.

Exhibición de Ripley

Cat. No. 174562

Cadenas de papel

Cadena de papel de 25 millas (40.2 km) de longitud creada por Butch Baker en Four Oaks, Carolina del Norte. A partir de 1979, Butch empezo a hacer adiciones a la cadena de papel, y no ha parado en más de 40anõs!

Aunque usted no lo crea, la cadena contiene partes de los folletos de Ripley.

Dentro de La Bóveda

La cadena de papel era demasiado grande para caber por las puertas si estaba apilada, así que tuvo que enrollarla en carretes y pasarla por una ventana.

Aquí Butch está donde tenía su cadena apilada en su casa. Observe la pintura y alfombra nuevas en las que tenía que trabajar alrededor del mastodonte de papel.

DRAGÓN DE PAPEL DE 43 FT (13 M)

ESCUPEFUEGO DE PAPEL

Para conmemorar la temporada final de *Juego de Tronos* de HBO, un proveedor de suministros de oficina del Reino Unido creó una escultura de papel de 43 pies (13 m) de largo con 1,200 hojas de papel.

El proveedor, Viking Direct, contrató a Andy Singleton para crear el mastodonte escupefuego. Pasó más de 100 horas en su estudio y 10 horas instalándolo antes de que el proyecto estuviera listo. La escultura está hecha completamente de papel usado y cuidadosamente cortado, con algunos soportes de madera para que pudiera alcanzar tan imponente altura. Viking Direct donó la escultura a una escuela local una vez que salió al aire el último episodio de Juego de Tronos.

SUS PRIMEROS ZAPATOS
El famoso diseñador de modas Jimmy Choo hizo su primer par de zapatos a la edad 11: un par de pantuflas de piel para su mamá en su cumpleaños.

VOZ FRANCESA
Ellen Spencer, de Indianápolis, Indiana, ha hablado con un misterioso acento francés por más de 10 años, pero desaparece cuando canta. Desarrolló la enfermedad, conocida como síndrome de acento extranjero, después de que se lastimó la cabeza varias veces.

TATUAJES ESPINOSOS
Hace aproximadamente 2,000 años, los tatuadores de Norteamérica pigmentaban la piel de la gente con una herramienta de madera del tamaño de un bolígrafo con espinas de cactus.

A PRUEBA DE PÉRDIDA
Robert Bainter perdió su Apple Watch mientras hacía body surfing en el mar en Huntington Beach, California, y cuando lo encontraron y se lo regresaron seis meses después, todavía funcionaba.

UNIFORMES PERCUDIDOS
La tradición de que los equipos de beisbol visitantes usaran uniformes grises data del siglo XIX porque no tenían tiempo de lavarlos, así que usaban uniformes grises para ocultar la suciedad.

PUERTA DEL UNIVERSO
El objeto que un hombre había usado como tope de la puerta de su granero en Edmore, Michigan, durante más de 30 años resultó ser un meteorito con un valor de $100,000.

¡Rayos!
Durante una erupción del volcán Ebeko en Rusia, el fotógrafo alemán Martin Reitze capturó un rayo volcánico. Reitze estaba a menos de una milla del evento, uno de los fenómenos más raros de la naturaleza. En los últimos dos siglos, se han documentado los rayos volcánicos en aproximadamente 200 erupciones. Sin embargo, los investigadores suelen buscar el fenómeno durante una década o más antes de poderlo ver de primera mano, mucho menos tomar una foto.

BEBÉS HIDRATADOS
Los bebés humanos contienen aproximadamente el mismo porcentaje de agua que un plátano. Los recién nacidos contienen 75% de agua, mientras que los plátanos tienen 74%.

BOMBAS CEBADAS
Cada año se recuperan casi 50 toneladas de bombas sin explotar de la Primera Guerra Mundial del campo de batalla cerca de Verdun en el norte de Francia. Tomará cientos de años para que se recuperen las millones de bombas que se dejaron caer a lo largo de 10 meses en 1916.

Un meteorito lunar de 12 libras (5.5 kg) se vendió por más de $600,000 USD en 2018. La pieza de roca lunar se estrelló contra la Tierra en Mauritania, África, en el 2017.

REGRESO DEL MUERTO VIVIENTE
Aigali Supugaliev, de 63 años, volvió a su pueblo natal de Tomarly, Kazajistán, en 2018, dos meses después de que su familia pensó que lo habían enterrado. Después de que lo habían reportado como perdido, se encontró un cadáver en descomposición cerca de su casa, y cuando se le hicieron pruebas de ADN, estas arrojaron una probabilidad de 99.92% de que era su cuerpo, así que le hicieron un funeral solemne. En realidad había estado trabajando en una granja lejana durante cuatro meses pero nunca se lo informó a sus familiares.

TREN DE JUGUETE

En 1936, Robert Ripley descubrió el "tren de juguete" en India, que corre en una vía diminuta de 2 pies (0.6 m) que se encuentra junto a edificios y mercados; hoy en día, el tren sigue echando humo.

El Tren Himalayo de Darjeeling (DHR), que es parte de las vías montañosas de la India, corre entre Nueva Jalpaiguri y Darjeeling, llegando a una altura de 6,890 pies (2,100 m) en su ruta. La vía se extiende 55 millas (88.5 km), con cinco vueltas y seis zigzags a fin de poder hacer el ascenso. Cuenta con seis locomotoras a diesel para brindar sus servicios diariamente. A los que les gustan los trenes a vapor, pueden tomar el Panda Rojo, que es un tren de juguete que va de Darjeeling a Kurseong en paralelo con el DHR, y funciona con locomotoras a vapor clase B de fabricación británica. La UNESCO declaró al DHR Patrimonio de la Humanidad en el año de 1999.

VÍA DE 2 PIES (0.6 M) DE ANCHURA

Robert Ripley quedó muy impresionado cuando visitó la India en 1936. Mucho de lo que vio lo presentó en la caricatura de ¡Aunque usted no lo crea!, como el Tren Himalayo de Darjeeling, al cual nombró "El tren más torcido del mundo".

58,000

Es el número de conductores que conducen a exceso de velocidad y son grabados por las cámaras en menos de dos semanas en el pueblo italiano de Acquetico, a pesar de que solo tiene 120 residentes.

UNIDAD DE NACIMIENTOS

En Bangkok, Tailandia, el tráfico es tan denso que el departamento de policía cuenta con una unidad especial para ayudar a las madres a dar a luz cuando no llegan al hospital. Desde que se estableció esta unidad en 1987, la policía de tránsito de Bangkok ha ayudado a dar a luz a más de 100 bebés. En 2018, el Capitán de la policía, Pichet Wisetchok, ya había ayudado a dar a luz a 33 bebés.

SOPA DE SANGRE

Los espartanos de la antigua Grecia comían una sopa negra hecha de sal, vinagre y sangre de puerco. El vinagre evita que la sangre se coagule durante la cocción.

RATÓN DE LOS DIENTES

En España, cuando a los niños se les cae un diente, un pequeño ratón llamado Ratoncito Pérez suele dejar regalos sorpresa debajo de la almohada.

REFUGIO DE LOS TURISTAS

Tres veces más turistas (33 millones) visitan Grecia cada año que toda su población (10.7 millones).

ÚLTIMOS HABLANTES

Se cree que solamente quedan dos hablantes de Ter Sámi, idioma que tradicionalmente se habla en la Península de Kola en Rusia. Al final del siglo XIX había aproximadamente 450.

FUEGO HELADO

Cerca del volcán Bandera en Nuevo México, en donde la lava ardiente fluyó en una espectacular erupción hace 10,000 años, se encuentra una cueva de hielo en la que la temperatura nunca supera el punto de congelación. La cueva tiene 75 pies (23 m) de profundidad, y se ubica en una sección de un tubo de lava derruido; el fondo de la cueva el hielo tiene 20 pies (6 m) de grosor.

LENTITUD DE ALTA VELOCIDAD

Es ilegal transportar caracoles vivos en un tren francés de alta velocidad, a menos que compren su propio boleto.

REMANDO AL TRABAJO

A fin de ahorrarse una hora en el coche a su oficina de Chongqing, China, el agente de seguros Liu Fucao rema por el Río Yangtsé, así que su traslado dura sólo seis minutos.

LASAÑA DE ARDILLA

Una de las especialidades de Ivan Tisdall-Downes, chef del restaurant Native de Londres, Inglaterra, es lasaña de ardilla gris.

SEÑALAMIENTO EXTRAÑO

Tipperary Hill en Siracusa, Nueva York, tiene un semáforo al revés en el que la luz roja está debajo de la verde.

La cabaña más vieja del mundo

En 1915, Thomas Boylan de Como Bluff, cerca de Medicine Bow, Wyoming, empezó a construir una cabaña única hecha de fósiles. Se reporta que Boylan necesitó 5,796 huesos de dinosaurio para terminar su cabaña, ¡la cual pesa 102,166 libras (46,342 kg)! De 1935 a 1936, Boylan vendió tarjetas postales para promover el museo con la frase: "El edificio que solía caminar". En 1938, Robert Ripley descubrió esta casa y la nombró "La cabaña más vieja del mundo". Este edificio fue incluido en el Registro Nacional de Lugares Históricos en 2008.

NAVIDAD TERRORÍFICA

En Gales no hay Navidad sin la visita de un caballo muerto que relincha rimas.

Algunas tradiciones navideñas trascienden las diferencias culturales: El árbol de Navidad viene originalmente de Alemania, y Santa Claus se basa en una figura histórica de Turquía. Sin embargo, el Mari Lwyd de origen galés es una excepción. Es una tradición pagana más antigua que el cristianismo en la que una figura con cráneo de caballo asola esta época. La criatura disfrazada atrae a la gente para que se enganchen en una épica batalla de poesía llamada pwnco. Los perdedores tienen que invitar a la terrorífica criatura a comer y beber.

MARI LWYD.

An Ancient Welsh Christmas Custom.

THE CHALLENGE.

Os oes yna ddynion
All blethu englynion,
O rhowch i'n atebion—nos heno.

THE REPLY.

Mae yma wych feirddion,
Sy'n medru englynion,
Nhw'ch maeddau chwi'n yffion—nos heno.

Navidad en serio

Hay una pareja del noroeste de Alemania que está tan obsesionada con los árboles de Navidad que le da un nuevo significado a esta época. ¿Cómo? Llenando su casa con 350 árboles decorados, ¡incluso en el baño! Comienzan a poner los árboles en septiembre, y pasan ocho semanas poniendo las decoraciones. Crean árboles inspirados en el hombre de nieve de color rojo y blanco, y otros árboles los cubren con ornamentos frutales.

ERROR CON LA MOTOSIERRA

Bill Singleton de 68 años, oriundo de Victoria, Australia, manejó 15 millas (25 km) al hospital después de que accidentalmente se cortó la cara y la lengua a la mitad con una sierra eléctrica. Había estado cortando madera cuando la sierra se le salió de control y le rebotó en la cara. No pudo llamar por ayuda porque se había rebanado la lengua, así que tuvo que arrastrarse al auto e ir a buscar atención médica urgente. Los cirujanos dijeron que estuvo a 0.4 pulg. (1 cm) de cortarse la arteria carótida, con lo que casi seguro habría muerto.

ISLA DE LA FANTASÍA

Durante la Segunda Guerra Mundial, el buque de guerra holandés *Abraham Crijnssen* fue disfrazado de isla tropical para que no lo detectara la flotilla japonesa. Lo cubrieron con árboles y ramas y lo mantuvieron anclado e inmóvil cerca de la orilla durante las horas del día, así que fue el único barco de su clase en sobrevivir en el océano alrededor de Java.

TORRE DE POSTRES

Hyakusho Udon, tienda de la Prefectura de Miyazaki, Japón, sirve postres de hielo raspado de más de 2 pies (0.6 m) de alto y que solo se pueden comer de pie. La torre de 634 mm de alto está inspirada en el edificio Skytree de Tokio de 634 m (2,080 pies) de alto.

Tronco sorpresa

¡Elf on the Shelf, hazte a un lado! En la región catalana de España, las familias tienen un Caga Tió, o Tió de Nadal, que es un tronco decorado para que parezca un duende que defeca turrón debajo de una sábana cuando le dan de comer las sobras de la comida para luego golpearlo con un palo. El Caga Tió puede tomar muchas formas y tamaños, como enormes troncos en medio de la plaza de la ciudad o versiones pequeñas para la casa.

PELEA DE ALMOHADAS

Las guerras de almohadas es un deporte serio en Japón. Dos equipos de cinco se alinean frente a frente en tapetes y se avientan almohadas entre sí; el objetivos es atinarle al rey del otro equipo. Un jugador de cada equipo puede blandir un edredón para intentar bloquear las almohadas enemigas.

PRIMERA PIZZA

Después de que las fuerzas del dictador italiano Benito Mussolini mantuvieron a su esposo como rehén durante la Segunda Guerra Mundial, Audrey Prudence, de Essex, Inglaterra, se negó a consumir comida italiana durante 74 años, hasta el 2019, a la edad 94 años, cuando finalmente accedió a comer pizza hawaiana.

EL ÚLTIMO TREN

Los restos del explorador inglés, el Capitán Matthew Flinders (1774–1814), la primera persona en circunnavegar Australia y en darse cuenta de que era un continente, fueron descubiertos debajo de la estación de tren Euston de Londres en 2019.

PIZZADICTO

Mike Roman, profesor de Hackensack, Nueva Jersey, ha cenado pizza todos los días durante cuatro décadas, y con frecuencia también para el almuerzo. Comenzó su dieta de pizza a la edad de cuatro años, y desde entonces se ha comido aproximadamente 15,000 pizzas.

SIEMPRE MIRANDO ARRIBA

Estas serpientes encontraron una peculiar forma de adaptarse a la vida en los áridos desiertos de la Península Arábiga desarrollando ojos en la parte superior de la cabeza.

Las boas de las arenas de Arabia pueden crecer hasta 16 pulg. (41 cm) de longitud. Su nariz plana funciona como pequeña pala que les ayuda a enterrarse en la arena sin dejar rastro. La peculiar posición de sus ojos les permite echar un vistazo a su alrededor sin tener que cocinarse al sol. En consecuencia, pueden pasar los recalcitrantes días del desierto enterradas casi completamente en la arena sin que las vean y listas para atrapar a su presa.

Fiesta de renacuajos

Un buzo y fotógrafo submarino de Columbia Británica, Canadá, capturó imágenes extraordinarias cuando nadaba con cientos de renacuajos. Maxwel Hohn capturó la asombrosa escena cuando estaba en la Isla de Vancouver. Para tomar imágenes perfectas, Hohn desciende al fondo del lago somero entre algas y plantas acuáticas, esperando a que llegue el gran contingente. A fin de proteger el lago y sus extraordinarios habitantes del turismo, Hohn no menciona el nombre del lago en las redes sociales. Sin embargo, sus imágenes son un contundente testimonio del evento.

AGENTE DOBLE

El agente doble español Juan Pujol García recibió honores militares de ambos bandos durante la Segunda Guerra Mundial. García, quien trabajó en secreto contra la Alemania nazi y desempeñó una función importante en el éxito del Día D, recibió la Cruz de Hierro de los alemanes, y también lo hicieron Miembro de la Orden del Imperio Británico. Los británicos le dieron el nombre en clave de "Garbo", y los alemanes el de "Alaric".

Cuando los humanos buscan archivos de computadora, usan la misma parte del cerebro que el perro cuando busca un hueso.

ACUPUNTURA ESTOMACAL

Raziye Yildrim, de Izmir, Turquía, quedó estupefacta cuando se enteró de que había vivido con un par de agujas de 2 pulg. (5 cm) de longitud en el estómago durante 66 años. Recordó que se había metido tres agujas en el estómago cuando tenía dos años, pero resultó que los cirujanos le retiraron solamente una en ese entonces. Fue solo seis décadas después que la hospitalizaron por que le dolía el abdomen que le descubrieron y retiraron las agujas restantes.

FrankenCar

Este vehículo único mide 10.4 pies (3.2 m) de alto, 8.2 pies (2.5 m) de anchura y 35.4 pies (10.8 m) de largo, además de que pesa la asombrosa cantidad de 24 toneladas, así que se convirtió el vehículo utilitario más grande del mundo. A este vehículo creado a la medida se le conoce como el "Dhabiyan", y lo creó el coleccionista de autos Sheikh Hamad bin Hamdan Al Nahyan. Este mastodonte de diez ruedas que domina los caminos y otros lares, está fabricado de partes de un Dodge Dart, un Jeep Wrangler y un camión militar Oshkosh M1075.

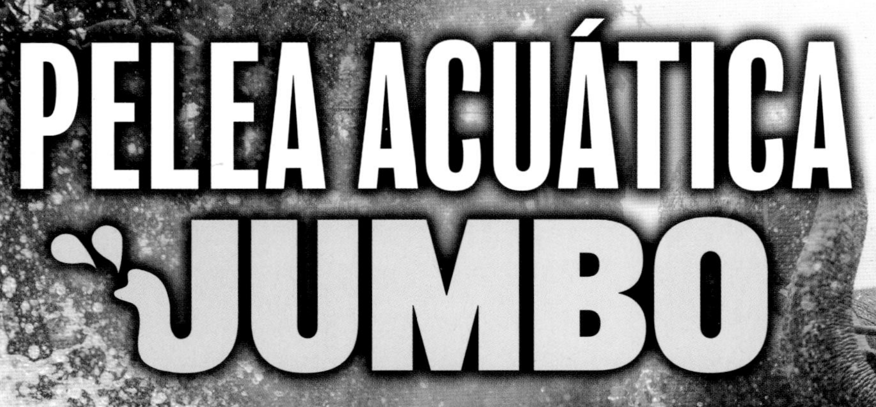

PELEA ACUÁTICA JUMBO

Cada abril en Ayutthaya, Tailandia, los lugareños, turistas, e incluso los elefantes, participan en la pelea acuática más grande de todo el mundo.

Todas las culturas del mundo reciben el año nuevo de manera diferente, sea con un conteo regresivo o con fuegos artificiales. Sin embargo, el Songkran (el año nuevo en Tailandia) se lleva la tarde en lo que se refiere a las festividades únicas. Esta celebración empieza el 13 de abril y dura varios días. Su particularidad radica en ser la pelea acuática más grande del mundo en la que participan lugareños y turistas con pistolas de agua y hasta elefantes pintados y cubetas para reabastecerse. Retozar en el agua no solo es divertido, sino que se cree que lava la mala suerte según la cultura tailandesa.

Budista androide

La tenue luz se cierne sobre el Templo Zen Kodaiji de Kioto, Japón, para reunir a los monjes budistas alrededor de Mindar, versión robótica de Kannon, la diosa de la misericordia. Este robot, que también enseña la filosofía budista, costó un estimado de 100 millones de yenes ($909,090 USD). Está programada para recitar parte de los Sutras del Corazón, además de que habla en japonés mientras la traducción en chino e inglés aparece en una pantalla. Mindar es el resultado de la colaboración del templo y Hiroshi Ishiguro, profesor de robótica inteligente de la Universidad de Osaka cuyo objetivo es atraer a más jóvenes al budismo.

La gruta fluorescente

La Cueva Saint-Marcel-d'Ardèche en Francia fue descubierta en la década de 1830, y sus túneles y cámaras tienen una extensión total de 35 millas (57 km) de longitud. Descender a una cueva es como entrar a otro universo. La cueva tiene una temperatura constante de 57 °F (14 °C) todo el año, y está llena de características geológicas naturales, como estalactitas, estalagmitas y piscinas de calcita con iluminación artificial. Asimismo, cuenta con obras de arte prehistóricas que te hacen sentir como si viajaras al pasado.

VETO DE PINBALL

Las máquinas de pinball se prohibieron en la Ciudad de Nueva York de 1942 a 1976 porque se consideraban un juego de azar y, por lo tanto, una forma de apuestas. De modo que esta prohibición duró más del doble que la del alcohol (1920 a 1933).

APUESTA HELADA

Cada invierno en Newport, Vermont, la gente participa en el concurso ICE OUT en el que tratan de adivinar y apuestan acerca del tiempo que el Lago Memphremagog va a durar congelado. A fin de determinar el momento exacto de derretimiento del hielo, se coloca una botarga en la superficie congelada con un reloj. Una vez que el hielo debajo de la botarga cede, se toma la hora exacta para saldar la apuesta; la persona que se haya acercado más a la fecha y hora sin pasarse gana el premio en efectivo.

Hasta $2,800

Es la multa para los que practican el senderismo con sandalias en el Parque Nacional de Cinque Terre National de Italia.

REJA DE ZAPATOS

Hay una reja hecha de zapatos de más de 150 pies (50 m) de longitud en los linderos de la carretera estatal 6 cerca de Havelock en la Isla del Sur, Nueva Zelanda. Fue una broma que comenzó hace más de 20 años, y ahora consiste en cientos de zapatos, tenis y botas.

LEY DE CUMPLEAÑOS

En Tayikistán, es ilegal celebrar tu cumpleaños en público o con personas que no sean familiares. La estrella de pop tayica, Firuza Hafizova, tuvo que pagar una multa de $530 USD por celebrar su cumpleaños en casa con amigos en 2018.

PRESA ENORME

La cantidad de concreto que se usó para construir la presa de la central hidroeléctrica Itaipu de 643 pies (196 m) de altura en el Río Paraná en la frontera de Paraguay con Brasil es equivalente al de 210 estadios de fútbol. El embalse de la presa cubre un área de 520 millas^2 (1,350 km^2), más de dos veces el tamaño de la ciudad de Chicago.

Exhibicíon de Ripley

Cat. No. 5249

Percebes de ballena

Parásitos de percebe que se agarran a las ballenas.

Exhibición de Ripley

Cat. No. 5126

Estatua de cazador de cabezas

Tallado en caoba de un cazador de cabezas igorote con una cabeza decapitada en la mano izquierda.

Dentro de La Bóveda

Exhibición de Ripley

Cat. No. 5410

Reloj de pinzas para ropa

Reloj de pie de la década de 1930 hecho con más de 3,000 pinzas de ropa ordinarias. Creado por Victor Lundberg.

Punto de vista

Develada en el emblemático mercado Borough de Londres en 2019, el retrato de Dolly Raheema, recogedor de basura de Bengaluru, India, creado por el artista Michael Murphy, está compuesto de 1,500 trozos de plástico recolectados de la basura y suspendidos del techo con un hilo de pescar. Cuando se observa de lado, estas piezas parecen no tener orden o patrón. Sin embargo, cuando se mira de frente, crean un retrato tridimensional de varias capas de Raheema. El retrato celebra una nueva iniciativa de The Body Shop para usar plástico reciclado y apoyar a los recolectores de basura marginados de la India.

SALMONES EN LA AUTOPISTA

Cuando el Río Skokomish en Shelton, Washington, se desbordó en noviembre de 2018, se pudieron observar grandes salmones nadando en la inundada autopista 101.

PROHIBIDO TENER HIJOS

Una antigua tradición del pueblo de Mafi Dove, Ghana, prohíbe que ahí nazcan niños. Por lo tanto, las mujeres embarazadas tienen que ir a los pueblos aledaños y pueden volver solo hasta que hayan dado a luz.

HOTEL SALCHICHA

Butcher Claus Boebel abrió un hotel dedicado a los embutidos — el Boebel Bratwurst Bed and Breakfast — en Rittersbach, Alemania. Las habitaciones tienen almohadas en forma de embutido, papel tapiz con diseño de salchichas y decoraciones de chorizo que cuelgan del techo. Entre los platillos del menú del hotel se encuentra el helado con sabor a chorizo.

CULTIVOS CLAVE

De las 6,000 especies de plantas que se cultivan como alimento, tan solo nueve — la caña de azúcar, el maíz, el arroz, el trigo, la papa, la soya, la fruta de la palma de aceite, la remolacha azucarera y la mandioca — representan dos tercios de la producción total de cosechas del mundo.

MÚSICA CON SABOR

Un productor de quesos suizo descubrió que exponer el popular alimento a la música hip-hop le da más sabor. El fabricante de quesos Beat Wampfler pasó seis meses tocando diferentes tipos de música — que iban desde Led Zeppelin hasta Mozart — a ocho ruedas de su queso Emmental, y al final, el hip-hop produjo los mejores resultados.

HORAS DIFERENTES

El pueblo de Cameron Corner se encuentra dentro de la frontera de tres estados australianos con tres diferentes husos horarios. Por lo tanto, reciben el año nuevo tres veces con media hora de diferencia: primero Nueva Gales del Sur, luego Australia Meridional y por último Queensland.

DETECTOR DE MENTIRAS

Algunas tribus beduinas del noreste de Egipto siguen practicando el *Bisha'h*, que es una antigua prueba de detección de mentiras en la cual los sospechosos deben lamer una cuchara al rojo vivo en presencia de los líderes de la tribu. Si la lengua se les ampolla, son declarados culpables; de lo contrario, son declarados inocentes.

LANCHAS DE CARTÓN

Cada julio, los residentes de Bideford, Inglaterra, se lanzan al Río Torridge en lanchas de cartón caseras.

En la muy bien llamada Regata de Lanchas de Cartón de Bideford participan equipos y personas individuales. Estas embarcaciones de cartón hechas a mano deben dar dos vueltas a las boyas antes de poder remar a su punto de origen, Kingsley Steps. A lo largo del recorrido suceden bastantes naufragios, ya que muchas lanchas de cartón reciclado se voltean, se hunden o simplemente se desintegran. Hay premios en una variedad de categorías, como el mejor submarino, la lancha más lenta y la zozobra más entretenida.

SUS CARGAS

Artículos perdidos

Debi de Davenport, Florida, nos escribió para enviarnos el extraordinario relato de su perro de 12 años, Marley, quien llevaba siete meses perdido. Según los rescatadores, Marley vivió en una esquina enrejada infestada de serpientes cerca de la concurrida autopista interestatal 4 y el estacionamiento de un hotel Holiday Inn Express. Valiéndose por sí mismo, comía de la basura y las sobras que los huéspedes del hotel dejaban en los recipientes para llevar. Y el agua la obtenía de una estación de lavado de camiones cercana. Debi nos cuenta: "Realmente es un milagro que haya sobrevivido."

FELIZ Y SALUDABLE OTRA VEZ

Boda de ranas

El 8 de junio de 2019, los residentes de Udupi, Karnataka, India, celebraron un *Mandooka Parinaya* (matrimonio de ranas) para apaciguar a los dioses de la lluvia y terminar con la sequía en la región. Las ranas las capturaron en los pueblos aledaños, y el Departamento de Zoología de Manipal las inspeccionó minuciosamente antes de que se les bautizara como Varuna (el dios del agua) y Varsha (la lluvia). Se enviaron invitaciones para la boda, a los verrugosos novios se les confeccionó vestimenta tradicional para la boda y se les organizó una luna de miel en el pueblo cercano de Mannapalla. Es posible que la ceremonia haya tenido éxito, ya que unos meses después la región se estaba inundando.

¡NO HAY PROBLEMA!

Bonnie, una perrita border collie, fue encontrada cuando era cachorro cerca de una vía de tren en Rumania sin parte de la nariz y sin la pata delantera izquierda; sin embargo, se recuperó completamente de manera milagrosa.

Hoy día vive en el Reino Unido con Kate y Ross Comfort, quienes la adoptaron después de ver un anuncio en redes sociales del Centro de Rescate Animal de Beacon. Había tenido problema para encontrar un hogar, pero los Comfort se enamoraron de ella inmediatamente. Sus lesiones en la cara y en la pata habían sanado y no afectaban su felicidad cotidiana. Si bien Bonnie no parece el típico perro, esto no ha sido obstáculo para que la sigan más de 20,000 personas en Instagram.

MUERDEDEDOS

Los bichos de agua gigantes devoran peces, ranas, tortugas, e incluso serpientes, succionándoles la vida desde dentro.

El bicho se agarra de su presa con sus fuertes patas antes de inyectarle jugos digestivos que le descomponen el cuerpo desde el interior. Luego, el insecto le chupa las entrañas a la víctima con su boca estilo pajilla. Con este método, los bichos de 4 pulg. (10 cm) de longitud pueden comer presas de hasta 10 veces su tamaño.

Por "suerte" para nosotros, hay distintas especies de estos enormes bichos viviendo en el agua en todo el mundo, incluso donde viven los humanos, además de que atacan casi todo lo que se mueva en frente de ellos, de ahí su sobrenombre de "muerdededos". La mordida es extremadamente dolorosa para los humanos.

Las hembras de algunas especies de muerdededos fijan sus huevos a la espalda de los machos, en donde se quedan hasta que eclosionan.

El bicho de agua gigante es un depredador de acecho que se esconde perfectamente quieto en la vegetación mientras espera que pase nadando su siguiente comidapara pescarla.

¡TAMAÑO REAL!

Vaya dúo

Este lindo patito joyuyo fue criado por un tecolote oriental, ¡uno de sus depredadores naturales! Los patos joyuyos no ponen todos sus huevos en una canasta: las hembras son "parásitos de nido", ya que ponen los huevos en diferentes nidos con el fin de que otras madres críen a sus polluelos. Esta avecilla, que Laurie Wolf, artista y fotógrafa, encontró en su patio, salió del cascarón un mes después de que el tecolote se mudó al nidal. Después de que llamó a sus padres, el patito de repente saltó del nidal y se dirigió directamente al depósito de agua más cercano.

Este comportamiento de anidaje parasitario también se ha observado en el pájaro cucú. Una vez que sale del cascaron, el polluelo del cucú empuja a los demás huevos o polluelos fuera del nido para acaparar el espacio y alimento.

Las tupayas de Malasia se alimentan con una dieta de néctar fermentado, pero a pesar de beber el equivalente a una docena de copas de vino cada noche, nunca parecen embriagarse.

LORO POLÍGLOTA

Lubomir Michna pudo demostrar que era el propietario legítimo de Hugo, loro yaco que encontraron en el Aeropuerto de Dublín en Irlanda, al probar que el ave habla eslovaco. Cuatro personas que reclamaron a Hugo, pero el loro reaccionó con emoción solo cuando escuchó grabaciones en dicho idioma.

REDESCUBRIMIENTO

La tortuga gigante de Fernandina fue redescubierta en 2019, más de un siglo después de se pensó que se había extinguido. Se encontró una hembra en la isla Galápagos de Fernandina frente a la costa de Ecuador, el primer espécimen confirmado de la especie desde 1906.

INSECTO DEL TERROR

La hembra de la mosca conopide es parasitaria; ataca a los abejorros en pleno vuelo y les inyecta un huevo que eclosiona dos días después y se convierte en larva que entonces se come a la abeja todavía viva desde dentro. Acto seguido, la larva hace que la abeja aterrice y excave un hoy en el suelo a manera de tumba. El parásito continúa creciendo dentro de la abeja muerta, y al final sale del cadáver en forma de mosca madura lista para atacar a más abejorros.

140

La cantidad de especies de serpientes terrestres en Australia —incluyendo 100 serpientes venenosas— aunque en el vecino país de Nueva Zelanda no hay ninguna.

1.5 M

La cantidad de pingüinos de Adelia en una supercolonia en los Islotes Peligro alrededor de la Antártica y que se descubrieron gracias a las manchas rosas de su excremento, que son visibles desde el espacio.

10,000

La cantidad de abejas que una pareja tenía de mascotas en el balcón de su apartamento ubicado en lo alto de Ningbo, China, por más de un año para desarrollar un tratamiento con veneno de abeja para aliviar las enfermedades dolorosas, como la artritis reumatoide.

FLOTANDO DE MUERTITO

Cuando el pepinillo marino se quiere mudar de lugar, se llena el cuerpo de agua hasta que se hincha, se suelta del piso oceánico y luego flota con la corriente.

SORPRESA INESPERADA

A Helen Richards la mordió un pitón mientras estaba sentada en el inodoro de su casa en la ciudad de Chapel Hill, Queensland, Australia.

PERRO DETECTIVE

En sus cinco años como perro olfateador en Gales, Scamp, un springer spaniel inglés, ha detectado casi $8 millones USD en tabaco ilegal. De hecho, es tan bueno que tuvo que dejar de trabajar en un región del país porque un grupo del crimen organizado puso precio a su cabeza: $32,617 USD (£25,000).

ARAÑA ZOMBIE

La avispa del Río Amazonas pone sus huevos en el abdomen de las arañas y luego les invade el cerebro, convirtiéndolas en zombies. La avispa secuestra el sistema nervioso del arácnido y la obliga a dejar su colonia para proteger las larvas de la avispa que, al final, se la comen viva.

CARRERA DE GOLF

El exjugador estrella de ligas mayores de beisbol Eric Byrnes jugó 420 hoyos de golf en 24 horas en Half Moon Bay Golf Links en California. Empezó a las 7:00 a. m. el 22 de abril de 2019 y terminó en la noche; usó solamente un palo, caminó 106 millas (170 km) y dio un total de 3,438 golpes. La ronda con mejor calificación fue de 116 y la más alta de 168.

LIMBO EN EL AEROPUERTO

Mientras esperaba en el Aeropuerto Internacional de Filadelfia para volar de regreso a Búfalo, Nueva York, Shemika Campbell se dobló hacia atrás e hizo el limbo en el pequeño espacio que hay debajo de los asientos de la sala de espera. Su flexibilidad le viene de familia, ya que tanto su madre como su abuela también eran bailadoras de limbo.

DE ESPALDA

El jugador de beisbol de los Mets de Nueva York Jimmy Piersall celebró su home run número 100 contra los Phillies de Filadelfia el 23 de junio de 1963 corriendo las bases en el orden correcto pero de espalda. En otra ocasión, tomó su turno al bat vistiendo una peluca de los Beatles y tocó la "guitarrita de aire" con el bat.

MUJER BARBUDA

Rose Geil no solamente tiene barba, si no que compite contra sus rivales varones, ¡y casi siempre gana!

Después de pasar más de 20 años afeitándose dos veces al día y llevando un rastrillo en el bolso, Rose decidió aceptarse tal como es. Esto implicó no solo dejarse crecer el vello facial, sino incluso participar en concursos. No tardó en ganarse al público y ser la favorita de los jueces; atribuye su éxito a ser la única mujer con barba natural del concurso.

LAS CIENTÍFICAS

Probablemente ya conoces a Marie Curie, pero su hija, Irène Curie-Joliot, también ganó un Premio Nobel en química en 1935, siendo así los primeros padre e hijo en recibir estos premios de manera independiente.

Elizabeth Blackwell se graduó con el promedio más alto de su generación de la Facultad de Medicina de Ginebra en 1849, convirtiéndose así en la primera mujer en recibir un título de medicina en Estados Unidos. Luego fundó una escuela de medicina para mujeres en Nueva York y abogó por la salud de las mujeres pobres.

En 1992, Mae C. Jemison, doctora en medicina que sirvió en los Cuerpos de Paz en Sierra Leona, se convirtió en la primera mujer afroamericana astronauta cuando viajó al espacio en la nave *Endeavour*.

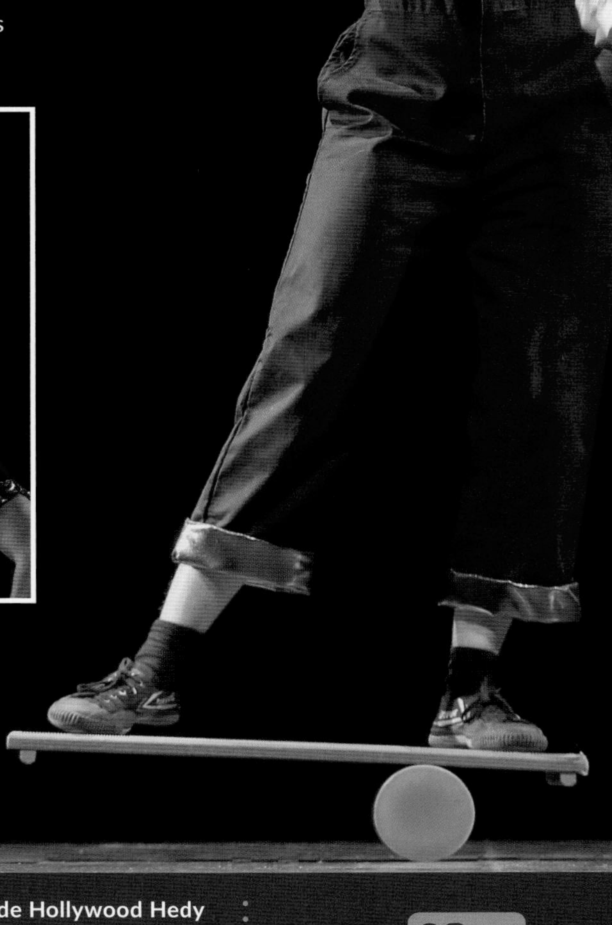

StrongWomen Science combina la magia y la ciencia para crear actuaciones hechizantes.

Los científicos Maria Corcoran y Aoife Raleigh pusieron a temblar el Festival de Ciencia de Edimburgo con su alucinante acto de StrongWomen Science. Maria y Aoife realizaron una variedad de actos circenses. Luego revelaron los secretos de cada uno: tragar fuego, hacer acrobacias con el hulahop y hacer malabares. Incluso invitaron a los miembros de la audiencia a participar en actividades prácticas después de su actuación.

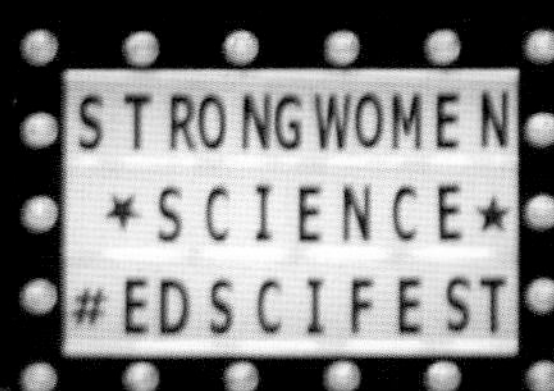

Sau Lan Wu, chino-estadounidense especializada en física de partículas, ganó el Premio Nobel de física en 1963, y ha hecho tres descubrimientos innovadores: los quarks encantados, los gluones y la partícula Bosón de Higgs.

La rompecorazones de Hollywood Hedy Lamarr fue pionera en la transmisión de señales de radio al cambiar las frecuencias para asegurarse de que las armas guiadas por radio de los estadounidenses no fueran detectadas durante la Segunda Guerra Mundial.

A pesar de que sufría el prejuicio de ser mujer judía en Austria a mediados del siglo XX, Lise Meitner descubrió que los átomos de uranio se dividen al bombardearlos con neutrones, un fenómeno llamado fisión nuclear.

Exhibición de Ripley

Cat. No. 18848

Tallado en hueso de camello

Tallado en hueso de camello de dioses en una montaña. Este tallado en hueso de camello, diseñado por Xie Man Hua de Canton, China, muestra a Sun Wukong desafiando a los dioses y se llama "El mono de la montaña". Aunque usted no lo crea, lo trabajaron 40 talladores que trabajaron por mas de seis meses para terminarlo.

Dentro de La
Bóveda
花果山

ÍNDICE

Los números de página que están en cursiva se refieren a imágenes.

A

B

C

Q

R

S

¡ARTÍCULOS EXTRAÑOS!

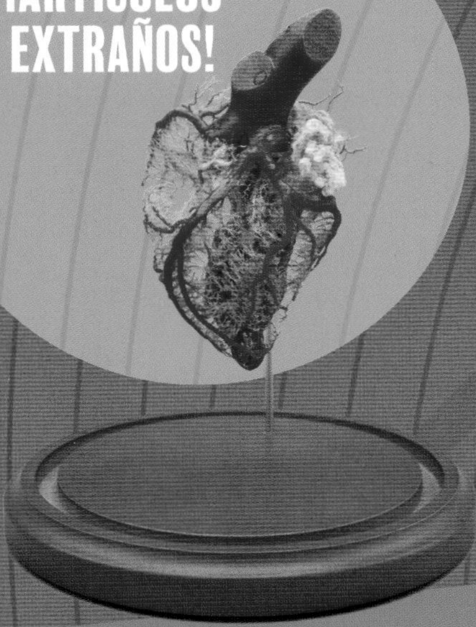

¡PIEZAS DE TODAS PARTES DEL MUNDO!

¡LA AVENTURA

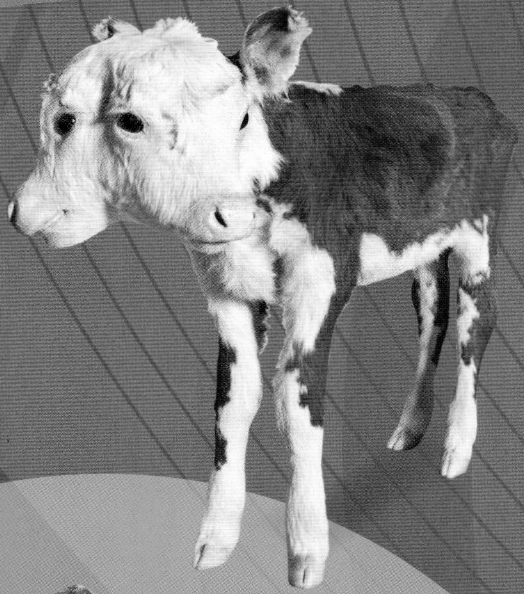

Ripley's Believe It or Not!®

¡COSAS QUE SOLO VERÁS AQUÍ!

¡ANIMALES RAROS!

¡EXHIBICIONES ÚNICAS!

Ripley's
IMPOSSIBLE
LaseRace
¡DIVERSIÓN PALPITANTE!
COMIENZA AQUÍ!
Ripley's
MARVELOUS! MIRROR MAZE
¡MÁS ALLÁ DEL MUSEO!
LAS ATRACCIONES RIPLEY'S LASERACE Y MIRROR MAZE SOLO ESTÁN DISPONIBLES EN CANCÚN. ¡VISÍTANOS!

Ven a ver como el libro cobra vida en un museo Ripley's de cerca de ti:

C. MORELOS 217
CENTRO
44100, GUADALAJARA, JALISCO

LONDRES 4
JUÁREZ, CUAUHTÉMOC
06600, JUÁREZ, CDMX

BLVD. MANUEL ÁVILA CAMACHO 1
RICARDO FLORES MAGÓN
91700, VERACRUZ, VERACRUZ

BOULEVARD KUKULCAN,
KM 12.5 ZONA HOTELERA
INTERIOR PLAZA, LA ISLA,
77500 CANCÚN, Q.R., MEXICO

RECONOCIMIENTOS

4 (inf. izq.) Fotografía de Colton Kruse, (inf. der.) Fotos cortesía de Gina Keller/Brian Backland (fotógrafo) y Brenda Mullins (costurera); **5** (sup. izq.) Cortesía de Alain Sainz, (c.) Fotografía de Steph Distasio, (inf.) Cortesía de Christopher Horsley; **6** (inf. izq.) Coloreado por Luis Fuentes; **7** (inf.) Cortesía de Charles y Allie Trippy; **11** (sup. izq., sup. der.) Ilustrado por John Graziano; **12–13** (sup.) Fotografía de Steve Campbell y Matt Mamula; **13** (inf. der.) Creado por Rose Audette; **14** Edwin Remsberg/VWPics mediante AP Images; **15** (der., inf. izq.) AFP mediante Getty Images; **16–19** Cortesía de Christopher Horsley; **22** (sup.) Dr. Hubert Zitt/Imágenes de portada, (inf.) Universidad de Queensland/Imágenes de portada; **23** (sup., inf. der.) Serghei Pakhomoff/Caters News; **24** (sup.) Andrei Gilbert/Alamy Stock Photo, (sup. izq.) Frank Lennon/Toronto Star mediante Getty Images, (inf.) Owe Andersson/Alamy Stock Photo; **25** (sup. der.) © Startbosshogg, Wikimedia Commons // CC-BY-SA 4.0; **26** (sup.) Proporcionado por WENN.com mediante Imágenes de portada; **27** (1p) CARROT LIM/ CATERS NEWS; **28** (inf. izq., inf. der.) Shiraaz Mohamed/Gallo Images/Getty Images; **28–29** (2P) Shiraaz Mohamed/Gallo Images/Getty Images; **30** (sup., inf.) BEN VON WONG/CATERS; **31** AirPano.com/Solent News; **32** (sup., inf.) Cortesía de Emerald Downs; **33** (sup. der., c.) Michael Scott/Caters News; **34** (sup.) Cortesía de Stina Nyberg, (inf.) Servicio Meteorológico Nacional mediante AP/Shutterstock; **35** Comisión de Parques y Vida Silvestre del Territorio Norte; **38** (sup. der., c. der., inf. izq., inf. der.) Caters News; **39** Benoit Sabourin/CATERS NEWS; **40** (sup., c. der., inf. izq., inf. der.) SCHWEINE MUSEUM/CATERS NEWS; **41** (sup. izq., sup. der., inf. der.) Cortesía de Kristie Wolf; **42–43** Fotos cortesía de Big Thing Small Town TM; **44** (sup. izq.) William Stevenson mediante Getty, (sup.) Alex Schwab mediante Getty Images, (inf.) © jamie.sue.photography/Shutterstock.com; **45** (sup., inf.) © Jugoslav Belada/Solent News & Photo Agency; **46** (sup.) Scott Sady/tahoelight.com/Alamy Stock Photo, (inf.) Stephanie Sampson IG/FB @thevanlifechronicles; **47** (sup.) MICHAL CIZEK/AFP mediante Getty Images, (inf.) SAM PANTHAKY/AFP mediante Getty Images; **48** (sup.) Emanuele Biggi/naturalezapl.com, (c.) © Karen N. Pelletreau et al., Wikimedia Commons//CC-BY-SA 4.0; **49** Cortesía de Melissa Davis; **50–51** (sup.) Schafer & Hill mediante Getty Images; **51** (sup. der.) National Geographic Image Collection/Alamy Stock Photo; **54–55** Fotografía de Steph Distasio; **56** Cortesía de John Farnworth; **57** (sup. der., inf. der.) Fotografía de Steph Distasio; **58** (1p, inf. der.) Cortesía de John Grade; **59** (sup.) Ravikanth Kurma/Shutterstock; **60** The Asahi Shimbun mediante Getty Images; **61** (sup., c.) The Asahi Shimbun mediante Getty Images; **62–63** (inf.) The Asahi Shimbun mediante Getty Images; **63** (inf. der.) Cortesía de Dawn Saavedra; **64–65** Cortesía de Unneccessary Inventions, www.unnecessaryinventions.com; **66** (1p, inf. der.) McMaster University/Imágenes de portada; **67** (sup.) Homer Sykes/Alamy Stock Photo, (inf.) Eduardo Blanco mediante Nature Picture Library; **68** (sup. izq., sup. der., inf. izq., inf. der.) PATRICIA CASTELLANOS/AFP mediante Getty Images; **69** © UK Kurochanup/Shutterstock.com; **70** (inf.) © Wellcome Library no. 644751i, Wikimedia Commons//CC-BY-SA 4.0; **72** (sup. izq.) Dominio Público {{PD-US}}, (sup. der.) Dominio Público {{PD-US}} Fox Fotos/Hulton Archive. Fotograf nicht namentlich bekannt, (inf.) REUTERS/Pascal Rossignol; **73** Masayoshi Matsumoto; **74–75** Foto de Thibaud Moritz/Abaca/Sipa USA (Sipa) mediante AP Images; **75** (sup. der.) GEORGES GOBET/AFP mediante Getty Images, (c. der.) Foto de Thibaud Moritz/Abaca/Sipa USA (Sipa mediante AP Images); **76** Cortesía de Adam Uttendaal; **77** (sup.) Cortesía de Doc Jon; **78** (1p, inf.) BORIS HORVAT/AFP/Getty Images; **79** (sup., inf.) Cortesía de Barry Osborn; **80** (c., inf.) Dennis Cox/Alamy Stock Photo; **81** (sup. izq., sup. c., sup. der., inf. izq., inf. der.) © McLeod, Wikimedia Commons//CC-BY-SA 3.0, (inf.) MIGUEL GUTIÉRREZ/AFP/Getty Images; **82** (sup., inf.) MARIO VÁZQUEZ/AFP/Getty Images; **83** (sup. der.) Mark Graves/The Oregonian mediante AP, (inf.) Cortesía de Sean Oulashin y Matt Leonetti; **84–85** Cortesía de Philip Vance; **86–87** (f.) Terry Whittaker/naturalezapl.com; **87** (sup. izq.) blickwinkel/Alamy Stock Photo, (sup. der., inf. c.) Terry Whittaker/naturalezapl.com; **90** (c. izq., sup. der.) Cortesía de Christina Vogel; **91** (inf. der., inf. izq., c. der.) Caters News; **92** (sup., inf. izq., inf. der.) @rainbowroadtrip/Caters News; **93** (sup. izq., sup. der.) LOIC VENANCE/AFP/Getty Images, (inf. izq., inf. der.) @rainbowroadtrip/Caters News; **94** (sup., inf.) ULISES RUIZ/AFP/Getty Images; **95** (sup.) Cortesía de J.R. Majewski; **96–97** Fotografía de Colton Kruse; **98** Cortesía de LadyBEAST; **99** (izq.) Cortesía de LadyBEAST, (der.) Fotografía de Colton Kruse; **100** (sup. der.) Foto cortesía de Elliot Sumner, (inf. c., inf. der.) Savannah Boan/CATERS NEWS; **101** Cortesía de Mac's Mission/macsmission.org; **102** (izq., der.) PA Images/Alamy Stock Photo; **102–103** (f.) ANDY BUCHANAN/AFP/Getty Images; **103** (sup. izq.) Colin McPherson/Alamy Stock Photo; **104** (sup., inf., 1p) Mercury Press & Media/Caters News; **105** (sup.) Caters News, (inf.) Ajay Verma/Barcroft India/Barcroft Media mediante Getty Images; **108–109** Cortesía de Sam Barsky; **110–111** Cortesía de Brian Delaurenti y Johnathan Dahl; **112** (sup.) Cortesía de Juan Javier Carrasco Alcedo; **113** (1p, inf. izq.) ADAM HILLMAN/ CATERS NEWS; **114** (2p) Tuul y Bruno Morandi/Alamy Stock Photo; **115** (c.) © Wang Ji, Wikimedia Commons//CC-BY 2.5; **116** (sup., inf. izq.) Mercury Press/Caters News; **117** (sup. izq.) Caters News, (sup. der.) MisFitt/Alamy Stock Photo; **118** (izq.) Dominio Público {{PD-US}}, (der.) Cortesía de Taylor Valdés; **119** James D. Morgan/Getty Images; **120–121** FallingInSand.com; **122** Cortesía de Zion Martyn; **123** (sup.) Finley Molloy, Instagram: Finnyboymolloy, (inf.) Cortesía de Julius Dalsgaard Bertelsen/The Floo Nedosrk; **124** Fotos cortesía de Michael Aquilina @aquamike23 en Instagram y Leonel Junior Justiniano – fotógrafo; **125** (sup.) Rahul Sachdev/Caters News, (inf.) Cortesía de Cyril Ruoso; **128** (sup.) CATERS NEWS, (inf.) Fernando Sette/CATERS NEWS; **129** (sup., inf. der.) CATERS NEWS; **130–131** Cortesía de Quitterie Ithurbide; **132** Kristian Laine/@kristianlainephotography, www.kristianlainephotography.com; **133** (sup.) J—M/LAMAN Tim mediante Nature Picture Library, (inf.) Paul Williams mediante Nature Picture Library; **134** (c. izq.) Brian Overcast/Alamy Stock Photo, (c. inf.) © Francisco Anzola, Flickr Creative Commons//CC-BY 2.0, (inf. der.) © Michael Lubinski, Flickr Creative Commons // CC-BY 2.0; **134–135** (sup.) Dominio Público {{PD-US}}; **135** (inf. izq.) © Kaethe17, Wikimedia Commons//CC-BY-SA 4.0, (inf. c.) © Ralf Roletschek/roletschek.at, licencia según los términos de GNU Free Documentation License, Versión 1.2, (inf. der.) Martchan/Alamy Stock Photo; **136** James Bruton, YouTube Channel, youtube.com/jamesbruton; **137** (sup.) Foto de Harry Shepherd/Fox Fotos/Hulton Archive/Getty Images, (inf.) Ruslan Kalnitsky/Alamy Stock Photo; **138** (sup.) Arcaid imágenes/Alamy Stock Photo, (der.) Jakub Dvořák/Alamy Stock Photo; **139** China Photos/Getty Images; **142–143** Cortesía de Kelvin Wiley; **144** (sup.) Chesnot/Getty Images, (inf. der.) PHILIPPE LOPEZ/AFP mediante Getty Images; **145** (sup.) STR/AFP mediante Getty Images, (inf.) Marcos Ruiz Ceballos, artista circense de España; **146** (sup. der.) Ken Welsh/Education Images/Universal Images Group mediante Getty Images, (inf.) WENN Rights Ltd/Alamy Stock Photo; **147** (sup.) Dominio Público CC0 1.0 Universal (CC0 1.0), (inf. c.) Foto de Matt Cardy/Getty Images, (inf. der.) Rick Colls/Alamy Stock Photo; **148** (inf. izq.) © Steve Hopkin/ardea.com; **148–149** (2p) coward_lion/Alamy Stock Photo; **149** (sup.) Image navi - QxQ imágenes/Alamy Stock Photo; **150** Cortesía de Trace Wilson; **151** (sup.) Fotografía de Steve Campbell y Matt Mamula; **152** (inf. izq.) Perry Svensson/Alamy; **152–153** (2p) Billy H.C. Kwok/Getty Images; **154** (1p) Steffen Trumpf/picture alliance mediante Getty Images, (c. izq.) yardbirdstock.com/Alamy Stock Photo, (inf.) Steffen Trumpf/picture alliance mediante Getty Images; **155** (sup. der., c. izq., c. der.) Tomohiro Ohsumi/Getty Images; **156–157** Cortesía de Alain Sainz; **157** (c. izq.) Creado por Luis Fuentes; **158–159** Fotografía de Steph Distasio; **160** Fotografía de Steve Campbell y Matt Mamula; **161** (izq.) Fotografía de Steve Campbell y Matt Mamula, (der.) Kelli Pearson/Nueva Ground Technology/Imágenes de portada; **164–165** Olivia Mears de @AvantGeek; **166** Petr Svarc/Alamy Stock Photo; **167** (sup.) Andrew Hasson/Getty Images, (inf. izq., inf. der.) Tui De Roy/naturalezapl.com; **168** Caters News; **169** (sup. der.) © Ewien van Bergeijk-Kwant/Solent News & Photo Agency; **170–171** Cortesía de Boris Toledo; **172** (f.) ZUMA Press, Inc./Alamy Stock Photo, (inf. izq., inf. der.) Putu Sayoga/Getty Images; **173** (sup.) Mercury Press mediante Caters News, (inf. izq., inf. der.) Putu Sayoga/Getty Images; **174** (sup. der.) Creado por John Graziano, (c., c. izq.) Cortesía de Dino Tomic; **175** Henri Koskinen/Alamy Stock Photo, Paul Zinken/picture alliance mediante Getty Images; **176** (inf. izq.) Valentin Flaurand/EPA-EFE/Shutterstock; **176–177** (f.) Jean-Christophe Bott/EPA/Shutterstock; **177** (c.) VALENTIN FLAURAUD/EPA-EFE/Shutterstock; **178** (sup.) Cortesía de Ninja Café y Bar; **179** (sup. izq., c. izq., inf. izq.) Cortesía de Ninja Café y Bar, (der.) Cortesía de Brent Ribnick; **182** (sup., c. izq.) Jon Gopsill/Caters News Agency, (inf.) Foto de Zhang Chang/China Nuevas Service/VCG mediante Getty Images; **183** (sup., inf. der.) Floris van Breugel mediante Nature Picture Library; **184–185** Caters News; **186** (sup., inf. der.) Caters News; **187** (sup.) Janet Griffin-Scott/Alamy Stock Photo, (inf.) Caters News; **188** Caters News; **189** (sup., inf. izq.) TATAR IMAJI/CATERS NEWS; **190** (sup.) LILY LU/CATERS NEWS; **190–191** (inf.) Cortesía de Marissa Hush; **191** (sup., sup. der.) LILY LU/CATERS NEWS; **192–193** Friedemann Vogel/Getty Images; **194** BOB MARTIN FOR OIS/IOC/AFP mediante Getty Images; **195** (sup. izq., sup.) Janio Edwards/Barcroft Media mediante Getty Images; **195** (inf. izq., inf.) Jacob King/Mercury Press; **198–199** (2p) © Mau47/Shutterstock.com; **199** (inf. der.) © Mau47/Shutterstock.com; **200** Cortesía de Lee, Jeong-Sang; **201** Cortesía de ipnot. Instagram: @ipnot; **202** (inf. izq.) Creado por Jordie Orlando; **202–203** (sup.) Cortesía de Keisuke Yamada; **204** (1p) Getty Images/Visual China Group mediante Getty Images, (inf. izq.) Zhong Zhi/Getty Images, (inf. der.) Visual China Group mediante Getty Images/Visual China Group mediante Getty Images; **205** (sup., c.) Dan Kidosod/Getty Images; **206** (sup. izq.) Cortesía de Kathryn VanBlaricum, (inf., inf. der.) Fotos cortesía de Gina Keller/Brian Backland (fotógrafo) y Brenda Mullins (costurera); **207** (sup.) Hilary Jefkins/Nature Picture Library, (inf. izq.) Danté Fenolio/Science Source; **208–209** (sup.) Nick Garbutt/naturalezapl.com; **209** (sup.) Nick Garbutt/naturalezapl.com, (inf.) Catedral de Rochester; **212** (izq.) Creado por Luis Fuentes, (sup.) CATERS NEWS, (inf. c.) SAVEETHA MEDICAL COLLEGE/Caters News; **213** Caters News; **214** (c. izq.) Sergei Fadeichev\TASS mediante Getty Images; **214–215** (2p) AP Photo/Christophe Ena; **215** (sup. der.) Cortesía de Richard Roy & Preston Roy; **216** (sup.) Lazareth/Imágenes de portada, (inf. c.) Caters News; **217** Cortesía de Linsey Lindberg; **218** (sup., inf. der.) Cortesía de Conrad J. Hallowell; **219** (sup.) Fotografía de Jessica Firpi y Jordie Orlando, (inf.) Cortesía de Jessica Eldridge; **220** (sup.) Cortesía de Michael Foley, (inf.) Caters News; **221** © Thomas Hahmann, Wikimedia Commons//CC-BY-SA 3.0; **224** Cortesía de Andrew Singleton; **225** Martin Reitze mediante SWNS; **226** (1p) DIPTENDU DUTTA/AFP/Getty Images, (sup. der.) Hans-Joachim Aubert/Alamy Stock Photo; **227** (inf.) Franck Fotos/Alamy Stock Photo; **228** (inf. izq.) Dominio Público {{PD-US}} Desconocido, (der.) David Broadbent/Alamy Stock Photo; **229** (sup. izq.) Lucas Bäuml/picture alliance mediante Getty Images, (inf. c.) Pere Sanz/Alamy Stock Photo; **230** (sup., inf. der.) Cortesía de JoBeth Davis; **231** Caters News, (inf.) Viacheslav Khmelnytskyi/Alamy Stock Photo; **232** (sup.) Anusak Laowilas/NurPhoto mediante Getty Images, (inf. der.) Xinhua/Rachen Sageamsak mediante Getty Images; **233** (sup.) Richard Atrero de Guzman/NurPhoto mediante Getty Images, (inf.) © Flickr: Saint-Marcel-d'Ardèche, Wikimedia Commons//CC-BY-SA 3.0; **236** (sup., inf.) Mercury Press/Michael Murphy/The Body Shop; **237** (sup., c., inf.) Michael Steele/Getty Images; **238** (sup.) Tom y Debi Kline, (inf.) STR/AFP mediante Getty Images; **239** Caters News; **240** (sup. der.) John Cancalosi/naturalezapl.com, (c. izq.) Ryu Uchiyama/Nature Production/Minden Pictures, (inf. izq.) Yasuda Mamoru/Nature Production/Minden Pictures, (inf. der.) Cagan Hakki Sekercioglu mediante Getty; **241** Cortesía de Laurie Wolf; **242** (c.) Mercury Press, (c. izq.) Randy Forsman /Mercury Press; **243** (sup.) Foto de Jane Barlow/PA Images mediante Getty Images, (c. izq.) Foto de Jeff J Mitchell/Getty Images; **MASTER GRAPHICS** © KAMONRAT/Shutterstock.com, © Ornithopter/Shutterstock.com, © creativenv/Shutterstock.com, © best_vector/Shutterstock.com, © Olga Moonlight/Shutterstock.com; Iconos hechos por Freepik, Kiranshastry, Vitaly Gorbachev, justicon, Smashicons, Zlatko Najdenovski, dDara, srip, Icongeek26, turkkub de www.flaticon.com; Icono hecho por Minh Do de www.iconfinder.com; Icon vector creado por alvaro_cabrera de www.freepik.com; Icono hecho por Symbolicons de www.iconfinder.com//CC-BY-SA 3.0

Clave: sup. = superior, inf. = inferior, c. = centro, izq. = izquierda, der. = derecha, 1p = página sencilla, 2p = doble página, f = fondo

Todas las otras fotos son de Ripley Entertainment Inc. Se han realizado todos los esfuerzos para reconocer correctamente y contactar a los titulares de los derechos de autor; nos disculpamos desde ya por cualquier error u omisión no intencional, que será corregido en futuras ediciones.